Datenbasierte Analyse vernetzter natürlich sprachlicher Anforderungen in der Produktentwicklung

Databased Analysis of Interdependent Natural Language Requirements in Product Development

Von der Fakultät für Maschinenwesen
der Rheinisch-Westfälischen Technischen Hochschule Aachen
zur Erlangung des akademischen Grades eines
Doktors der Ingenieurwissenschaften
genehmigte Dissertation

vorgelegt von

Viktor Konrad Slawik

Berichter/in:

Univ.-Prof. Dr.-Ing. Dipl.-Wirt. Ing. Günther Schuh
apl. Prof. Dr.-Ing. Wolfgang Boos

Tag der mündlichen Prüfung: 27. Oktober 2025

ERGEBNISSE AUS DER PRODUKTIONSTECHNIK

Viktor Slawik

Datenbasierte Analyse vernetzter natürlich sprachlicher Anforderungen in der Produktentwicklung

Herausgeber:
Prof. Dr.-Ing. Dipl.-Wirt. Ing. G. Schuh
Prof. Dr.-Ing. C. Brecher
Prof. Dr.-Ing. R. H. Schmitt

Band 21/2025

WZL | RWTH AACHEN UNIVERSITY

Fraunhofer IPT

Bibliografische Information der Deutschen Nationalbibliothek
Die Deutsche Nationalbibliothek verzeichnet diese Publikation in der Deutschen Nationalbibliografie; detaillierte bibliografische Daten sind im Internet über https://portal.dnb.de abrufbar.

Viktor Slawik:

Datenbasierte Analyse vernetzter natürlich sprachlicher Anforderungen in der Produktentwicklung

1. Auflage, 2025

Gedruckt auf holz- und säurefreiem Papier, 100% chlorfrei gebleicht.

Wissenschaftsverlag des Instituts für Industriekommunikation und Fachmedien an der RWTH Aachen
Steinbachstr. 25, 52074 Aachen, Deutschland
Internet: www.apprimus-verlag.de, E-Mail: info@apprimus-verlag.de

Druck: CPI Druckdienstleistungen GmbH
Ferdinand-Jühlke-Straße 7 | 99095 Erfurt | Deutschland

ISBN 978-3-98555-313-6

Vorwort

Die vorliegende Dissertation entstand während meiner Tätigkeit als wissenschaftlicher Mitarbeiter am Lehrstuhl für Produktionssystematik des Werkzeugmaschinenlabors WZL der Rheinisch-Westfälischen Technischen Hochschule (RWTH) Aachen. Die Erarbeitung war geprägt durch viele für mich persönlich wichtige und lehrreiche Erfahrungen jedoch auch durch große Anstrengung und viele Kompromisse. Der Weg bis zur Veröffentlichung dieser Dissertation war nur mit der Unterstützung vieler unterschiedlicher Menschen möglich, denen ich an dieser Stelle danken möchte.

Im Rahmen der Promotionsprüfung möchte ich mich bei Professor Boos als Berichter aber auch bei Professor Holly für den Vorsitz der Prüfungskommission und bei Professor Pfaff für den Beisitz bedanken. Ebenso möchte ich mich bei Professor Schuh bedanken, der am und um den Lehrstuhl herum eine einzigartige Umgebung geschaffen hat, die es ermöglicht zu lernen sich in vielfältigen Herausforderungen zu behaupten und sich stets weiterzuentwickeln.

Am Lehrstuhl durfte ich mit den unterschiedlichsten Kolleginnen und Kollegen zusammenarbeiten und ebenso wichtige Erfahrungen sammeln. Bedanken möchte ich mich bei allen Kolleginnen und Kollegen der Abteilungen Fahrzeugproduktion sowie Innovationsmanagement, meiner Gruppe Prototypenbau und im Besonderen bei meinen Oberingenieuren Dr.-Ing. Georg Bergweiler und Dr.-Ing. Maximilian Kuhn für Euer Vertrauen und Eure Unterstützung. Ebenso dankbar bin ich Dr.-Ing. Alexander Keuper für die Unterstützung auf den letzten aber entscheidenden Metern und Dr.-Ing. Hendrik Lauf für den Austausch und Zusammenhalt. Maria Tojcic danke ich für die Unterstützung im Betrieb der Anlauffabrik und für Deine herzliche Art in diesem leistungsorientierten Umfeld. Zwei Kollegen, die meine Zeit am Lehrstuhl stark geprägt haben sind Dr.-Ing. Falko Fiedler und Dr.-Ing. Bernd Löffler – hier sind Kollegen zu Freunden geworden.

Einen wertvollen Beitrag haben auch viele Abschlussarbeiter und studentische Mitarbeiterinnen und Mitarbeiter geleistet, für den ich dankbar bin. Hervorheben möchte ich hier Tobin Holtmann, Hasham Hussain und Jonas Recker.

Da diese Dissertation auch maßgeblich durch die Zusammenarbeit mit Projektpartnern aus der Industrie ermöglicht wurde, möchte ich mich hier stellvertretend bei Tobias Sommerfeld für Schaeffler, sowie Dr. Serena Striegel, Julian Chander und Dr. Dirk Fleischer von BMW bedanken.

Neben all diesen Wegbegleitern aus dem wissenschaftlichen Umfeld, möchte ich mich an dieser Stelle auch bei meinem wundervollen Freundeskreis bedanken. In meiner besten Freundin Anna und Thomas Braksiek sowie Caro und Niklas Molitor habe ich Freunde für das Leben gefunden. Vielen Dank für Eure Unterstützung, Euren Zuspruch und all das Verständnis, das ich Euch abverlangen durfte. Mit Henrik Born und Linda Born habe ich in Aachen Freunde gefunden, die wie eine Familie sind. Dank zahlreicher gemeinsamer Ausflüge auch mit Georg Born, die Ablenkung, Motivation und Inspiration brachten, fällt sicher ein großer Teil dieser Leistung auch auf Euch zurück.

Größte Dankbarkeit empfinde ich jedoch meiner Familie gegenüber. In Euch hatte ich meine größten Unterstützer, Motivatoren und aber auch Verständnis und Fürsorge in Momenten des Zweifels. Meine Oma hat meinen Weg mit allzeit gedrückten Daumen begleitet und war mir jederzeit eine gute Ratgeberin und Unterstützerin bei all meinen Vorhaben. Meine Mutter hat mich gelehrt, was bedingungslose Liebe und Loyalität ist und dass es diese Dinge braucht, um die schönen Dinge schöner zu machen und die dunklen Tage zu überstehen. Mein Bruder ist und war mir Vorbild in seiner ausgeglichenen, vertrauenswürdigen und ambitionierten Art. Meinem Vater bin ich dankbar für den unbeugsamen Siegeswillen, die Courage für eine kontroverse Diskussion und das Bewusstsein dafür die schönen Dinge des Lebens zu genießen. Meine Frau Laura, hat nicht nur Ihre Eltern August und Renate in mein Leben gebracht, die mir jederzeit Rückhalt und Zuversicht gegeben haben, sondern ist auch über all die Jahre hinweg den Weg an meiner Seite mit mir gegangen. Mit Deinem liebevollen Rückhalt, Deiner Rücksicht und Deinem vertrauensvollen Verständnis hast Du mir ein Zuhause gegeben, sodass ich zweifeln durfte und wachsen konnte. Du hast auf gemeinsame Zeit, Urlaube und Wochenenden verzichtet und mich dennoch immer bestärkt und bedingungslos unterstützt. Für diesen Rückhalt bin ich Dir zutiefst dankbar. Meiner Familie widme ich diese Arbeit.

Aachen, im Oktober 2025

Viktor Konrad Slawik

Zusammenfassung

Der globale Bedarf nach ressourceneffizienter Produktentstehung und die gleichzeitige Verkürzung der Zyklen des technologischen Fortschritts erfordern eine Anpassung der Produktentwicklungsprozesse. Natürlich sprachliche Anforderungen haben dabei eine zentrale Funktion, um Prozesseffektivität im Sinne der Kundenzufriedenheit bei gleichzeitiger Prozesseffizienz für das Unternehmen zu gewährleisten. Hierzu sind alle Ergebnisse der Produktentwicklung gegen die spezifizierten Anforderungen zu prüfen, sodass konsistente Anforderungen essentiell sind. Ein Großteil der Anforderungen wird jedoch natürlich sprachlich formuliert, was die notwendige Analyse von Abhängigkeiten durch Menschen komplex und personalintensiv macht. Die Methoden zur Verarbeitung natürlicher Sprache mittels künstlicher Intelligenz bieten ein hohes Potenzial zur Effizienzsteigerung der Analyse sowie Darstellung von Abhängigkeiten.

Das Ziel dieser Arbeit ist die Entwicklung einer Methodik, um nachvollziehbar zu machen, wie Interdependenzen von natürlich sprachlich formulierten Anforderungen mit datenbasierten Methoden transparent gemacht werden können. Die Methodik soll es ermöglichen, diese Interdependenzen in der Produktentwicklung frühzeitig zu berücksichtigen und damit die gesteigerte Planungskomplexität zu beherrschen. Hierzu wird ein wissensbasiertes Entscheidungsunterstützungssystem entwickelt, das die Vernetzung von Anforderungen mittels korpusbasierter Methoden zur semantischen Analyse von Domänenspezifischen Texten nutzt.

Die Arbeit ist nach dem Ordnungsrahmen der Design Science Research für Informationssysteme gestaltet. In sieben Kapiteln wird der Forschungsprozess strukturiert dargestellt. Dabei werden die grundlegenden Theorien und Methoden beschrieben, die zur Überprüfung bestehender Ansätze herangezogen werden. Es wird ein Ordnungsrahmen formuliert und die Anforderungen an die zu entwickelnde Methodik, wobei der Fokus auf der anwendungsorientierten Vernetzung der Anforderungen und graphenbasierten Darstellung liegt. Die notwendigen Algorithmen sind mittels Pseudocode in den drei Teilmodellen der Methodik detailliert beschrieben und in einer Fallstudie evaluiert.

Summary

The global demand for sustainable product development, coupled with the simultaneous shortening of technological advancement cycles, necessitates an adaptation of product development processes. Natural language requirements are crucial for ensuring process effectiveness in terms of customer satisfaction while maintaining process efficiency for the company. Therefore, all product development outcomes must be examined against the specified requirements, making consistent requirements essential. However, a large portion of the requirements is formulated in natural language, which complicates the necessary analysis of dependencies by humans, making it complex and personnel-intensive. Methods for processing natural language using artificial intelligence offer significant potential for increasing the efficiency of the analysis and graph based representation of dependencies.

The aim of this work is to develop a methodology to make transparent how interdependencies of naturally formulated requirements can be made transparent using data-based methods. The methodology should enable these interdependencies to be considered early in product development, thereby managing the increased planning complexity. For this purpose, a knowledge-based decision support system is developed, utilizing corpus-based methods for the semantic analysis of domain-specific texts to network requirements.

This work is structured according to the framework of Design Science Research for Information Systems. The research process is structured across seven chapters. The fundamental theories and methods used to review existing approaches are described. A framework is formulated, and the requirements for the methodology to be developed are outlined, focusing on the application-oriented networking of requirements and graph-based representation. The necessary algorithms are detailed using pseudocode within the three sub-models of the methodology and evaluated in a case study.

Inhaltsverzeichnis

Verzeichnis der Abbildungen V

Verzeichnis der Tabellen IX

Verzeichnis der Abkürzungen XI

Verzeichnis der Formelzeichen XIII

1 Exposition 1

1.1 Einleitung und Motivation 1

1.2 Zielsetzung 3

1.3 Forschungskonzeption 5

1.4 Aufbau der Arbeit 7

2 Grundlagen und Definitionen 11

2.1 Anforderungsmanagementprozesse in der Produktentstehung 11

2.1.1 Begriffsdefinition von Anforderungen 11

2.1.2 Verortung des Anforderungsmanagements in der Produktentstehung 14

2.1.3 Ablauf des Anforderungs- und Änderungsmanagements 24

2.2 Informations- und Wissensrepräsentation im Anforderungsmanagement ... 35

2.2.1 System- und Wissenstheoretische Grundlagen der Verarbeitung von Anforderungsinformationen ... 36

2.2.2 Grundlagen der Informationssysteme ... 46

2.2.3 Graphenbasierte Repräsentation semantisch vernetzter Informationen ... 51

2.3 Maschinenbasierte Analyse von natürlich sprachlichem Text ... 58

2.3.1 Grundlagen künstlicher Intelligenz und Datenverarbeitung ... 59

2.3.2 Textdatenverarbeitung mit NLP ... 63

2.3.3 Semantische und pragmatische Analyse natürlicher Sprache mittels NLP ... 67

2.4 Zwischenfazit: Grundlagen der datenbasierten Vernetzung von natürlich sprachlichen Anforderungsinformationen ... 71

3 Bestehende Ansätze zur datenbasierten Analyse von Anforderungsartefakten ... 75

3.1 Herausforderungen in der Praxis ... 75

3.2 Kriterien der Analyse ... 79

3.3 Recherche und Darstellung bestehender Ansätze ... 81

3.3.1 Aufbau der Literaturrecherche ... 81

3.3.2 Ergebnisse der Literaturrecherche ... 84

3.3.3 Darstellung ausgewählter Ansätze ... 87

3.4 Bewertung bestehender Ansätze und Einordnung der Arbeit ... 101

3.5 Zwischenfazit: Bestehende Ansätze zur datenbasierten semantischen Vernetzung von Anforderungen ... 104

4 Konzeption der Methodik 107
4.1 Ordnungsrahmen der Methodik 107
4.2 Anforderung an die Methodik 112
4.2.1 Inhaltliche Anforderungen 113
4.2.2 Formale Anforderungen 114
4.3 Formale Beschreibung und Konzeptionierung der Methodik 115
4.3.1 Konzeption des Beschreibungsmodells zur Definition des Zielsystems 116
4.3.2 Konzeption des Gestaltungsmodells zur Vernetzung von Anforderungsinformationen 116
4.3.3 Konzeption des Erklärungsmodells zur Darstellung von identifizierten Interdependenzen 118
4.4 Vorarbeiten des Autors im Sinne der Iteration nach DSR 118
4.5 Zusammenfassung der Konzeption und Zwischenfazit 120

5 Detaillierung der Methodik 123
5.1 Beschreibungsmodell des Zielsystems 123
5.1.1 Systemtheoretische Beschreibung relevanter Elemente des Zielsystems 125
5.1.2 Beschreibung diskreter Ausprägungen 127
5.1.3 Modellierung der Entitäten und Relationen im Zielsystem 137
5.2 Gestaltungsmodell zur Vernetzung der Anforderungsinformationen 146
5.2.1 Systemarchitektur zur Operationalisierung der Methodik 146
5.2.2 Methodik zur Erstellung semantisch vernetzter Anforderungen im Semantic Requirements Net (SRN) 155
5.3 Erklärungsmodell zur Darstellung von Interdependenzen 174

5.3.1 Methodik für die Operationalisierung von SRN für semantische Suchen ... 174

5.3.2 Gestaltung der Dialogkomponente ... 192

5.4 Zwischenfazit zur Detaillierung der Methodik ... 200

6 Evaluierung und kritische Reflexion ... 203

6.1 Herleitung der Evaluierungsstrategie ... 203

6.2 Einführung in die Fallstudie ... 205

6.3 Durchführung und Darstellung der Ergebnisse ... 207

6.3.1 Beschreibende Modellierung des Zielsystems ... 207

6.3.2 Erstellung des SRN der Fallstudie ... 210

6.3.3 Operationalisierung des SRN und Auswertung der semantischen Suchen ... 215

6.4 Diskussion und kritische Reflexion ... 223

6.4.1 Reflexion der Fallstudie ... 224

6.4.2 Reflexion des Methodikkonzeptes sowie der gestellten Anforderungen ... 226

6.4.3 Reflexion der Forschungsmethodik ... 230

7 Zusammenfassung und Ausblick ... 231

8 Literatur ... 235

A Anhang ... 263

Verzeichnis der Abbildungen

Abbildung 1-1: Ordnungsrahmen der Design Science Research ... 7

Abbildung 1-2: Aufbau der Arbeit im Kontext des DSR Prozess nach PEFFERS ET AL. ... 8

Abbildung 2-1: Eigenschaften von Anforderungen und ihrer Dokumentation ... 13

Abbildung 2-2: Klassifikation der Art der Anforderungen ... 14

Abbildung 2-3: Charakteristische Merkmale komplexer Probleme ... 15

Abbildung 2-4: Generischer Regelzyklus der Problemlösung ... 16

Abbildung 2-5: Auslöser für Iterationen ... 17

Abbildung 2-6: Produktentstehung im Produktlebenslauf ... 18

Abbildung 2-7: 3-Zyklen-Modell der Produktentstehung nach GAUSEMEIER ... 20

Abbildung 2-8: Modellierung des allgemeinen Produktentwicklungsprozesses nach VDI 2221 ... 23

Abbildung 2-9: Hauptaktivitäten des Requirements Engineering nach IREB ... 26

Abbildung 2-10: Schematische Darstellung eines System ... 26

Abbildung 2-11: Schematische Darstellung von Anforderungsgebern und -nehmern ... 27

Abbildung 2-12: Formulierungsschablone nach RUPP ... 28

Abbildung 2-13: Ergänztes Twin-Peak-Modell nach BALZERT ... 30

Abbildung 2-14: Ebenen-basierte Darstellung von Signalen, Sprache und Wissen ... 37

Abbildung 2-15: Abbildung der Realität und des menschlichen Wissens 38

Abbildung 2-16: Problemerkenntnis und Abstraktion durch Wissen...................... 39

Abbildung 2-17: Bestätigung und Lernen durch zusätzliche Problemfragmente 40

Abbildung 2-18: Problembeschreibung für pragmatische Zwecke 41

Abbildung 2-19: Vier grundlegende Modi der Wissenskonvertierung 43

Abbildung 2-20: Schematische Darstellung des System Anforderungswissen......... 44

Abbildung 2-21: Informationssysteme als soziotechnische Systeme 47

Abbildung 2-22: Klassifizierung von Informationssystemen 49

Abbildung 2-23: Systematik der Informationsmodellierung 58

Abbildung 2-24: Phasenbasierte Systematik von KI-Systemen 60

Abbildung 2-25: Schematische Darstellung des CRSIP-DM 61

Abbildung 2-26: Lernverfahren des maschinellen Lernens 62

Abbildung 2-27: NLP mit den Prozessschritten des NLU und NLG 64

Abbildung 3-1: Vorgehen zur Filterung des Ergebnis der SLR 84

Abbildung 3-2: Untersuchung der Veröffentlichungsjahre des SLR-Ergebnisses 85

Abbildung 3-3: Quantitativen Bewertung bestehender Ansätze 103

Abbildung 4-1: Zielstruktur des Ordnungsrahmens 109

Abbildung 4-2: Ausgangs-, Zwischen, und Zielzustände der Methodik 110

Abbildung 4-3: Strukturierung der Methodik im Ordnungsrahmen 112

Abbildung 4-4: Vorarbeiten des Autors im Sinne der Iteration nach DSR 119

Abbildung 4-5: Zusammenfassende Darstellung des Methodikkonzepts 120

Abbildung 5-1: Modell- und methodenbasierter Aufbau der Methodik 123

Abbildung 5-2: Vorgehen des Beschreibungsmodells 125

Abbildung 5-3: Systemkonzept einer datenbasierten semantischen Vernetzung ... 127

Abbildung 5-4: Gestaltungsregeln des Relationenmodells der vorliegenden Arbeit ... 139

Abbildung 5-5: Modell des Sachsystems ... 140

Abbildung 5-6: Modell des Handlungssystems ... 141

Abbildung 5-7: Modell der Systemumgebung ... 142

Abbildung 5-8: Relationen zwischen Systemumgebung und Handlungssystem ... 144

Abbildung 5-9: Relationen zwischen Sach- und Handlungssystem ... 145

Abbildung 5-10: Referenzarchitektur für die Systemarchitektur der Methodik ... 148

Abbildung 5-11: Infrastruktursicht der Systemarchitektur ... 150

Abbildung 5-12: Systemarchitektur zur Operationalisierung der Methodik ... 154

Abbildung 5-13: Schematische Darstellung direkter Verbindungen ... 158

Abbildung 5-14: Indirekte Verbindung von Knoten ... 159

Abbildung 5-15: Vernetzung von Anforderungstexten mittels Konzepten ... 160

Abbildung 5-16: Schema der Verwertung zur Wissensverarbeitung gemäß des KL ... 161

Abbildung 5-17: Ablaufmodellierung der semantischen Vernetzung in *GSRN* ... 173

Abbildung 5-18: Methodenschritte des Erklärungsmodells ... 191

Abbildung 5-19: Eingabebereich der Benutzerschnittstelle (verkürzt) ... 194

Abbildung 5-20: Stufenbasierte Systematik des Wahrnehmungsprozesses ... 196

Abbildung 5-21: Darstellung des Ausgabebereichs ... 199

Abbildung 6-1: Datenmodell der Fallstudie ... 206

Abbildung 6-2: Makroperspektive und Detaildarstellung $G0$ der Fallstudie ... 211

Abbildung 6-3: Hierarchische Relationen der Ordnerstruktur der Fallstudie 212

Abbildung 6-4: Taxonomie des Attributs "Status" 212

Abbildung 6-5: Ausschnitt *GConcept* der Fallstudie 214

Abbildung 6-6: Wissensrepräsentation für eine semantische Suche 216

Abbildung 6-7: Ähnlichkeitswerte der 80 Tupel der Fallstudie 217

Abbildung 6-8: Analyse der Ähnlichkeitswerte für ID1043 219

Abbildung 6-9: Mögliche Kombinationen zwischen zwei Knoten im SRN 219

Abbildung 6-10: Minimale theoretische Pfadlänge der 80 Tupel im SRN 220

Abbildung 6-11: Analyse der Abhängigkeit der Suche von *kGraph Size* 221

Abbildung 6-12: Effizienzgewinn durch graphenbasierte semantische Suche 223

Verzeichnis der Tabellen

Tabelle 2-1: Linguistische Ebenen natürlicher Sprache 64
Tabelle 2-2: Wortbeziehungen mit Einfluss auf semantische Analysen........... 67
Tabelle 3-1: Bestandteile des Suchstring 83
Tabelle 6-1: Auszug der identifizierten Konzepte der Regularisierung.......... 215
Tabelle 6-2: Reflexion der inhaltlichen und formalen Anforderungen.......... 229

Verzeichnis der Abkürzungen

ANN	Artificial Neural Network (Feed-Forward Networks)
ASUM-DM	Analytics Solutions Unified Method for Data Mining
BERT	Bidirectional Encoder Representations from Transformers
BOW	Bag of Words
CBOW	Continuous Bag of Words
CML	Concept Map Layer
CNN	Convolutional Neural Networks
CRISP-DM	Cross Industry Standard Process for Data Mining
DACH	Deutschland, Österreich, Schweiz
DIN	Deutsches Institut für Normung e.V.
DL	Deep Learning
DM	Data Mining
DPS	Discursive Problem Solving
DSR	Design Science Research
EC	Entity Coreferences
ERM	Entity Relationship Model
ESM	Entity Set Model
GCN	Graph Convolutional Networks
GloVe	Global Vectors for Word Representation
IDF	Inverse Document Frequency
IEEE	Institute of Electrical and Electronics Engineers
KDD	Knowledge Discovery in Databases
KI	Künstliche Intelligenz
KL	Knowledge Layer
kNN	k-nearest Neighbors
LFM	Latent Factor Model
LLM	Large Language Model
LSTM	Long Short Term Memory

ML	Machine Learning
NER	Named Entity Recognition
NLG	Natural Language Generation
NLP	Natural Language Processing
NLU	Natural Language Understanding
NRE	Neural Relation Extraction
PDCA	Plan, Do, Check, Act
PLM	Pretrained Language Model
POS	Part of Speech
PRISMA	Preferred Reporting items for Systematic Review and Meta Analyses
R	Repräsentation eines Anforderungsdatensatzes in Form eines Knotens
RAI	Relevance-driven abstraction identification
RE	Requirements Engineering
RM	Requirements Management
RMS	Requirements Management System
RNN	Recurrent Neural Networks (Long Short Term Memory)
S	Repräsentation eines Strukturelements (z.B. Ordner oder Kapitel) in Form eines Knotens
S&F	Suchen und Finden
SLR	Systematische Literaturrecherche
SRN	Semantic Requirements Net
TF	Term Frequency
TOTE	Test-Operate-Test-Exit
VDI	Verein Deutscher Ingenieure
VVR	Veränderung-Vergleich-Rückkopplung
WZL	Werkzeugmaschinenlabor der RWTH Aachen

Verzeichnis der Formelzeichen

Formelzeichen	Bedeutung
sim_{Merge}	Grenzwert für die Zusammenlegung semantisch ähnlicher Begriffe
i	Natürlicher ganzzahliger Index der Menge I als Anzahl alle R
e	Eine Instanz der Menge der Kanten
c	Ein Konzept repräsentiert als Knoten im Graph
a	Instanz der Menge der Attribute
V	Menge aller Knoten (z.B. R, A oder C) in einem Graphen
T	Natürlich sprachlich formulierter Anforderungstext
Sum_{Text}	Zusammenfassung von Text durch ein LLM
S	Struktur-Knoten, die beispielweise Ordner oder Kapitel repräsentieren
R	Anforderungsdatensatz als Tripel (ID, Req_Text, A)
Q	Such-Anfrage durch den Nutzer, bestehend aus Q_{ID} und Q_{Text}
ID	Eindeutige Kennung einer Anforderung
I	Indexmenge natürlicher ganzer Zahlen
F	Durch Nutzer zu definierender Filter zur Reduzierung des Suchraums
E	Menge aller Kanten, die zwischen jeweils zwei V bestehen
C	Menge der Konzepte, die als Begriff formuliert sind
A	Menge der Attribute eines Anforderungsdatensatzes
m	Anzahl möglicher Klassen pro Attribut
k	Ist eine ganzzahlige Variable gemäß $k \in N_0$
q_{ID}	Eine Instanz der Menge Q_{ID}
k_i	Anzahl der Attribute für eine Anforderung R_i
$k_{Structural}$	Anzahl der zu berücksichtigenden, nächstgelegenen S
k_{Req}	Anzahl der zu berücksichtigenden, nächstgelegenen R
k_{Prune}	Ganzzahliger Parameter zur Anzahl möglicher Kanten {C_i,R}

$k_{Graph\ Size}$	Hyperparameter, der ein Verhältnis von k_{Req}, $k_{Concepts}$ und $k_{Structural}$ vorhält
$k_{Concepts}$	Anzahl der zu berücksichtigenden, nächstgelegenen C
k_{Anchor}	Ganzzahlige Variable k zur Definition der Anzahl der Anker-Knoten
$e_{G_0,Kanten,indirekt}$	Anzahl möglicher ungerichteter Kanten
$R_{ID,Anchor}$	Hervorzuhebende Anker-Knoten einer Anfrage in G_{SRN}
Q_{Text}	Ausdruck in Wort oder Satz gemäß der Anfrage Q für die Festlegung der Ankerknoten
Q_{ID}	Menge der IDs gemäß der Anfrage Q für die Festlegung der Ankerknoten
$Q_{Embedding}$	Vektor zur Repräsentation eines Q_{Text}, in Form eines Satzes
$Q_{Concepts}$	Konzepte, die in Q_{Text} enthalten sind oder extrahiert werden
G_{SRN}	Graph zur Repräsentation der semantisch vernetzten R
$G_{SRN,Filtered}$	Gefilterter Graph nach Anwendung des F
$\mathrm{G_{SRN,direkt}}$	Graph zur direkten Vernetzung von R durch E
$G_{Embedded}$	$G_{Concepts}$, erweitert mit den Vektoren der beinhalteten Texte
$G_{Concepts}$	Graph G_0, ergänzt um die Konzeptknoten C und Kanten $\{R, C\}$
G_0	Initialer Graph, der alle verfügbaren R beinhaltet
$E_{Concepts}$	Menge der Kanten, die ein c und r miteinander verbinden
$C_{Nearest}$	C gemäß des Parameters $k_{Nearest}$
C_{Anchor}	Ankerknoten der Anzahl k_{Anchor} zur Repräsentation von $Q_{Concepts}$ in $G_{SRN,Filtered}$

1 Exposition

Das erste Kapitel der Arbeit dient der Einführung in das Forschungsvorhaben. Indem einleitend die wissenschaftliche Betrachtung des Themas der datenbasierten Analyse von natürlich sprachlich formulierten Anforderungen motiviert wird, kann darauf basierend die Zielsetzung der Arbeit beschrieben werden. Hinzukommend wird die Konzeption der Forschung geschildert, um konkludierend aus dem vorangegangenen den Aufbau der Arbeit zu beschreiben.

1.1 Einleitung und Motivation

Die kooperative Produktentwicklung für einen beschleunigten Markteintritt wird seit den 1980er Jahren als Lösungsbeitrag zur Verkürzung von Entwicklungszeiten erforscht und in der industriellen Praxis etabliert. Trotz der Erfolge hinsichtlich der verkürzten Produktentwicklungszeiten, werden hierdurch nur selten positive Beiträge im Sinne der Entwicklungskosten sowie der Produktqualität erzielt.[1] Gleichzeitig steigt jedoch die Anzahl der beteiligten Personen sowie Disziplinen und im Rahmen der Digitalisierung entstehen verteilt im Entwicklungssystem exponentiell mehr Entwicklungsinformationen, die verwaltet werden müssen.[2] Somit entsteht ein wachsender Bedarf effizient und kontextbezogen die relevanten Informationen in Entwicklungsprozessen bereitzustellen, um die gestiegene Planungskomplexität zu beherrschen. Nach der VDI 2221 entstehen während der Produktentwicklung zwar multiple Entwicklungsergebnisse, jedoch nehmen Anforderungen eine besondere Rolle ein, da alle weiteren Entwicklungsergebnisse gegen diese geprüft werden müssen.[3] Hierbei gilt es jedoch zu berücksichtigen, dass auch die Anforderungen selbst nicht statisch zu Beginn der Produktentwicklung definiert werden, sondern sich über alle Produktlebenszyklusphasen verändern können. Somit kann auch bereits in der Phase der Produktentwicklung aufgrund des Erkenntnisgewinns, des technologischen Fortschritts oder veränderter Kunden- sowie Markanforderungen eine Anpassungen der Anforderungen

[1] vgl. Meis, J.-F. (2017) Produktionsseitiges Anforderungsmanagement, S. 19 - 20.

[2] vgl. Spath, D. et al. (2016) Produktentwicklung Quo Vadis, S. 4.

[3] vgl. Verein Deutscher Ingenieure (2019) VDI 2221 - Blatt 1, S. 31.

notwendig sein.[4] Dadurch besteht während der Produktentwicklung ständig der Bedarf Anforderungen zu priorisieren und die Konsequenzen hinsichtlich der betroffenen Entwicklungsergebnisse zu bewerten.[5] Folglich sind Anforderungen ein relevanter Stellhebel, um die steigende Komplexität der Entwicklungsprozesse sowie der Entwicklungsinformationen zu steuern.

Die Formulierung oder Anpassung einer Anforderung, darf jedoch nicht isoliert erfolgen.[6] Viel mehr gilt, dass auch in vielschichtigen und verteilten Organisationen ein Transfer von kontextualisierten Informationen für den Wissensaustausch gelingen muss, um in komplexen Entwicklungsprojekten erfolgreich zu sein.[7] Wichtig ist hierbei, dass eine bloße Bereitstellung der vorhandenen Informationen nicht ausreicht. Etablierte Unternehmen unterschiedlicher Brachen pflegen Sammlungen für natürlich sprachlich formulierte Anforderungen, die das für Einzelpersonen lesbare oder begreifbare Maß bei weitem übersteigen. Die Erstellung einer expliziten, statischen Vernetzung zur kontextualisierten Bereitstellung von Anforderungen, die durch Menschen erzeugt wird, ist in diesem exponentiell wachsenden Informationsumfang somit keine Lösung.[8]

Für die Formulierung von Anforderungen wird primär natürliche Sprache genutzt.[9] Den daraus hervorgehenden Herausforderungen durch fehlende Präzision oder Mehrdeutigkeiten wurde durch die Vorgabe entsprechender Schablonen und Schreibregeln begegnet.[10] Als deklarative Wissensrepräsentation ist natürliche Sprache einerseits besonders geeignet um komplexe Sachverhalte auszudrücken, stellte aber andererseits für die maschinelle Analyse eine Herausforderung dar. Auf Basis der aktuellen Fortschritte in der Erforschung semantischer Analysen natürlich sprachlich formulierter Texte mittels künstlicher Intelligenz, erscheint eine Analyse von natürlich sprachlichen Anforderungen jedoch möglich.[11] Es gilt somit den technologischen Fortschritt zu opera-

---

[4] vgl. Fricke, E. et al. (2000) Coping with changes, S. 170 - 171.

[5] vgl. Karl E. Wiegers (1999) First Things First.

[6] vgl. Glinz, M. et al. (2020) Handbuch Requirements Engineering, S. 51.

[7] vgl. Hansen, M. (1999) The Search-Transfer Problem, S. 82.

[8] vgl. Schlutter, A. et al. (2020) Trace Link Recovery, S. 20.

[9] vgl. Ozkaya, M. et al. (2023) Practitioners' Perspectives towards RE, S. 22.

[10] vgl. Glinz, M. et al. (2020) Handbuch Requirements Engineering, 36 ff.

[11] vgl. Geißler, S. (2020) Natürliche Sprachverarbeitung und KI, 115 ff. vgl. Naveed, H. et al. (2023) Comprehensive Overview of LLMs, 1 ff. vgl. Min, B. et al. (2021) Recent Advances in Pre-Trained LLMs.

tionalisieren, und die Nutzbarkeit für die Vernetzung von Anforderungen zu erforschen. Dadurch können die immensen vorhandenen Datenbestände bestehender Informationssysteme zur Anforderungsverwaltung verwertet werden.[12] Eine Entscheidungsunterstützung im Fall der Anpassung oder Neuformulierung einer Anforderung durch die kontextualisierte Bereitstellung der Anforderungen scheint möglich.

Hierbei muss jedoch berücksichtigt werden, dass die Notwendigkeit der Transparenz und Nachvollziehbarkeit von KI-gestützten Prozessen ein relevanter Aspekt ist. Die Erklärbarkeit von KI-Systemen ist von zentraler Bedeutung, um das Vertrauen der Nutzer zu gewinnen und die Akzeptanz solcher Systeme zu erhöhen.[13] Insbesondere im Bereich der Anforderungsanalyse zur Vernetzung der Informationen, müssen die Prozesse der Analyse klar nachvollziehbar sein, um die Qualität und Effizienz der Produktentwicklung zu verbessern. Indem die Vernetzung auf Basis maschinell identifizierter Korrelationen erklärbar und durch graphische Repräsentationen menschlich nachvollziehbar gemacht wird, kann die kausale Entscheidungsfindung unterstützt werden.[14]

Zusammenfassend lässt sich sagen, dass die KI-basierte semantische Analyse von natürlich sprachlich formulierten Anforderungen einen bedeutenden Beitrag zur Effizienzsteigerung in der Produktentwicklung leisten kann. Sie ermöglicht eine effiziente Vernetzung von Anforderungen sowie die graphische Ergebnisdarstellung derartiger Analysen und unterstützt dadurch Transparenz und Nachvollziehbarkeit im Entwicklungsprozess und fördert die dynamische Anpassung. Dies führt letztlich zu einer höheren Qualität der Endprodukte und stärkt die Wettbewerbsfähigkeit der Unternehmen. Ein hierfür zu gestaltendes Informationssystem erfordert das Verständnis bestehender Prozesse sowie neuer Technologien und motiviert somit ein anwendungsorientiertes Forschungsvorhaben.[15]

1.2 Zielsetzung

Unter Berücksichtigung der vorausgehenden Motivation der wissenschaftlichen Betrachtung des Themenfeldes erfolgt die Formulierung der Zielsetzung der vorliegenden Arbeit. Hierbei gilt, dass das Anforderungsmanagement als eine interdisziplinäre

[12] vgl. Cholewinski, P. et al. (2024) Automotive R&D, S. 3.

[13] vgl. Mockenhaupt, A. (2021) Digitalisierung und KI in der Produktion, S. 108.

[14] vgl. Glinz, M. et al. (2020) Handbuch Requirements Engineering, S. 51 ff.

[15] vgl. Laudon, K. et al. (2016) Wirtschaftsinformatik, S. 19.

Kooperation unterschiedlicher menschlicher Individuen zu betrachten ist. Es sind menschliche kreative Prozesse gefordert, um aus diversen teils widersprüchlichen Produktideen und Limitationen einen Gestaltungsraum zu definieren indem kooperativ vollständige und konsistente Spezifikationen erzeugt werden. Für die Definition eines konsistenten Gestaltungsraums durch die Verwaltung der natürlich sprachlich formulierten Anforderungen sind den Menschen relevante Informationen bereitzustellen. Besonders die Bereitstellung relevanter Zusammenhänge kann hier zum Erfolg beitragen. Indem diese Bereitstellung maschinell unterstützt wird, kann der Mensch von zeitaufwändigen Suchoperationen entlastet werden, sodass Kapazitäten für die notwendigen Kreativprozess genutzt werden können.

Eine zusammenfassende Formulierung der Zielsetzung der Arbeit mittels der Strukturierung und Formulierungshilfe nach TURABIAN ET AL. lautet daher wie folgt[16]:

Das Ziel ist die Entwicklung einer Methodik, um nachvollziehbar zu machen wie Interdependenzen von natürlich sprachlich formulierten Anforderungen mit datenbasiert Methoden transparent gemacht werden können, damit diese Interdependenzen in der Produktentwicklung bei hoher Prozesseffizienz frühzeitig berücksichtigt werden können, sodass die gesteigerte Planungskomplexität beherrscht werden kann.

Die Forschung mit der obenstehenden Zielsetzung erfordert die Berücksichtigung von Forschungsergebnissen diverser Forschungsdisziplinen. Um hierbei eine Eingrenzung vorzunehmen und einen zielgerichteten Forschungsprozess zu unterstützen, sind nach KUBICEK Fragen zu formulieren.[17] Die leitende Forschungsfrage der vorliegenden wissenschaftlichen Arbeit lautet dazu wie folgt:

Wie können die Interdependenzen zwischen natürlich sprachlichen Anforderungen komplexitätsgerecht sowie effizient abgebildet und bewertbar gemacht werden?

Die Beantwortung der leitenden Forschungsfrage wird durch Untersuchung der untergeordnete Teilforschungsfragen unterstützt, die gleichzeitig zur Strukturierung der zu entwickelnden Methodik genutzt werden können. Die Teilforschungsfragen der Arbeit lauten wie folgt:

- Wie kann die relevante Umweltkomplexität für die Analyse semantischer Ähnlichkeit von natürlich sprachlich formulierten Anforderungen in der Produktentstehung beschrieben werden?

---

[16] vgl. Turabian, K. et al. (2011) A manual for Writers, S. 18.

[17] vgl. Kubicek, H. (1977) Heuristische Bezugsrahmen, S. 24 ff.

- Wie können natürlich sprachlich formulierte Anforderungsartefakte datenbasiert abgebildet und vernetzt werden, um diese effizient im Produktentstehungsprozess bezüglich möglicher semantischer Interdependenzen zu analysieren.
- Wie kann die Darstellung von vernetzten Anforderungen komplexitätsgerecht erfolgen und nutzbar gemacht werden?

Mittels eines strukturierten Forschungsprozesses, dessen grundlegende Wissenschaftstheorie und Ablauf nachfolgend beschrieben wird, kann eine Methodik im Sinne der Zielsetzung der Arbeit verfasst werden und die Beantwortung der Teilforschungsfragen erfolgen.

1.3 Forschungskonzeption

Um die Nachvollziehbarkeit im Vorgehen und auch eine Überprüfbarkeit der Forschungsergebnisse zu ermöglichen, wird zunächst das Forschungsparadigma beschrieben. Notwendigerweise ordnet das Forschungsparadigma die gewählte Erkenntnisperspektive und Forschungsmethodologie ein, sodass die unumgänglichen wertenden Einflüsse des Autors auf die Forschung hierdurch grundsätzlich nachvollziehbar sind.[18]

Zunächst wird die Erkenntnisperspektive auf das Forschungsobjekt in die Wissenschaftssystematik nach ULRICH UND HILL eingeordnet. In dieser wird die Wissenschaft in erster Instanz aufgegliedert in die Formalwissenschaften und die Realwissenschaften.[19] In dieser Definition umfassen die Formalwissenschaften beispielsweise die Philosophie, die Logik oder die Mathematik. Ziele dieser Wissenschaften sind Zeichensysteme zu konstruieren und die Erforschung von Regeln zur Verwendung dieser. Die Ausprägungen der Realwissenschaften können nach ULRICH UND HILL nach einer theoretischen und einer praktischen Zielsetzung unterschieden werden. Die theoretische Zielsetzung reiner Grundlagenwissenschaften ist die Erklärung empirischer Wirklichkeitsausschnitte. Hierzu zählen die Naturwissenschaften. Die praktische Zielsetzung in den Realwissenschaften ist die Analyse menschlicher Handlungsalternativen und wird den angewandten Handlungswissenschaften zugeschrieben. Den angewandten Handlungswissenschaften werden die Ingenieurswissenschaften zugerechnet.[20] In den vorangestellten Kapiteln zur Darlegung der Motivation und der Zielsetzung wird das

[18] vgl. Binder, V. et al. (1996) Technologiepotentiale, S. 3.

[19] vgl. Ulrich, P. et al. (1976) Wissenschaftstheoretische Grundlagen, S. 305.

[20] vgl. Ulrich, P. et al. (1976) Wissenschaftstheoretische Grundlagen, 305 f.

Thema der vorliegenden Arbeit an der Schnittstelle des ingenieurswissenschaftlichen Anforderungsmanagements und den Datenwissenschaften verortet. Bezugnehmend auf die Datenwissenschaften muss jedoch berücksichtigt werden, dass diese zwar die Methoden der Formalwissenschaft Statistik nutzen, jedoch der Beitrag zur Lösung realer Herausforderungen im Vordergrund steht.[21] Die zur Darlegung der Forschung gewählte Erkenntnisperspektive auf Basis des praktischen Forschungsziels und der adressierten Wissenschaften lässt sich somit den Handlungswissenschaften zuordnen.

Auf die Einordnung der Erkenntnisperspektive folgend wird das Forschungsvorgehen auf Basis bestehender Forschungsmethodologien vorgestellt. Nach ULRICH UND HILL müssen Realwissenschaften subjektiv Wahrnehmungen auf Basis definierter Begriffe derart explizieren und generalisieren, dass Handlungsalternativen im Realbezug gestaltet werden können.[22] Ein dazu komplementäres forschungsmethodisches Vorgehen wird in der Design Science Research (DSR) Methodologie nach HEVNET ET AL. beschrieben. Als Forschungsparadigma der DSR liegen die Ingenieurswissenschaften zu Grunde, mit dem Anspruch problemlösend zu sein.[23] Somit wird die Forschungsperspektive in der vorliegenden Arbeit unmittelbar adressiert. Dabei wird auf die Entwicklung von Artefakten zur Lösung von Problemen referenziert. Ergänzend wird in der DSR das wissenschaftliche Ziel der „behavioral science“ (engl. Verhaltensforschung) berücksichtigt. Dies sieht vor, dass zur Findung der Wahrheit Theorien entwickelt und überprüft werden.[24] Somit ist die DSR nach dem Paradigma konzipiert, dass ein Beitrag zur Lösung von für den Menschen relevanter Probleme durch die Entwicklung innovativer Artefakte zu neuem Wissen in der Wissenschaft führt.[25]

Mit dem Anspruch nicht nur einen theoretischen Beitrag, sondern auch eine konkrete Problemlösung zu generieren, folgt die vorliegende Arbeit der DSR und ist komplementär zu deren Zyklus-basierten Ordnungsrahmen. Dieser besteht aus den drei Zyklen *Relevance Cycle*, *Rigor Cycle* und *Design Cycle*. Der Relevance Cycle initiiert das Forschungsvorhaben, indem Herausforderungen der unternehmerischen Umwelt formuliert werden, um somit, verkürzt formuliert, Anforderungen und Akzeptanzkriterien an die Forschung für die Lösung eines praktischen Problems zu definieren. Über

[21] vgl. van der Aalst, W. (2016) Process Mining, 10 f.

[22] vgl. Ulrich, P. et al. (1976) Wissenschaftstheoretische Grundlagen, S. 306.

[23] vgl. Hevner et al. (2004) Design Science in Information Systems Research, S. 76.

[24] vgl. Hevner et al. (2004) Design Science in Information Systems Research, 79 f.

[25] vgl. Hevner, A. (2010) Design Research in Information Systems, S. 5.

den Rigor Cycle wird das Forschungsvorhaben an die Wissenschaftsgrundlagen geknüpft. Hierbei wird die Anwendung der bestehenden wissenschaftlichen Theorien und Methoden vorausgesetzt. Es gilt jedoch auch durch die Ergebnisse der Forschung einen Beitrag zur Erweiterung der bestehenden Wissensbasis zu leisten. Der zentrale Design Cycle teilt sich somit wieder in die Erzeugung eines Artefakts wie auch die Evaluierung dieses Artefakts auf.[26] Bei Artefakten kann es sich nach HEVNER UND CHATTERJEE um eine erste Lösung oder eine signifikante Verbesserung bestehender Lösungen handeln, die beispielsweise in Form von Modellen, Methoden oder prototypischen Systemen dargelegt werden können.[27] In Abbildung 1-1 ist der zuvor beschriebene zyklische Aufbau nach HEVNER illustriert.

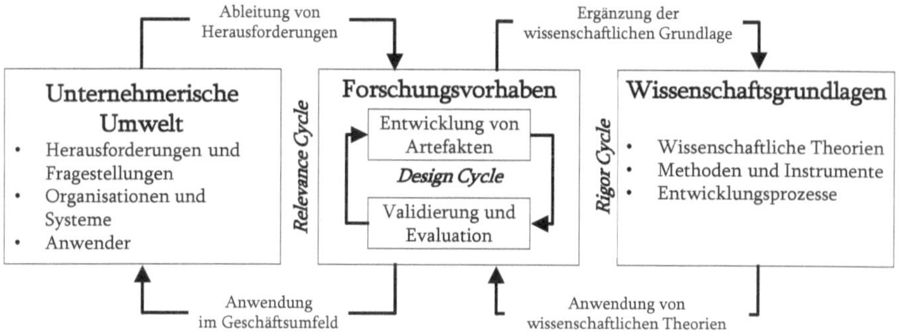

Abbildung 1-1: Ordnungsrahmen der Design Science Research[28]

1.4 Aufbau der Arbeit

In dem vorangestellten Kapitel 1.3 wurde die DSR als zur Grunde gelegte Forschungsmethodologie eingeführt und das darin formulierte iterative und Zyklus-basierte Vorgehen beschrieben. Da der Promotionsprozess des Autors jedoch die Ausleitung eines Ergebnisses in Form einer schriftlich formulierten Dissertation erfordert, besteht ein Konflikt mit der Darstellung nach HEVNER, die kein definiertes Ende aufzeigt. Nach

[26] vgl. Hevner, A. (2007) A Three Cycle View, 87 ff.

[27] vgl. Hevner, A. (2010) Design Research in Information Systems, S. 6.

[28] i.A.a. Hevner et al. (2004) Design Science in Information Systems Research, S. 80; i.A.a. Hevner, A. (2007) A Three Cycle View, S. 88.

BLESSING und der von ihm formulierten Design Research Methodology gibt es unterschiedliche Typen, die basierend auf der zu Grunde liegenden Art und Anzahl sowie dem Ablauf der Forschung klassifiziert sind, und jeweils abgeschlossene Projekte darstellen.[29] PEFFERS ET AL. beschreiben ebenso einen linearisierten Ablauf aus sechs Prozessschritten der in Abbildung 1-2 wiedergegeben ist.[30]

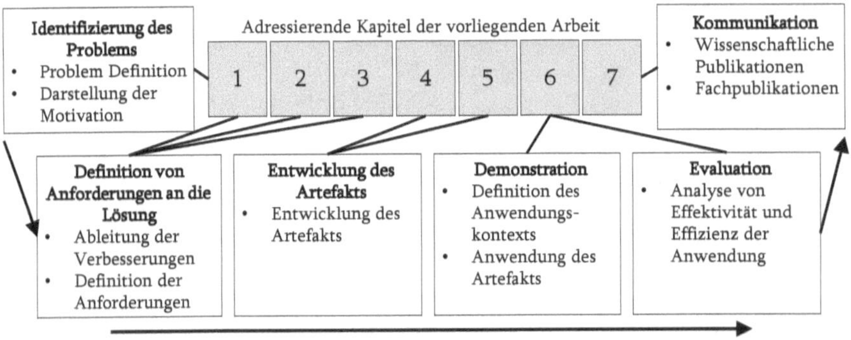

Abbildung 1-2: Aufbau der Arbeit im Kontext des DSR Prozess nach PEFFERS ET AL.[31]

Dieser linearisierte Ablauf ist strukturgebend für den Aufbau der vorliegenden Dissertation. Die Kapitelstruktur der Arbeit im Abgleich mit dem linearisierten Prozess der DSR ist in ebenfalls in Abbildung 1-2 dargestellt. Teilweise adressieren multiple Kapitel einen Prozessschritt. Es ist jedoch evident, dass alle Prozessschritte in den Ausführungen der Entwicklung einer Methodik zur datenbasierten Analyse vernetzter natürlich sprachlicher Anforderungen berücksichtigt werden. Die Inhalte der Kapitel sind nachfolgend kurz zusammengefasst.

In Kapitel 1, der Exposition der vorliegenden Dissertation, findet eine einleitende Motivation zur Darstellung der Relevanz statt. Außerdem ist dort die Zielsetzung beschrieben. Hinzu kommt die Einführung der forschungsmethodologischen Grundlagen sowie die Verortung der Forschungsvorhaben darin. Obwohl hierbei ein iterativer Ansatz in Form der DSR gewählt wird, kann das Forschungsvorgehen bzw. die Wiedergabe eines abgeschlossenen Dokuments im Rahmen einer Linearisierung nach PEFFERS legitimiert werden.

---

[29] vgl. Blessing, L. et al. (2009) DRM - Design Research Methodology, S. 76.

[30] vgl. Peffers, K. et al. (2007) Design Science Research Methodology for Information Systems, S. 54.

[31] i.A.a. Peffers, K. et al. (2007) Design Science Research Methodology for Information Systems, S. 54.

Die grundlegenden Definitionen sowie bestehenden Theorien und Modelle, die in der späteren Artefaktentwicklung aufgegriffen werden, sind zusammenfassend in Kapitel 2 dargestellt. Dabei wird der Betrachtungsbereich repräsentiert durch eine Verortung des Anforderungsmanagements in der Produktentstehung, die Wiedergabe der Grundlagen zur Informations- und Wissensrepräsentation im Anforderungsmanagement sowie durch eine Zusammenfassung der Grundlagen zur maschinenbasierten Analyse von natürlich sprachlichem Text.

Das Kapitel 3 fasst die systematische Analyse bestehender Ansätze zur datenbasierten Analyse von natürlich sprachlich formulierten Anforderungen zusammen. Hierbei werden auf Basis aktueller Studien zunächst die Herausforderungen der Praxis analysiert, um daraus und auf Basis der vorausgegangenen Motivation sowie der Grundlagen und Definitionen Kriterien für die Analyse aktueller Ansätze zu formulieren. Die mittels einer systematischen Literaturrecherche aus multiplen Quellen zusammengeführte Literatur, wird mittels einer Darstellung und Bewertung der relevanten Ansätze gewürdigt. Abschließend erfolgt eine Einordnung des vorliegenden Forschungsvorhabens sowie die Formulierung des abgeleiteten Forschungsbedarfs.

Kapitel 4 beinhaltet die Konzeption der zu entwickelnden Methodik. In einer formalen Beschreibung wird hierbei ein Ordnungsrahmen erzeugt, der es ermöglich den Ablauf der phasenbasierten Methodik nachzuvollziehen und die zu entwickelnden Artefakte in Form unterschiedlicher Modelle darin zu verorten. Zudem werden inhaltliche und formale Anforderungen an die Methodik formuliert und die Vorarbeiten des Autors im Sinne einer Iteration einführend beschrieben, sodass die Grundlage für die Ausgestaltung der Methodik zur datenbasierten Analyse von natürlich sprachlichen Anforderungen im folgenden Kapitel möglich ist.

Kapitel 5 legt die Detaillierung der Methodik im Sinne einer Ablaufbeschreibung dar, sodass darauf basierend eine Evaluationsumgebung aufgebaut werden kann. Zusammen mit Kapitel 4 wird hier die in Kapitel 1.3 beschriebene Entwicklung der Artefakte betrieben. Die Unterteilung des Kapitels basiert auf den zuvor beschriebenen Partialmodellen.

Die nach DSR zentrale Evaluation und auch kritische Reflexion wird in Kapitel 6 beschrieben. Hierzu wird ein anonymisiertes Beispiel aus der Validierung im Geschäftsumfeld in Form des industriellen Anforderungsmanagements wiedergegeben und analysiert, um daraus eine Diskussion und kritische Reflexion der Forschungsergebnisse zu ermöglichen.

Abschließend wird in Kapitel 7 eine Zusammenfassung zur Darstellung der Forschungsergebnisse gegeben sowie aus dem Erkenntnisgewinn weiterer Forschungsbedarf abgeleitet.

Die vorliegende Dissertation ist während der Tätigkeit des Autors als wissenschaftlicher Mitarbeiter in den Abteilungen „Fahrzeugproduktion“ und “Innovationsmanagement“ am Werkzeugmaschinenlabor WZL der RWTH Aachen entstanden. Zu den Tätigkeiten gehörte die Arbeit in Forschungs- sowie Beratungsprojekten mit dem Fokus auf Anforderungsmanagement im Rahmen der Produktentstehung sowie der Digitalisierung. Dies hat den Autoren dazu befähigt, ein Problemverständnis auf Basis relevanter Industrieerfahrungen zu erzeugen und valide Lösungen zu konzeptionieren. Hinzukommend konnte der Autor auf praktische Erfahrungen in der Produktionsplanung bei global agierenden Industriekonzernen zurückgreifen, die vor seiner Tätigkeit als wissenschaftlicher Mitarbeiter am Lehrstuhl für Produktionssystematik entstanden sind. Die kritische Reflexion der Arbeit wurde durch den Austausch mit Experten aus Industrie und Wissenschaft erreicht. Der Forschungsprozessschritt „Kommunikation“ wird also nicht nur durch dieses Dokument vollzogen, sondern auch durch den zuvor beschriebenen Austausch im wissenschaftlichen und industriellen Umfeld sowie durch vorausgegangene Veröffentlichungen im Rahmen unterschiedlicher Peer-Reviews.

2 Grundlagen und Definitionen

Mit der nachfolgenden Darstellung der Grundlagen und Definitionen wird ein Verständnis für den Betrachtungsbereich der Arbeit ermöglicht und auf relevante Literatur verwiesen. Dazu ist das Kapitel in drei Unterkapitel eingeteilt. Die Strukturierung erfolgt dabei nach dem Anwendungsbereich, den methodischen Grundlagen des Objektbereichs sowie der theoretischen Grundlagen im Lösungskontext. Dazu wird in Kapitel 2.1 der Anforderungsmanagementprozess in der Produktentstehung mit Fokus auf der Produktentwicklung begrifflich definiert und in seinen Systemelementen beschrieben. Darauf folgt eine Zusammenfassung der theoretischen Grundlagen für Informations- und Wissensrepräsentationen, wobei diese wissenschaftlichen Grundlagen im Kontext des Anforderungsmanagements betrachtet werden. In Kapitel 2.3 wird die maschinenbasierte Analyse von natürlich sprachlichem Text als methodische Grundlage der Lösung beschrieben, sodass die Grundlagen der semantischen Analyse darin verortet werden können. Das Kapitel 2.4 schließt mit einer Zusammenfassung der Grundlagen des Betrachtungsbereichs im Kontext der eingangs formulierten Problemstellung.

2.1 Anforderungsmanagementprozesse in der Produktentstehung

Ziel des Kapitels 2.1 ist es eine Begriffsdefinition für Anforderungen wiederzugeben, die als Grundlage für nachfolgende Ausführungen herangezogen werden kann. Zusätzlich wird die Arbeit mit Anforderungen prozessual beschrieben. Die theoretischen Grundlagen für das Management von Anforderungen und Änderungen werden wiedergegeben, um die Problemstellung sowie nachfolgend zu beschreibende Lösungsbeiträge in diesen Prozessen verorten zu können.

2.1.1 Begriffsdefinition von Anforderungen

Zentrales Element einer kooperativen Produktentstehung ist der Prozess des Wissensmanagements, um die Beteiligten zum notwendigen bereichsübergreifenden Wissensaustausch zu befähigen. Realisiert wird dies unter anderem durch den Austausch von Anforderungen. Originär wird der Terminus Anforderung sowie der entsprechende Umgang mit selbigen durch den Bereich der Softwareentwicklung bestimmt. Obgleich es keinen einheitlichen Standard für die Definition von Anforderungen gibt, werden weitestgehend konsistent Formulierungen von unterschiedlichen Normungsorganisationen (bspw. IEEE sowie DIN) verwendet, sodass auf eine ausführliche Diskussion der einzelnen Formulierungen verzichtet werden kann.[32] Die für die vorliegende Arbeit gültige Definition ist gewählt nach der deutschen Übersetzung von IEEE 610, wie sie exemplarisch durch POHL UND RUPP verwendet wird. Diese umfasst eine inhaltlichen Beschreibung, die beispielsweise auch vergleichbar in der Begriffsdefinition für Anforderungen in DIN69901-5 zu finden ist, und auch in der viel zitierten Richtlinie VDI 2221 verwendet wird.[33] [34] Ergänzt wird diese Beschreibung um die formale Bedingung, dass es sich um eine dokumentierte Repräsentation handeln muss. Im Wortlaut wird dies wie folgt definiert:

„Eine Anforderung ist:

(1) Eine Bedingung oder Fähigkeit, die von einem Benutzer (Person oder System) zur Lösung eines Problems oder zur Erreichung eines Ziels benötigt wird.
(2) Eine Bedingung oder Fähigkeit, die ein System oder Teilsystem erfüllen oder besitzen muss, um einen Vertrag, eine Norm, eine Spezifikation oder andere, formell vorgegebene Dokumente zu erfüllen.
(3) Eine dokumentierte Repräsentation einer Bedingung oder Eigenschaft gemäß (1) oder (2).“[35]

Eigenschaften von Anforderungen und ihrer Dokumentation

Bei der Formulierung von Anforderungen ist es das Ziel Formulierungen mit multiplen Eigenschaften zu erzeugen. Die Eigenschaften gelten dabei für einzelne Anforderungen per se aber auch für Anforderungsdokumente.[36] Sammlungen dieser Eigenschaft basieren auf unterschiedlichen Autoren aber auch Richtlinien und Normungsinstituten[37]. Die Anzahl der häufig nicht überschneidungsfrei formulierten Eigenschaften variieren in der Grundlagenliteratur und Abbildung 2-1 stellt eine Sammlung der wiederholend genannten dar.

---

[32] vgl. Heßeler, A. et al. (2004) Anforderungsmanagement, 2 ff.

[33] vgl. Deutsches Institut für Normung e.V. (2009) DIN 69901-5:2009, S. 6.

[34] vgl. Verein Deutscher Ingenieure (2019) VDI 2221 - Blatt 1, S. 4.

[35] Pohl, K. et al. (2015) Basiswissen Requirements Engineering, S. 3.

[36] vgl. Schienmann, B. (2002) Kontinuierliches Anforderungsmanagement, S. 176.

[37] vgl. Meis, J.-F. (2017) Produktionsseitiges Anforderungsmanagement, S. 30.

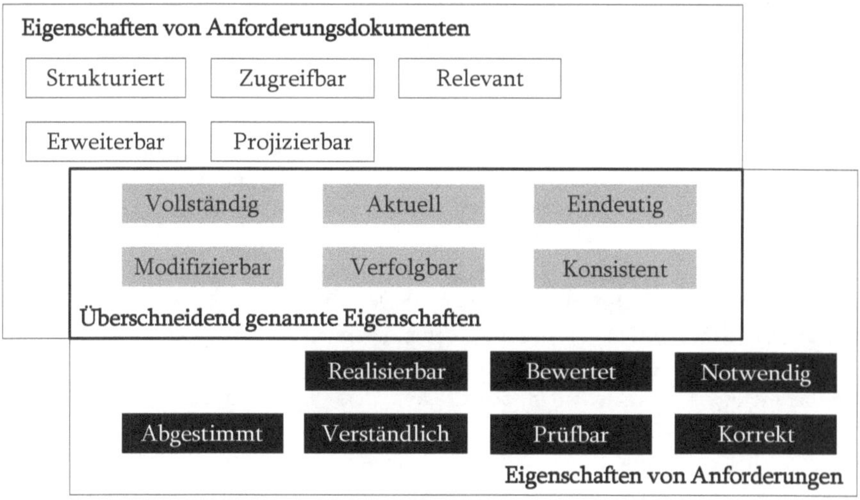

Abbildung 2-1: Eigenschaften von Anforderungen und ihrer Dokumentation[38]

Die Formulierung von Anforderungen respektive die unterschiedlichen Dokumentationsformen werden in Kapitel 2.1 tiefergehend analysiert, wobei wiederum die hier dargelegten Eigenschaften einbezogen werden. Allgemein kann bei einer aufeinander abgestimmten Menge von Anforderungen, die vorgegebenen Kriterien genügt, von einer Anforderungsspezifikation oder Spezifikation gesprochen werden.[39]

Arten von Anforderungen

In bereits existierenden Aufarbeitungen zu den Klassifikationen nach der Art von Anforderungen wird dargelegt, dass es verschiedene Arten von Anforderungen gibt. Eine initiale Unterscheidung nach EHRLENSPIEL findet zwischen impliziten und expliziten Anforderungen statt. Implizite Anforderungen sind nicht formulierte Anforderungen.[40] Diese werden im Kontext der Arbeit nicht betrachtet, da der Fokus auf einer datenbasierten Analyse von Anforderungen liegt, was zwingend formulierte und somit

[38] i.A.a. Meis, J.-F. (2017) Produktionsseitiges Anforderungsmanagement, S. 30; Institute of Electrical and Electronics Engineers (1998) IEEE recommended practice, 4 ff.; Schienmann, B. (2002) Kontinuierliches Anforderungsmanagement, 177 ff.; Pohl, K. (2010) Requirements Engineering, S. 19.

[39] vgl. Meis, J.-F. (2017) Produktionsseitiges Anforderungsmanagement, S. 33.

[40] vgl. Ehrlenspiel, K. (2009) Integrierte Produktentwicklung, S. 378 - 380.

explizite Anforderungen voraussetzt. Bei der Definition möglicher Arten wird auf Normen verwiesen, wie beispielsweise die ISO 29148, laut derer exemplarisch sechs Arten definiert werden können. In dieser Norm wird vorangestellt, dass die Art einer Anforderung als entsprechendes Attribut der jeweiligen Anforderung, zur Unterstützung der Anforderungsanalyse, anzuhängen ist.[41] Genannt werden Anforderungen, die unter den folgenden, in der Quelle englischen, Überschriften definiert sind: Funktional / Leistung, Schnittstellen, Prozess, Qualität (nicht funktional), Nutzbarkeit / Qualität in der Nutzung, Menschliche-Faktoren.[42] Neben diesen Arten gibt es jedoch viele weitere Definitionen. Diese sind nicht einheitlich, sondern von der Perspektive und dem Detaillierungsgrad der Klassifikation abhängig und somit nicht überschneidungsfrei. Die geforderte Attribuierung folgt dementsprechend keinem einheitlichen Standard. POHL UND RUPP, die nur drei Arten (Funktionale Anforderungen, Qualitätsanforderungen, Randbedingungen) unterscheiden, beschreiben, dass die Klassifikation auch nach industriespezifischen Normen und Vorgaben vorgenommen werden kann.[43] Eine zusammenfassende Darstellung der Klassifikation der Anforderungen hinsichtlich der Art gibt Abbildung 2-2.

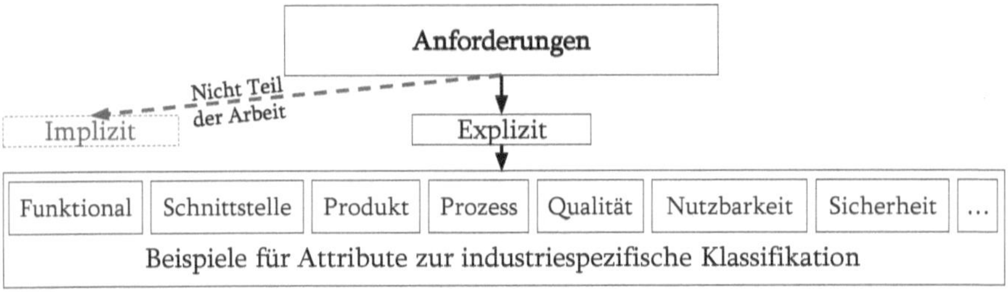

Abbildung 2-2: Klassifikation der Art der Anforderungen[44]

2.1.2 Verortung des Anforderungsmanagements in der Produktentstehung

Nach der grundlegenden begrifflichen Definition einer Anforderung wird im Folgenden die Produktentstehung im Kontext der Arbeit definiert. Die Produktentwicklung als Objektbereich der Arbeit wird hinsichtlich relevanter Eigenschaften beschrieben.

[41] vgl. International Standardization Organization (2018) ISO 29148, S. 14.

[42] vgl. International Standardization Organization (2018) ISO 29148, S. 15 - 16.

[43] vgl. Pohl, K. et al. (2015) Basiswissen Requirements Engineering, S. 8; vgl. Pohl, K. et al. (2015) Basiswissen Requirements Engineering, S. 9.

[44] vgl. International Standardization Organization (2018) ISO 29148, S. 15 - 16.

Daran anschließend erfolgt eine Verortung des Anforderungsmanagements in der Produktentstehung und -entwicklung. Die detaillierte Darstellung möglicher Abläufe und Aktivitäten des Anforderungsmanagements erfolgt dann im Kapitel 2.1.3.

Vor der Diskussion der Produktentstehung im Weiteren werden jedoch zunächst zwei zu Grunde liegende Mechanismen der Problemlösung erörtert. Es handelt sich dabei um den Problemlösezyklus mit seinen Hauptschritten sowie Iterationen, die charakterisierend für die Beschreibung der Produktentstehung und -entwicklung sind.

Problemlösezyklus

In die Beschreibung des Problemlösezyklus, wie exemplarisch in der VDI 2221 aber auch von VAJNA und BURCHARDT bzw. HUBKA, gehen Erkenntnisse der Prozess- und Systemtheorie, der kognitiven Psychologie, der Heuristik sowie der Arbeitswissenschaften ein.[45] Gemäß der beiden Professoren für Psychologie FUNKE und DÖRNER können Probleme, insbesondere komplexe Probleme bzw. Handlungssituationen, durch charakteristische Merkmale beschrieben werden.[46] Diese sind in Abbildung 2-3 zusammenfassend dargestellt.

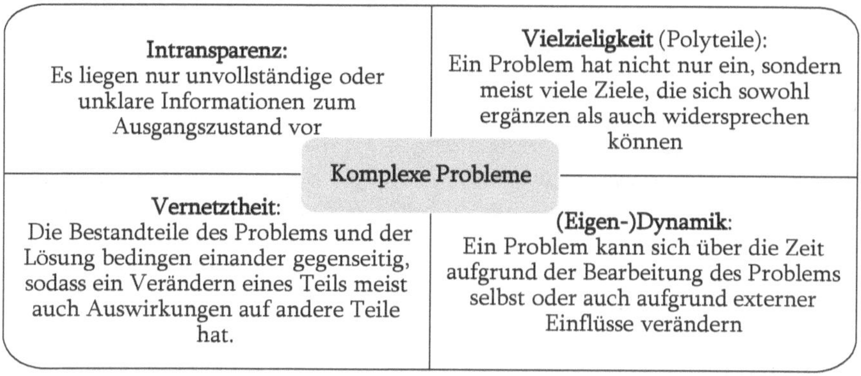

Abbildung 2-3: Charakteristische Merkmale komplexer Probleme[47]

[45] vgl. Vajna, S. et al. (2022) Modelle und Vorgehensweisen, S. 6; Verein Deutscher Ingenieure (2019) VDI 2221 - Blatt 1, S. 11 - 15.

[46] vgl. Funke, J. (2003) Problemlösendes Denken, S. 126 f.; Dörner, D. (2011) Die Logik des, 1 ff.

[47] vgl. Verein Deutscher Ingenieure (2019) VDI 2221 - Blatt 1, S. 16.

Zur Modellierung des Problemlösezyklus existiert in der Literatur eine Vielzahl unterschiedlicher Modelle. LINDEMANN fasst vier (Test-Operate-Test-Exit (TOTE), Vergleich-Veränderung-Rückkopplung (VVR), Discursive Problem Solving (DPS), Plan-Do-Check-Act (PDCA)) dieser Modelle zusammen. Hierbei ergibt sich, dass die Modelle der Psychologie (TOTE und VVR) grundlegende Handlungsregulationen beschreiben und das Modell von WULF (DPS) darauf basierend eine Zielorientierung ergänzt, was besonders im Kontext der Produktentwicklung wichtig ist. Bezüglich des Modells von DEMING (PDCA) wird hervorgehoben, dass durch eine Probehandlung eine Überprüfung vor der finalen Umsetzung der entwickelten Maßnahmen stattfindet. sodass hier eine aktive Reflexion stattfindet.[48] In abstrahierter Form können diese Erkenntnisse in Zyklen wie in Abbildung 2-4 dargestellt werden.

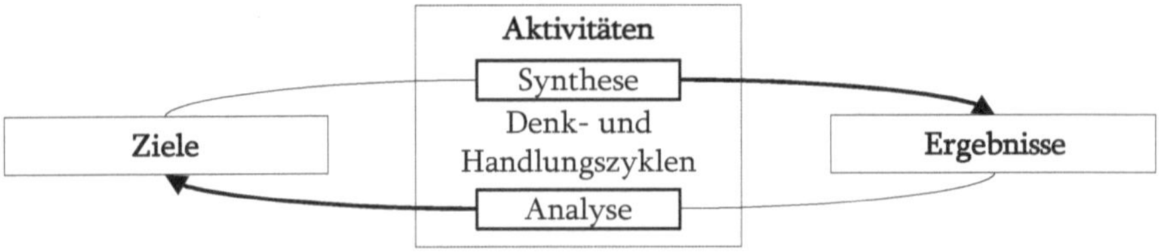

Abbildung 2-4: Generischer Regelzyklus der Problemlösung[49]

Iteration

Aus den bidirektionalen Pfeilen in Abbildung 2-4 wird ersichtlich, dass der Regelzyklus nicht strikt sequenziell im Sinne eines einmaligen Durchlaufs ist. Ganz im Gegensatz dazu ist bekannt, dass durch das Einhalten starrer Abläufe zur Problemlösung schlechtere Ergebnisse erzielt werden als durch zielorientierte aber flexible und iterativ gestaltete Abläufe.[50] WYNN ET AL. fassen die folgenden sechs Auslöser für Iterationen zusammen, die in Abbildung 2-5 dargestellt sind.[51]

---

[48] vgl. Lindemann, U. (2009) Methodische Entwicklung technischer Produkte, S. 41.

[49] vgl. Verein Deutscher Ingenieure (2019) VDI 2221 - Blatt 1, S. 17.

[50] vgl. Blessing, L. et al. (2009) DRM - Design Research Methodology, S. 32.

[51] vgl. Wynn, D. et al. (2012) Modelling iteration in, S. 2.

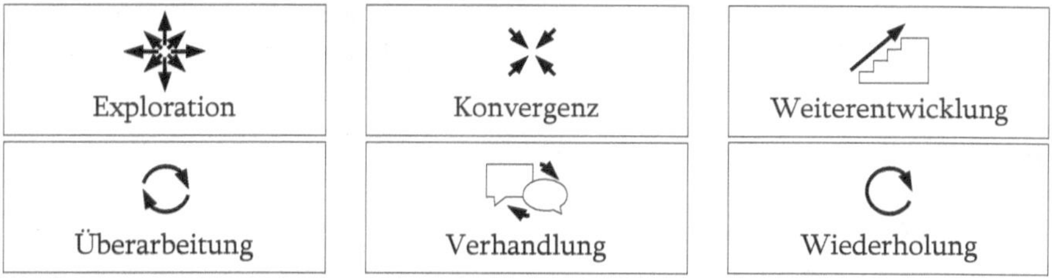

Abbildung 2-5: Auslöser für Iterationen[52]

In den folgenden Absätzen wird auf die beschriebenen Mechanismen jeweils in der Darstellung eines exemplarischen Modells für die Produktentstehung sowie für die Produktentwicklung zurückgegriffen.

Produktentstehung

Der Produktentstehungsprozess fasst die notwendigen Arbeitsschritte zusammen, die zur Wandlung einer Produktidee zu Beginn bis zum fertigen Produkt notwendig sind. Begrifflich setzt sich die Produktentstehung, als Abschnitt des Produktlebenszyklus, sowie aus der Abfolge notwendiger Arbeitsschritte und somit einem dementsprechenden Prozess zusammen. Diese Definition folgt FELDHUSEN UND GROTE.[53] Durch EHRLENSPIEL UND MEERKAMM sowie SCHUH wird diese Definition ebenfalls verwendet. Eine Abgrenzung zur nachfolgenden Phase der Markteinführung nach SCHUH bzw. der Nutzung nach EHRLENSPIEL UND MEERKAMM ist nicht deckungsgleich. Während SCHUH die Produktdistribution bereits nicht mehr als Bestandteil der Produktentstehung definiert, wird nach EHRLENSPIEL UND MEERKAMM der Vertrieb, der Versand und die Inbetriebnahme noch in der Produktentstehung verortet.[54] Letzterem liegt eine Reduzierung auf die zwei Teilhaber des Produktlebenszyklus zugrunde, dem Nutzer und dem Hersteller.[55] Unter der Annahme, dass es sich bei diesen Prozessschritten jedoch auch um unternehmensintern verantwortete Prozesse handelt, folgt der vorliegende Text

[52] vgl. Verein Deutscher Ingenieure (2019) VDI 2221 - Blatt 1, S. 19 - 20; vgl. Wynn, D. et al. (2012) Modelling iteration in, S. 2.

[53] vgl. Feldhusen, J. et al. (2013) Pahl/Beitz Konstruktionslehre, S. 11.

[54] vgl. Schuh, G. (2012) Innovationsmanagement, S. 59.

[55] vgl. Ehrlenspiel, K. (2009) Integrierte Produktentwicklung, S. 159.

der Definition nach EHRLENSPIEL UND MEERKAMM, die in Abbildung 2-6 bildlich dargestellt ist.[56] Hierbei zeigen sich die multiplen Teilhaber bzw. Systemelemente, die an der Formulierung von expliziten Anforderungen beteiligt sein können.

Die Darstellung der Produktentstehung in Abbildung 2-6 zeigt die Aktivitäten als einen weitestgehend inkrementellen Prozess. „Inkrementell" bedeutet hierbei, dass die Schritte in einem sequenziellen Ablauf aufeinander aufbauen. Hierbei ist auch eine paradigmatische Einteilung der Phasen gezeigt. Dabei wird der Produktlebenszyklus in die Produktplanung, die Entwicklung, die Produktion, die Nutzung bzw. Unterstützung und die Außerdienststellung unterteilt.

Abbildung 2-6: Produktentstehung im Produktlebenslauf[57]

[56] Diese Reduzierung folgt auch der Beschreibung der Stakeholder, die in Kapitel 2.1.3 zur Darstellung des Anforderungsmanagements verwendet wird

[57] vgl. Ehrlenspiel, K. (2009) Integrierte Produktentwicklung, S. 159; vgl. Schulze, S.-O. (2016) Systems Engineering, S. 171.

BENDER UND GERICKE heben hervor, dass in den jeweiligen Phasen unterschiedliche Disziplinen und somit auch unterschiedliche Unternehmensfunktionen eingebunden sind. Gleichzeitig ist eine strategische sowie operative Abstimmung der Unternehmensfunktionen notwendig.[58] Die zuvor beschriebene Einteilung stellt die Grundlage für konzeptgesteuerte Prozesse dar, die auch als plangetriebene Prozesse bezeichnet werden.[59]

Ein Modell, das die geforderte Einbindung der unterschiedlichen Disziplinen und Unternehmensfunktionen berücksichtig, ist das 3-Zyklen-Modell der integrierten Produktentstehung nach GAUSEMEISER. Motiviert durch die Integration mechanischer, elektronischer und softwaretechnischer Komponenten zur Sicherung der Leistungsfähigkeit verschiedener produzierender Industrien wird ein Modell zur angepassten Produktentwicklung und Fertigungsplanung beschrieben. Hierbei wird in die drei Hauptaufgabenbereichen, strategische Produktplanung, Produktentwicklung und Produktionssystementwicklung unterteilt. Diese stellen jeweils einen Zyklus da. Eine schematische Darstellung erfolgt in Abbildung 2-7. Hierbei ist wiederzuerkennen, dass ein jeder Zyklus drei Aktivitäten beinhaltet, die eine jeweils Zyklus-spezifische Formulierung der im Abschnitt Problemlösungszyklus beschriebenen Hauptschritte darstellt. Die kreislaufartige Darstellung der Zyklen zeigt ebenfalls die nach GAUSEMEIER notwendigen Iterationen.[60] Inkrementelle und iterative Entwicklungsmethoden werden seit den 1960er-Jahre angewendet. Das inkrementelle und gleichzeitig iterative Vorgehen stellt einen praktikablen Ansatz dar, um basierend auf einer anfänglichen Zielsetzung, ein System durch sukzessives Anfügen weiterer Inkremente zu entwickeln. Mit diesem Vorgehen soll ein Beitrag zur Erhöhung der Reaktionsgeschwindigkeit des Prozesses geliefert werden. Folglich wird ein solches Vorgehen bevorzugt angewendet, wenn Anforderungen zu Beginn noch unklar sind. Das entwickelte System wird im Zuge einer Iteration hinsichtlich der Erfüllung der Anforderungen überprüft. Haben sich die Anforderungen verändert, oder die Anforderungen sind nicht erfüllt, wird die Systementwicklung erneut durchgeführt. Die Integration des Anforderungsgebers in die Arbeitsebene der Entwicklungsteams ermöglicht den Projektbeteiligten die ständige Rückmeldung darüber, ob anforderungsgerecht entwickelt wird. Das Ziel dieses Vorgehens ist, dass hohe Aufwendungen zur Umsetzung von veränderten oder fal-

[58] vgl. Bender, B. et al. (2016) Entwicklungsprozesse, S. 402.

[59] vgl. Schulze, S.-O. (2016) Systems Engineering, S. 171.

[60] vgl. Gausemeier, J. et al. (2014) Zukunftsorientierte Unternehmensgestaltung, S. 25 - 26.

schen Anforderungen vermieden werden. Problematisch ist dieses Vorgehen bei häufig wechselnden Anforderungen, da es zu einem instabilen und chaotischen Projekt führen kann.[61]

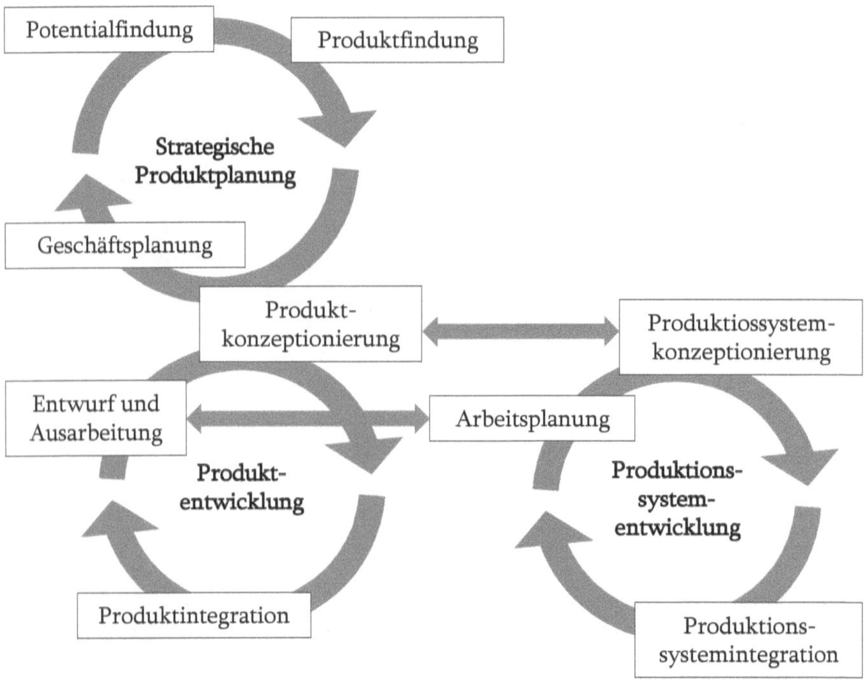

Abbildung 2-7: 3-Zyklen-Modell der Produktentstehung nach GAUSEMEIER[62]

Um ein anforderungsgerechtes Produkt im Sinne der Leistungsfähigkeit sowie der Kosteneffizienz zu ermöglichen, setzt das beschriebene Modell eine enge Abstimmung der Produkt- sowie der Produktionssystementwicklung voraus. Folglich werden die Zyklen auch parallel und nicht konsekutiv im Modell dargestellt. Im Kontext der produzierenden Industrie wird bereits das Produktkonzept durch die möglichen Fertigungs-

[61] vgl. Schulze, S.-O. (2016) Systems Engineering, S. 176 - 177.

[62] vgl. Gausemeier, J. et al. (2014) Zukunftsorientierte Unternehmensgestaltung, S. 26.

technologien bestimmt. Innovative Produktkonzepte lassen sich häufig nur durch angepasste Fertigungsprozessketten oder Produktionssysteme ermöglichen und innovative Produktionssysteme können wiederum neue Produkte ermöglichen. Somit besteht ein besonders hoher Abstimmungsbedarf in der Produkt- sowie Produktionssystemkonzipierung aber auch zwischen den Aktivitäten in Entwurf und Ausarbeitung seitens der Produktentwicklung mit der Arbeitsplanung seitens der Produktionssystementwicklung.[63] In Abbildung 2-7 wird dies durch die entsprechenden Pfeile zwischen den Aktivitäten der jeweiligen Zyklen symbolisiert. Weitere Modelle, die ebenfalls eine derart integrierte Produktentstehung adressieren sind maßgeblich durch EHRLENSPIEL, BULLINGER sowie EVERSHEIM UND SCHUH geprägt worden.[64] [65] [66]

Produktentwicklung als Teilmenge der Produktentstehung

Wie zuvor beschrieben und in Abbildung 2-6 sowie Abbildung 2-7 dargestellt, ist die Produktentwicklung eine Teilmenge des Produktentstehungsprozesses. Nach EHRLENSPIEL UND MEERKAMM stellt die Produktentwicklung den Kern des Produktentstehungsprozesses dar, da an dieser Stelle alle produktbeeinflussenden Stellen zusammenwirken sollen.[67] SPATH UND DANGELMAIER beschreiben dieses Zusammenwirken als Entgrenzung. Kontrastierend wird dabei dargestellt, dass frühere Vorstellungen der industriellen Produktentwicklung eine abgeschlossene Phase und die Domäne von Designern und Ingenieuren waren. Hierbei erhielten diese als Eingangsgrößen Anforderungen der Marktforschung und des Vertriebs und erzeugten als Ausganggröße die Konstruktionsunterlagen des Entwicklungsergebnisses. Nach einer Absicherung der Produkteigenschaften im Versuch werden diese an die Produktion übergeben. Durch die Entgrenzung handelt es sich somit um eine nicht mehr gültige Vorstellung, da alle Phasen oder auch Zyklen der Produktentstehung in der Produktentwicklung berücksichtigt werden müssen. Hierbei ist jedoch zu berücksichtigen, dass die Phasen der Produktentstehung nicht mehr sequenziell ablaufen, sondern zumindest teilweise parallelisiert werden. In der Produktentwicklung sind somit Fachleute aus unterschiedlichen Domänen und somit auch Akteure aus den unterschiedlichen Phasen beteiligt. Eine weitere Ergänzung ist, dass die Entwicklung eines Produktes, die historisch be-

---

[63] vgl. Gausemeier, J. et al. (2014) Zukunftsorientierte Unternehmensgestaltung, S. 26 - 27.

[64] vgl. Bullinger, H.-J. et al. (2009) Handbuch Unternehmensorganisation, S. 237.

[65] vgl. Ehrlenspiel, K. (2009) Integrierte Produktentwicklung, S. 159.

[66] vgl. Eversheim, W. et al. (2005) Integrierte Produkt- und Prozessgestaltung, S. 11.

[67] vgl. Ehrlenspiel, K. et al. (2017) Integrierte Produktentwicklung.

dingt in ihren Definitionen durch die Betrachtung von mechanischen Produkten geprägt ist, mittlerweile auch Software und Dienstleistungen umfasst.[68] Diesem Verständnis folgend werden im Kontext dieser Arbeit die Begriffe *Produktentstehung und Produktentwicklung* nicht synonym verwendet, sondern berücksichtigt, dass die Produktentwicklung ein interdisziplinäres Vorgehen als Teilmenge der Produktentstehung ist. HUBKA folgend besteht die Hauptaufgabe darin die Problemsituation in Form von gestellten Anforderungen in die Beschreibung technischer Systeme zu überführen.[69]

Modelle der Produktentwicklung

Zur Berücksichtigung der Vielfalt der Kontextfaktoren existieren unterschiedliche Modelle für die Produktentwicklung.[70] In den jeweiligen Modellen wird die Produktentwicklung häufig in einzelne, planbare Phasen unterteilt. Je nach Modell variiert der Umfang des Modells hinsichtlich der Phasenanzahl sowie des Detaillierungsgrades. In allen Modellen sind jedoch die drei zuvor beschriebenen Hauptschritte wiederzufinden. Die Entscheidung für die Nutzung eines Vorgehensmodells muss anwendungsfallspezifisch erfolgen.[71] Beispielhaft gibt es branchenspezifische Modelle wie das V-Modell nach VDI 2206 oder das Wasserfallmodell nach ROYCE zur Softwareentwicklung.[72] Ein weiteres Modell ist die VDI 2221, die in ihrer ursprünglichen Fassung von 1986 unter der Beteiligung von Konstruktionswissenschaftlern als Leitlinie für die Entwicklung und Konstruktion konzipiert wurde. In der VDI 2221 „Methodik zum Entwickeln und Konstruieren technischer Systeme" wurde in dieser ursprünglichen Fassung besonderes Augenmerk auf die Entwicklung mechanischer Produkte gelegt. Hieran gab es Kritik insofern, dass die Beteiligung unterschiedlicher Fachdisziplinen im Entwicklungsprozess nicht ausreichend berücksichtigt wurde.[73] Dennoch gilt sie als anerkanntes Standardwerk für die Modellierung des Produktentwicklungsprozesses und wurde im Jahr 2019 umfassend überarbeitet. Diese Überarbeitung erfolgte mit dem

[68] vgl. Spath, D. et al. (2016) Produktentwicklung Quo Vadis, S. 4.

[69] vgl. Hubka, V. (1976) Theorie der Konstruktionsprozesse, S. 5.

[70] vgl. Verein Deutscher Ingenieure (2019) VDI 2221 - Blatt 1, S. 24.

[71] vgl. Lindemann, U. (2009) Methodische Entwicklung technischer Produkte, S. 37.

[72] vgl. Verein Deutscher Ingenieure (2021) VDI /VDE 2206, S. 10 - 11;vgl. Royce, W. (1987) Large Software Systems, 329 ff.

[73] vgl. Schuh, G. (2012) Innovationsmanagement, S. 164; vgl. Bullinger, H.-J. et al. (2009) Handbuch Unternehmensorganisation, S. 367.

Ziel die Richtlinie an die geänderten Anforderungen der interdisziplinären Zusammenarbeit zu adaptieren und den Branchenfokus zu reduzieren.[74]

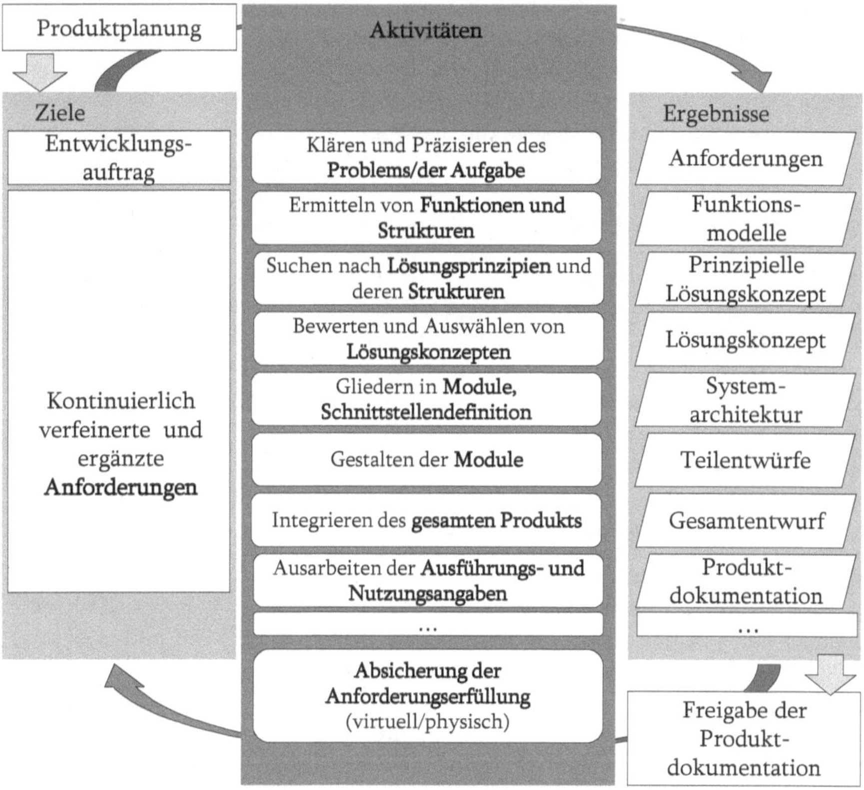

Abbildung 2-8: Modellierung des allgemeinen Produktentwicklungsprozesses nach VDI 2221[75]

Die in Abbildung 2-8 gezeigte Darstellung des Modells ist generisch und nicht somit nicht für spezifische Produkte gestaltet. Das Modell bildet einen iterativen Prozess ab. Strukturell ist das Modell in drei Systeme aufgeteilt. Auf der rechten Seite des Modells

[74] vgl. Vajna, S. et al. (2022) Modelle und Vorgehensweisen, S. 10.

[75] vgl. Verein Deutscher Ingenieure (2019) VDI 2221 - Blatt 1, S. 31.

ist das Objektsystem abgebildet. Dort sind Ergebnisse der Entwicklungsaktivitäten abgebildet. Die Entwicklungsaktivitäten stellen den Kern des Modells dar und sind das Handlungssystem, das in der Mitte des Modells dargestellt ist. In der Vertikalen ist dazu ein Ablauf unterschiedlicher Aktivitäten dargestellt. Links im Modell ist das Zielsystem verortet. Laut VDI 3780 umfasst ein Zielsystem mehrere Ziele, die miteinander in Beziehung stehen. Jedes einzelne Ziel beschreibt einen Sachverhalt, der als möglich vorgestellt werden kann, und dessen Verwirklichung angestrebt wird.[76] Das Zielsystem in der VDI 2221 sind die Anforderungen an den Entwicklungsauftrag. In dem Modell wird wiedergegeben, dass diese Anforderungen nicht statisch sind, sondern eine dynamische Anpassung der Anforderungen im Entwicklungsprozess möglich ist.[77]

Es wird somit evident, dass der Umgang mit Anforderungen nicht nur entlang des gesamten Entwicklungsprozesses stattfindet, sondern auch die Charakteristiken der Produktentwicklung zum Tragen kommen. Ein iterativer Produktentwicklungsprozess, der Teil des Produktentstehungsprozesses ist und somit auch parallel zur Produktionssystementwicklung stattfindet und gleichzeitig durch bereichsübergreifende Zusammenarbeit geprägt ist, erfordert entsprechende Prozesse auch für Anforderungen, sodass im Folgenden auf die entsprechenden Prozesse eingegangen wird.

2.1.3 Ablauf des Anforderungs- und Änderungsmanagements

Aufbauend auf der begrifflichen Definition von Anforderungen sowie dem Verständnis, dass Anforderungen als Zielsystem der Produktentwicklung iterativ und über den gesamten Entwicklungsprozess berücksichtigt werden müssen, wird in diesem Kapitel der Umgang mit Anforderungen detailliert. Die begriffliche Definition zum operativen Umgang mit Anforderungen ist divers in der Literatur. Ebenso wie bereits in Kapitel 2.1.1 bei der Begriffsdefinition einer Anforderung, gibt es hierzu bereits zahlreiche Analysen der Nomenklatur. Diese sind exemplarisch zu finden bei SCHIENMANN, SCHEDL und MEIS.[78] Häufig genutzt wird der Terminus Anforderungsmanagement, der wörtlich als *Requirements Management* ins Englische übersetzt werden kann und als Fremdwort auch in deutschen Quellen verwendet wird. Hinzu kommt das englische

---

[76] vgl. Verein Deutscher Ingenieure (2000) VDI 3780.

[77] vgl. Vajna, S. et al. (2022) Modelle und Vorgehensweisen, S. 10 - 11.

[78] vgl. Schedl, S. (2008) Integration von Anforderungsmanagement, S. 8 - 9; vgl. Meis, J.-F. (2017) Produktionsseitiges Anforderungsmanagement, S. 33; vgl. Schienmann, B. (2002) Kontinuierliches Anforderungsmanagement.

Fremdwort *Requirements Engineering*, das ebenfalls häufig verwendet wird.[79] Im Folgenden werden bestehende Definitionen aufgegriffen und eine für diese Arbeit gültige Nomenklatur beschrieben.

Nach POHL UND RUPP kann der operative Umgang mit Anforderungen als Requirements Engineering zusammengefasst werden. „Requirements Engineering im Entwicklungsprozess kommt die Aufgabe zu, die Anforderungen der Stakeholder zu ermitteln und zweckmäßig zu dokumentieren, zu überprüfen und abzustimmen sowie die dokumentierten Anforderungen über den gesamten Lebenszyklus des Systems hinweg zu verwalten."[80] Damit gehen vier Hauptaktivitäten einher, die in Abbildung 2-9 dargestellt sind. Hierbei ist zu unterscheiden zwischen den Tätigkeiten, die der Entwicklung von Anforderungen dienen und der Verwaltung, die flankierend zur Anforderungsentwicklung abläuft. Diese Verwaltung kann als Anforderungsmanagement definiert werden. Das Anforderungsmanagement umfasst somit Aktivitäten, die dazu dienen Anforderungen zu strukturieren und für unterschiedliche Rollen aufzubereiten, um ein konsistentes Ändern und Umsetzen zu ermöglichen. Diese Beschreibung wird so vom INTERNATIONAL REQUIREMENTS ENGINEERING BOARD (IREB) vermittelt und ist auch konsistent mit der Definition des INTERNATIONAL INSTITUTE OF BUSINESS ANALYSIS IIBA, das die Verwaltung von Anforderung als *Requirements Life Cycle Management* beschreibt. Hierbei wird beschrieben, dass die Aufgabe darin besteht, die Anforderung von der Erhebung bis zum Verfall der Gültigkeit mit relevanten anderen Anforderungen zu verknüpfen, um dabei Zugriff, Analyse und Konsistenz untereinander zu ermöglichen.[81] Sowohl die Definition nach IREB als auch IIBA basieren auf Formulierungen, die das Anforderungsmanagement als Teil der Softwareentwicklung betrachten, schließen aber auch explizit Hardwareentwicklungen mit ein.[82]

[79] vgl. Bühne, S. et al. (2015) Handbuch Requirements Management, S. 9.

[80] vgl. Pohl, K. et al. (2015) Basiswissen Requirements Engineering, S. 4.

[81] vgl. International Institute of Business Analysis (2015) Babok v3, S. 4.

[82] vgl. Meis, J.-F. (2017) Produktionsseitiges Anforderungsmanagement, S. 48.

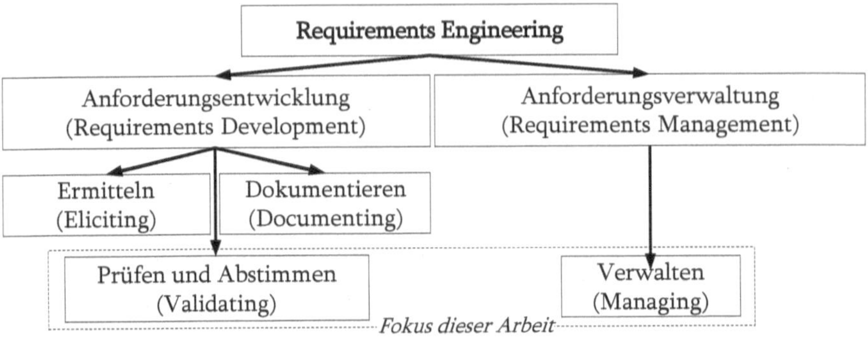

Abbildung 2-9: Hauptaktivitäten des Requirements Engineering nach IREB[83]

Mit dem Prozess des Requirements Engineering soll abgesichert werden, dass das zu entwickelnde System den Erwartungen, Bedingungen und Reglementierung der Umgebung entspricht. Dazu muss der Systemkontext richtig erfasst werden und vom irrelevanten Teil der Umgebung abgegrenzt werden. Das System ist durch die Systemgrenzen getrennt. Dadurch wird unterschieden zwischen dem gestaltbaren sowie veränderbaren System und dem nicht veränderbaren Systemkontext.[84] Abbildung 2-10 stellt die Grenzen und die Verortung des Systems im Systemkontext bzw. der Umgebung dar.

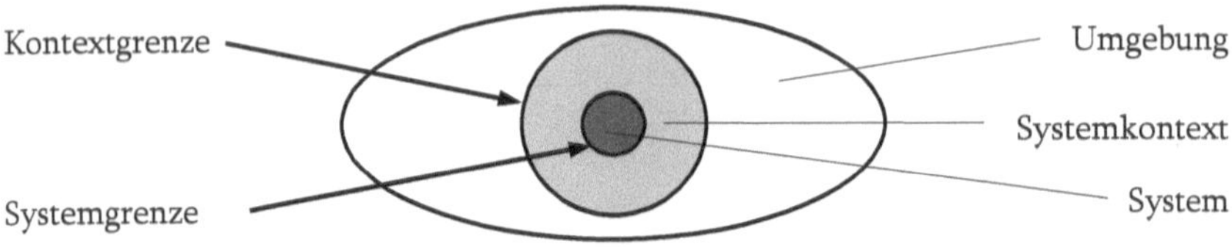

Abbildung 2-10: Schematische Darstellung eines System[85]

Im Prozess des Requirements Engineerings gibt es unterschiedliche Rollen. Grundsätzlich kann hierbei zwischen Anforderungsgeber und Anforderungsnehmer unterschieden werden. Die Rolle des Anforderungsgebers (Kunde, Gesetzgeber, etc.), der eine

---

[83] vgl. Bühne, S. et al. (2015) Handbuch Requirements Management, S. 171.

[84] vgl. Weyer, T. et al. (2008) Referenzstrukturierung modellbasierter Kontextanalyse, S. 182; vgl. Glinz, M. (2022) Wörterbuch der Requirements, 21 ff.

[85] vgl. Ropohl, G. (2009) Allgemeine Technologie, 75 ff.

Anforderung an das zu entwickelnde Produkt stellt, ist nicht an der technischen Realisierung interessiert, sondern lediglich an der umgesetzten Lösung.[86] Der Anforderungsnehmer ist der Entwickler, der eine Anforderung in eine technische Konkretisierung umsetzt. Die Rolle des Requirements Engineers ist es zunächst die Anforderungen zu entwickeln und diese dann in einer Spezifikation zu managen.[87] Abbildung 2-11 fasst die vorausgehende textuelle Beschreibung visuell zusammen.

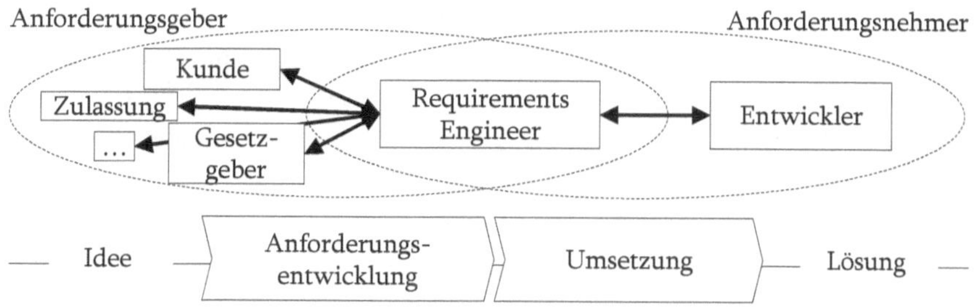

Abbildung 2-11: Schematische Darstellung von Anforderungsgebern und -nehmern

Ermitteln von Anforderungen

Für ein erfolgreiches **Ermitteln von Anforderungen** müssen die Anforderungsquellen identifiziert werden. Quellen können dabei bestehende Dokumente, Systeme im Betrieb oder Stakeholder in Form von Personen oder Organisationen sein. Die gestellten Anforderungen, Ziele und Randbedingungen müssen dann erhoben werden.[88] Dazu kommen unterschiedliche Methoden zum Einsatz. Eine Unterscheidung kann nach ZEHNTER zwischen Kreativitäts-, Befragungs-, Beobachtungsmethoden - und Artefakt-basierten Methoden vorgenommen werden. Hierbei wird auch unterschieden, ob in erster Instanz der Anforderungsgeber bekannt ist oder nicht und in zweiter Instanz, ob diesem wiederum die jeweiligen Anforderungen bekannt sind oder nicht.[89] Dies zeigt die multiplen Ansätze, die existieren, um ein ausreichendes Verständnis für die textuelle Formulierung der Anforderungen zu erzeugen.[90] SCHIENMANN bezeichnet dies

[86] vgl. Ehrlenspiel, K. et al. (2017) Integrierte Produktentwicklung, S. 33 ff.

[87] vgl. Schienmann, B. (2002) Kontinuierliches Anforderungsmanagement, S. 58 - 59.

[88] vgl. Zehnter, C. et al. (2012) Key-Performance-Analyse von Methoden, S. 11; vgl. Eigner, M. et al. (2014) Modellbasierte virtuelle Produktentwicklung, S. 57.

[89] vgl. Zehnter, C. et al. (2012) Key-Performance-Analyse von Methoden, S. 16.

[90] vgl. Eigner, M. et al. (2014) Modellbasierte virtuelle Produktentwicklung, S. 56 - 57.

besonders unter Berücksichtigung der Heterogenität der Stakeholder als Herausforderung.[91]

Dokumentieren von Anforderungen

Beim Dokumentieren von Anforderungen ist der Anspruch, die Anforderungen mit den in Kapitel 2.1.1 beschriebenen Eigenschaften zu formulieren. Einzelne Anforderungen können dabei natürlich sprachlich formuliert werden, aber auch in unterschiedlichen Formalisierungsgraden und Darstellungsarten. Semiformale oder formale Sprachen können genutzt werden, um Anforderungen zu präzisieren oder Interdependenzen zwischen einzelnen Anforderungen modelliert darzustellen.[92] Die Verwendung natürlicher Sprache für die Formulierung ist jedoch die häufigste Form der Dokumentation.[93] Satzschablonen sind ein Ansatz zur strukturierten Beschreibung von Anforderungen mit natürlicher Sprache. Diese geben eine Struktur vor, die dabei helfen soll, eindeutige Anforderungen zu verfassen, und greifen auf eine festgelegte Syntax zurück.[94] Ein Beispiel für eine solche Schablone wird in Abbildung 2-12 gegeben.

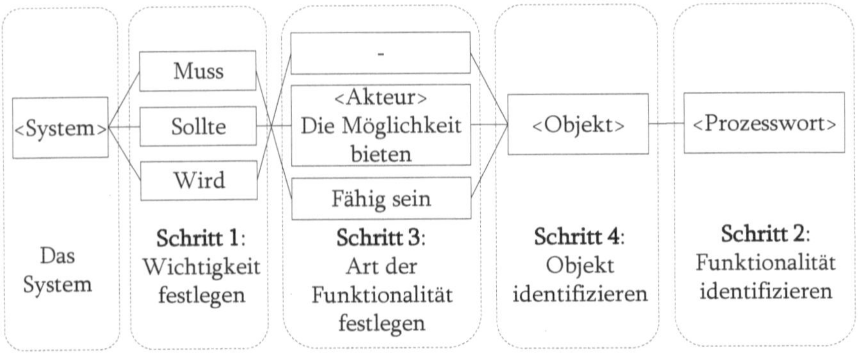

Abbildung 2-12: Formulierungsschablone nach RUPP[95]

Einzelne Anforderungen müssen außerdem mit einer eindeutigen Identifizierungsmöglichkeit versehen werden, um spezifisch auf sie Bezug nehmen zu können. Weitere Informationen wie beispielsweise eine Versionsnummer, der Autor, der Status der

[91] vgl. Schienmann, B. (2002) Kontinuierliches Anforderungsmanagement, S. 42.

[92] vgl. Schienmann, B. (2002) Kontinuierliches Anforderungsmanagement, S. 42.

[93] vgl. Baumgart, I. (2016) Requirements Engineering, S. 442.

[94] vgl. Rupp, C. et al. (2014) Anforderungsschablonen, S. 217.

[95] i.A.a. Rupp, C. et al. (2014) Anforderungsschablonen, S. 217.

Anforderung oder weitere Eigenschaften, wie zum Beispiel die Art der Anforderung (vgl. Kapitel 2.1.1), können als Attribut ergänzt werden.[96] Hierbei wird von einer Attribuierung gesprochen.[97]

Wie ebenfalls in Kapitel 2.1.1 bereits beschrieben sind die geforderten Eigenschaften nicht nur für einzelne Anforderungen zu erzeugen, sondern auch für Aggregationen von Anforderungen in einer Spezifikation bzw. in einem Anforderungsdokument. Zur Dokumentation von Anforderungen gehört eine Beschreibung des Umfeldes, bzw. des Systemkontextes sowie der Stakeholder.[98] Hierzu gibt es eine Vielzahl unterschiedlicher Referenzstrukturen.[99] Exemplarisch werden hier auf folgende Referenzstrukturen verwiesen:

- Branchenspezifisch: VDI / VDE 3694:2014-04: Lastenheft / Pflichtenheft für den Einsatz von Automatisierungssystemen[100]
- Generisch: Volere Template nach ROBERTSON und ROBERTSON[101]

BAUMGART postuliert, dass die Struktur der Spezifikation unternehmens- oder projektspezifisch festgelegt werden kann, jedoch grundsätzlich zwischen einem Ordnungsteil und einem Zugriffsteil unterschieden werden kann. Der Ordnungsteil umfasst die zuvor beschriebenen Attribute und Strukturierungshilfen. Der Zugriffsteil wiederum beinhaltet die Anforderungsinhalte und relevante Zusatzinformationen.[102]

Eine weitere Strukturierungshilfe in der Dokumentation ist die Zuhilfenahme von Betrachtungsebenen. Eine Unterteilung kann hier zwischen den drei Ebenen Geschäfts-, System- und Komponentenebene vorgenommen werden. Die Geschäftsebene umfasst eine Betrachtung der geschäftlichen Ziele, die meist in Kopplung zum Gesamtsystem stehen. Da ein System aus mehreren (Teil-)Systemen bestehen kann, können Anforderungen auch System-spezifisch betrachtet werden. Die darunterliegende Betrachtungsebene ist die Komponentenebene, in der jeweils einzelne Komponenten betrachtet werden.[103] Es besteht hierbei eine Abhängigkeit zwischen den Anforderungen der jeweiligen Ebenen sowie auch zwischen den Lösungen zur technischen Umsetzung der

[96] vgl. Baumgart, I. (2016) Requirements Engineering, S. 444.

[97] vgl. Eigner, M. et al. (2014) Modellbasierte virtuelle Produktentwicklung, S. 62.

[98] vgl. Eigner, M. et al. (2014) Modellbasierte virtuelle Produktentwicklung, S. 59.

[99] vgl. Eigner, M. et al. (2014) Modellbasierte virtuelle Produktentwicklung, S. 62 - 63.

[100] vgl. Verein Deutscher Ingenieure (2014) VDI /VDE 3694, S. 1.

[101] vgl. Robertson, S. et al. (2023) Volere Requirements Specification.

[102] vgl. Baumgart, I. (2016) Requirements Engineering, S. 443 - 444.

[103] vgl. Eigner, M. et al. (2014) Modellbasierte virtuelle Produktentwicklung, S. 59.

Anforderungen.[104] Diese Gegebenheit modelliert NUSEIBEH im *Twin Peak Model.*[105] Abbildung 2-13 zeigt eine deutschsprachige und ergänzten Variante des Modells nach BALZERT [106]

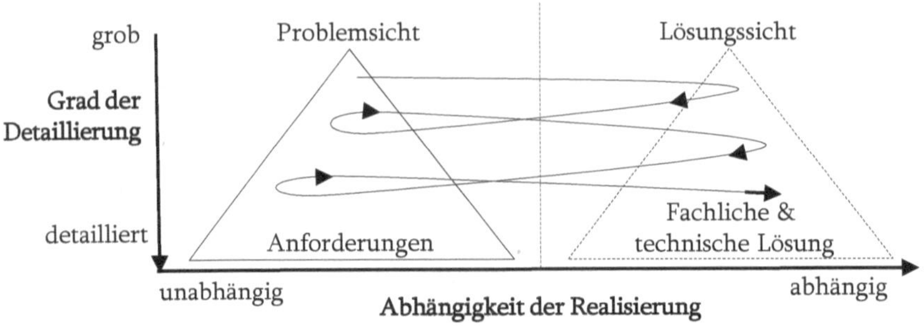

Abbildung 2-13: Ergänztes Twin-Peak-Modell nach BALZERT[107]

Dokumentierte Anforderungen sind die Basis für die Entwicklung sowie die weiteren Hauptaktivitäten des Requirements Engineering. Die Anforderungen werden in der Hauptaktivität „Prüfen und abstimmen“ sowie als Basis für das Anforderungsmanagement verwendet. Der in Abbildung 2-13 dargestellte Zusammenhang zwischen den einzelnen Ebenen sowie zwischen den Anforderungen und der technischen Lösung, aber auch den zu Grunde liegenden Quellen, ist relevant, da diese Information unmittelbaren Einfluss auf den Erfolg einer Entwicklung hat.[108] Besonders im Kontext sicherheitskritischer Systeme ist diese Verfolgbarkeit und die saubere Dokumentation eine unabdingbare Voraussetzung für eine Zertifizierung.[109] Das Thema Verfolgbarkeit (engl. *Traceability*) von Anforderungen wird dazu gesondert im übernächsten Abschnitt *Anforderungen verwalten* erläutert.

Prüfen und Abstimmen von Anforderungen

---

[104] vgl. Baumgart, I. (2016) Requirements Engineering, S. 430.

[105] vgl. Nuseibeh, B. (2001) Weaving together requirements, S. 116.

[106] vgl. Balzert, H. (2009) Problem vs. Lösung, S. 438.

[107] i.A.a. Balzert, H. (2009) Problem vs. Lösung, S. 438.

[108] vgl. Gürtler, M. et al. (2016) Innovationsmanagement, S. 495; vgl. Eigner, M. et al. (2014) Modellbasierte virtuelle Produktentwicklung, S. 67 - 68.

[109] vgl. Schulze, S.-O. (2016) Systems Engineering, S. 175 - 176.

Das Prüfen und Abstimmen von Anforderungen im Requirements Engineering sichert ab, dass die Anforderungen den gültigen Qualitätskriterien der Korrektheit und der Abgestimmtheit entsprechen. Hierbei ist sowohl die Prüfung und das Abstimmen einzelner Anforderungen, als auch einer Spezifikation eingeschlossen.[110]

Ziel der Überprüfung ist es Fehler zu identifizieren und zu beseitigen, da Anforderungen und Spezifikationen häufig Basis eines Vertrags zwischen Auftragnehmer und -geber sind, sodass diese auch als Referenz genutzt werden, um den Leistungsumfang bzw. die Qualität des Systems bei der Fertigstellung zu bewerten.[111]

Ziel des Abstimmens ist das Absichern eines geteilten Verständnisses der Anforderungen an das System sowohl seitens des Anforderungsgebers als auch seitens des Anforderungsnehmers.[112]

Wie bereits im vorherigen Abschnitt in Abbildung 2-13 gezeigt, muss das Überprüfen und Abstimmen iterativ erfolgen. Diese Aktivität erzeugt Aufwände (Zeit und Kosten), generiert aber auch Kostenersparnisse durch reduzierte Fehlerfortpflanzung und erhöhte Akzeptanz bei den Stakeholdern. Die Vorteile sind nach POHL jedoch relevant höher als die entstehenden Kosten. Besonders das Abstimmen mit Stakeholdern ist relevant, um Anforderungen auch in iterativen Prozessen ohne bereits validierbares System zur Risikoreduzierung zu nutzen. Die Abstimmung der Anforderungen in einer Spezifikation ist die Kernaktivität der Anforderungsentwicklung.[113]

Anforderungen verwalten – Anforderungsmanagement

Nach BAUMGART sind die beiden Ziele des Anforderungsmanagements, dass allen Stakeholdern die aktuellen, dokumentierten Anforderungen an das System zugänglich sind und Anforderungen über den gesamten Produktlebenszyklus rückverfolgbar bleiben.[114] Da diese Aktivität die möglichen multiplen Iterationsschleifen berücksichtigen muss, findet das Anforderungsmanagement unterstützend parallel zur Anforderungsentwicklung statt und umfasst die folgenden drei Aktivitäten: [115]

---

[110] vgl. Pohl, K. et al. (2015) Basiswissen Requirements Engineering, S. 95.

[111] vgl. Pohl, K. et al. (2015) Basiswissen Requirements Engineering, S. 95.

[112] vgl. Pohl, K. et al. (2015) Basiswissen Requirements Engineering, S. 96.

[113] vgl. Glinz, M. et al. (2020) Handbuch Requirements Engineering.

[114] vgl. Baumgart, I. (2016) Requirements Engineering, S. 444.

[115] vgl. Eigner, M. et al. (2014) Modellbasierte virtuelle Produktentwicklung, S. 69vgl. Grande, M. (2014) 100 Minuten Für, 10 ff.

- Änderungsmanagement
- Versionskontrolle
- Anforderungsverfolgung

Das Änderungsmanagement dient der Analyse und der Verwaltung von Änderungen. Hieraus kann eine Änderung in den dokumentierten und abgestimmten Anforderungen folgen. Die Häufigkeit der Änderungen kann als Messgröße aus Änderungen pro Zeit als Änderungsrate erfasst werden.[116] Darüber hinaus verwaltet das Anforderungsmanagement auch die Freigabe von Anforderungen. Mit der Bestätigung nach der Abstimmung mit allen Stakeholdern, wird eine Anforderung als gültig vereinbart. Dies stellt eine Voraussetzung für die nachfolgenden Aktivitäten zur Umsetzung in der Entwicklung des Systems dar.[117] Änderungen treten zu Beginn eines Projektes häufig auf, und sind per se nicht schlecht. Wenn jedoch die Änderungsrate hoch ist, kann dies ein Indikator für eine geringe Güte der Anforderungsentwicklung sein. Gleichzeitig binden häufige Änderungen auch viele Ressourcen aufgrund der notwenigen Überprüfung und Abstimmung etwaiger Änderungen bzw. neuer Anforderungen.[118] Aber auch Änderungen in späteren Phasen der Produktentstehung können weitreichende Konsequenzen auf die Projektkosten und -laufzeit haben. Der Aufwand zur Umsetzung einer Änderung entsteht jedoch nicht nur durch die Integration der Anforderung in die Spezifikation, sondern vorrangig durch die Umsetzung in den begleitenden Anforderungen und vor allem die notwendige Anpassung der Entwicklungsumfänge des Systems.[119] Das Ziel des Änderungsmanagements ist es daher:[120]

- Änderungen bezogen auf Aufwand und Nutzen präzise zu bewerten
- transparente Entscheidungen zu aufgenommen Änderungsanträgen zu treffen
- Anforderungsänderungen professionell zu dokumentieren und zu kommunizieren.

BAUMGART schlägt dazu einen standardisierten Inhalt für schriftliche Änderungsanträge vor, der folgende Informationen beinhalten soll:

- „ID des Änderungsantrags

[116] vgl. Eigner, M. et al. (2014) Modellbasierte virtuelle Produktentwicklung, S. 69.

[117] vgl. Deutsches Institut für Normung e.V. (2009) DIN 69901-5:2009, S. 8.

[118] vgl. Pohl, K. et al. (2015) Basiswissen Requirements Engineering, S. 140 - 141.

[119] vgl. Pohl, K. et al. (2015) Basiswissen Requirements Engineering, S. 145.

[120] vgl. Schuh, G. (2012) Innovationsmanagement, S. 221 - 222; vgl. Baumgart, I. (2016) Requirements Engineering, S. 445.

- ID und Version der Anforderung
- Datum (Das Erstellungsdatum des Änderungsantrags)
- Name (des Antragstellers)
- Begründung (Quelle, Bedarf und Grund für die Änderung, z.B. Wettbewerber)
- Nutzen (Abschätzung der Art und des Umfangs des zu erwartenden Nutzens durch die Änderung)
- Einfluss (Schätzung der Folgen auf das Projekt bzgl. Kosten, Zeitplan und Qualität
- Machbarkeit (Schätzung der technischen Machbarkeit und Aufzeigen der zu erwartenden Risiken)
- Neue Anforderung (Falls es sich um eine neue Anforderung handelt, muss eine vollständige Beschreibung als Vorschlag mitgeliefert werden)"[121]

Einzelne Anforderungen aber auch Spezifikationen werden versioniert, um das eindeutige Identifizieren zu ermöglichen. Die Versionsverwaltung verfolgt somit das Ziel nicht nur verschiedene Stände voneinander unterscheidbar zu machen, sondern auch die Zuordnung von Entwicklungsständen eines Produktes zu einer Spezifikation zu ermöglichen. Folglich ist nachvollziehbar, welche Anforderungen die Basis der jeweiligen Entwicklungsentscheidungen darstellen. In diesem Kontext wird von einer *Baseline* gesprochen, die einen stabilen und kommunizierbaren und somit freigegebenen Stand einer Spezifikation darstellt.[122]

Auf Basis der zuvor beschriebenen Dokumentation, der Versionierung sowie der Attributierung kann eine Anforderungsverfolgung (engl. Fremdwort *Requirements Traceability; kurz Traceability*) stattfinden. Dies beschreibt, dass eine Anforderung und die Umsetzung in Produktentwicklungsergebnisse entlang der Produktentstehung nachvollzogen werden kann.[123] Nach POHL UND RUPP. ist eine nicht zweckbezogene Aufzeichnung von Verfolgbarkeitsinformationen häufig lückenhaft, unstrukturiert und fehlerbehaftet. Somit sind Informationen zur Dokumentation der Verfolgbarkeit immer zweckgebunden aufzuzeichnen. Gleichzeitig ist eine ganzheitliche Beschreibung aller denkbaren Beziehungsinformationen aufgrund einer realen Ressourcenbeschränkung nicht möglich.[124] Grundsätzlich gilt jedoch, dass Traceability die Transpa-

---

[121] Baumgart, I. (2016) Requirements Engineering, S. 445.

[122] vgl. Pohl, K. et al. (2015) Basiswissen Requirements Engineering, 138 ff.

[123] vgl. Pohl, K. et al. (2015) Basiswissen Requirements Engineering, S. 130 - 131.

[124] vgl. Pohl, K. et al. (2015) Basiswissen Requirements Engineering, S. 132.

renz über die Umsetzbarkeit von Anforderungen unterstützt und sich somit die Qualität der Lösung steigern lässt, sowie die Effizienz des Änderungsmanagement im Kontext der Analyse von Einfluss und Machbarkeit steigert.[125] Ein möglicher Zweck kann aus der Unternehmensperspektive extrinsisch motiviert sein, durch beispielsweise Branchen-spezifische Vorgaben, wie die Vorgaben der ISO 26262 als vereinbarter Standard der Automobilindustrie oder weiteren Normen.[126] Dieser Norm folgend, müssen alle Anforderungen, die die funktionale Sicherheit eines Systems betreffen eindeutig beschrieben sein und entlang sämtlicher Entwicklungsergebnisse nachvollziehbar bleiben.[127] Allgemein formulierte Nutzen bzw. Vorteile von Traceability sind nach HERRMANN folgende: [128]

- **Nachweisbarkeit** der Umsetzung von Anforderungen
- **Identifikation von Goldrandlösungen** (eine Goldrandlösung ist wenn, ein Ergebnis keine Verknüpfung zu einem vorgelagerten Ergebnis hat)
    - bezogen auf Systemeigenschaften ohne vorgelagerte Anforderung
    - bezogen auf Anforderungen, die keiner Quelle zugeordnet werden können
- **Auswirkungsanalysen** bei Änderungen durch Identifikation betroffener Entwicklungsergebnisse
- **Wiederverwendung** in neuen Projekten auf Basis eines Vergleichs bzgl. Anforderungen eines neuen mit einem vergangenen Entwicklungsprojekt
- **Zurechenbarkeit** der Aufwände zur Realisierung bestimmter Anforderungen
- **Wartung und Pflege** werden durch nachvollziehbare Ursachen und Auswirkungen bzgl. betroffener Systeme unterstützt

Die Rückverfolgbarkeit von Anforderungen bzw. die dazu notwendigen Abhängigkeiten können in drei verschiedenen Typen unterteilt werden. Unterschieden wird dabei, ob die Abhängigkeiten zwischen Anforderungen oder zu vor- oder nachgelagerten Ergebnissen beschrieben wird.[129] Hierbei steht die (Anforderungs-)Spezifikation (engl. Fremdwort *Requirements Specification* (RS)) in der Mitte, sodass eine Betrachtung der Abhängigkeiten zwischen Quellen und Anforderungen als Pre-RS-Traceability be-

---

[125] vgl. Wolfenstetter, T. et al. (2015) Traceability von Anforderungen, S. 405.

[126] vgl. International Standardization Organization (2015) ISO 9001, 41 ff.; vgl. International Standardization Organization (2018) ISO 26262.

[127] vgl. International Standardization Organization (2018) ISO 26262-8, S. 9.

[128] vgl. Herrmann, A. (2022) Grundlagen der Anforderungsanalyse, S. 281 - 282.

[129] vgl. Baumgart, I. (2016) Requirements Engineering, S. 446.

zeichnet wird. Eine Betrachtung der Abhängigkeit von Anforderungen und nachgelagerten Entwicklungsergebnissen wird als Post-RS-Traceability bezeichnet.[130] Diese Typen stellen eine Dimension der Betrachtung dar. Weil das Tracing hier entlang einer horizontalen Achse stattfindet, die den Reifegrad der Artefakte angibt, wird dieses als horizontales Tracing bezeichnet.[131] Abhängig vom betrachteten Entwicklungsergebnis kann hierbei auch in der Richtung des Tracings unterschieden werden. Dabei kann das Tracing von einem vorgelagerten Ergebnis in Richtung eines nachfolgenden Ergebnisses beschrieben werden, (sog. Vorwärts-Traceability; engl. *Forward Tracability*) oder vice versa (dann als Rückwärts-Traceability; engl. *Backward-Traceability* bezeichnet). Sind Abhängigkeiten aus beiden Perspektiven nachvollziehbar, handelt es sich um eine bidirektionale Traceability (engl. *bidirectional Traceability*).[132] Die Betrachtung kann jedoch auch entlang einer vertikalen Achse erfolgen, welche die Detaillierungsebenen (Geschäft, System, Komponente) repräsentiert und somit das Tracing zwischen Anforderungen beschreibt. Dies wird als vertikales Tracing bezeichnet. Die dargelegten Typen und Betrachtungsrichtungen können überlagert werden.

In vorhergehenden Teilkapitel sind die Grundlagen des Anforderungsmanagementprozesses als Teil der Produktentwicklung dargestellt. Hierbei wird nachvollziehbar, dass es sich hierbei um einen iterativen Prozess mit multiplen Beteiligten handelt und somit die Transparenz über Abhängigkeiten der Anforderungen untereinander elementar ist. Darauf aufbauend werden nachfolgend die Grundlagen der dazu notwendigen Informations- und Wissensrepräsentation wiedergegeben.

2.2 Informations- und Wissensrepräsentation im Anforderungsmanagement

Ziel dieses Kapitels ist es Informationsstrukturen nachvollziehbar zu machen, sowie die Verwertung von Daten und Information in Informationssystemen grundlegend zu beschreiben.

[130] vgl. Pohl, K. et al. (2015) Basiswissen Requirements Engineering, S. 132.

[131] vgl. Ramesh, B. et al. (1993) Issues in the, S. 259.

[132] vgl. Ramesh, B. et al. (1993) Issues in the, S. 257.

2.2.1 System- und Wissenstheoretische Grundlagen der Verarbeitung von Anforderungsinformationen

Dieses Kapitel gibt die system- und wissenstheoretischen Grundlagen zur Verarbeitung von Anforderungsinformationen wieder. Terminologisch beinhaltet dies die Bestandteile Information und Anforderung. Die grundlegende Definition von Anforderungen sowie des Anforderungsmanagementprozesses im Sinne des Betrachtungsbereichs sind bereits im vorherigen Kapitel gegeben. Im Folgenden werden die Grundlagen der Verarbeitung von Informationen im Lösungskontext der Methodik-Entwicklung dargestellt.

Aus unterschiedlichen Perspektiven sowie abhängig des wissenschaftlichen Kontextes werden Information teilweise stark voneinander abweichend definiert.[133] Beispiele hierfür sind die synonyme Verwendung von Informationen und Wissen im Ingenieurswesen bzw. die synonyme Verwendung von Informationen und Daten in der Wirtschaftsinformatik.[134] Es gibt jedoch zwei verbreitete Modelle, die die Zusammenhänge bzw. die Hierarchie der Terminologie beschreiben. Die sogenannte Wissenspyramide sowie die Wissenstreppe. Die Wissenspyramide ist in den aufeinander aufbauenden Werken von unter anderem ACKOFF, AAMODT, NYGARD, KRCMAR und FUCHS-KITTKOWSKI entstanden. Hierbei werden die Bestanteile Zeichen, Daten, Informationen, Wissen und Aktion in einer Ebenen-basierten Darstellung abgebildet.[135] Die Wissenstreppe erweitert das Modell der Pyramide im Kontext der wissensorientierten Unternehmensführung. Die Hierarchie wird über die Aktion bzw. das Handeln hinaus, um die Stufen Kompetenz und Wettbewerbsfähigkeit erweitert.[136] Die Modelle eint, dass der Übergang zur jeweils höher gelegenen Ebene möglich aber abhängig von unterschiedlichen Mechanismen ist. PROBST hebt hervor, dass die jeweils vorausgehende Stufe die Basis darstellt, dass das Wissen sich jedoch von den vorhergehenden Stufen unterscheidet, da es grundsätzlich an Personen gebunden ist.[137] Die Verknüpfungen und Beziehungen von Daten und Information, sowie den kommunikativen Strukturen

[133] vgl. Binz, H. et al. (2016) Wissensmanagement, S. 248.

[134] vgl. Lehner, F. et al. (2008) Wirtschaftsinformatik, S. 39; Binz, H. et al. (2016) Wissensmanagement, S. 248.

[135] vgl. Fuchs-Kittowski, K. (2002) Wissens-Ko-Produktion, 79 ff.

[136] vgl. North, K. (2016) Wissensorientierte Unternehmensführung, S. 37.

[137] vgl. Probst, G. (2012) Wissen managen, S. 24.

nennt sich Semiotik.[138] Wie in Abbildung 2-14 illustriert, kann der hierarchische Zusammenhang hier auch in den Ebenen dargestellt werden, die besonders die in dieser Arbeit relevanten Ebenen fokussiert.

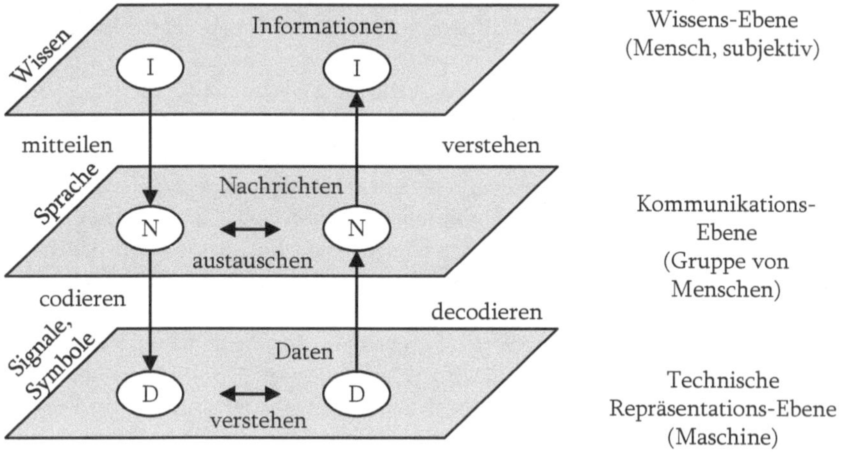

Abbildung 2-14: Ebenen-basierte Darstellung von Signalen, Sprache und Wissen[139]

Neben dieser Definition der grundlegenden Begrifflichkeiten, die durch eine betriebswirtschaftlich geprägte Perspektive beschrieben wird, ist eine Definition auch aus einer informationstheoretischen sowie einer wissenstheoretischen Betrachtung heraus möglich. Brandmeier greift hierbei für die **informationstheoretische Betrachtung** auf die Informationstheorie von Shannon zurück.[140] Laut derer kann die Erkenntnis, dass „durch Kommunikation übertragene Informationen den Wissensstand eines Individuums" beeinflussen mathematisch belegt werden.[141] Eine mathematische Betrachtung basiert auf der Eintrittswahrscheinlichkeit von Informationsereignissen. Somit stellt die Informationstheorie keinen praktischen Mehrwert dar, da die notwendigen Eintrittswahrscheinlichkeiten von Informationsereignissen nicht beziffert werden können.[142]

[138] vgl. Lehner, F. et al. (2008) Wirtschaftsinformatik, S. 36.

[139] i.A.a. Lehner, F. et al. (2008) Wirtschaftsinformatik, S. 40.

[140] vgl. Shannon, C. (1948) A Mathematical Theory.

[141] Brandmeier, M. (2020) Ganzheitliches ontologiebasiertes Wissensmanagement, S. 18.

[142] vgl. Brandmeier, M. (2020) Ganzheitliches ontologiebasiertes Wissensmanagement, S. 18.

Die **wissenstheoretische Betrachtung** beschreibt Informationen gemäß grundlegender Abbildungsfunktionen der Mengenlehre. Die im folgenden wiedergegebene Darstellung fasst die Ausführungen von BRANDMEIER zusammen, wobei dieser wiederum primär auf SHANNON und BISCHOF stützt. Grundlage ist hierbei die Annahme, dass Wissen zwar personengebunden, aber nicht Kontext-gebunden ist. Das bedeutet, dass angeeignetes Wissen unabhängig vom Kontext der Quelle in einen neuen Kontext übertragen werden kann. Wissen wird als Menge von Elementen betrachtet. Weder alles Wissen der Realität noch sämtliches Wissen eines Individuums W kann zählbar erfasst werden. Unter der Annahme einer Einschränkung der Realität auf einen begrenzten Ausschnitt A, kann dieser durch eine endliche Zahl an Elementen im Wissen M eines Individuums abgebildet werden. Die Funktion f ordnet jedem Element A nur ein Element von W zu. Im Sachzusammenhang interpretiert bedeutet dies, dass das Wissen eines Individuums nur aus den ihm bekannten Ausschnitt der Realität besteht. Da es sich um eine nicht-injektive Abbildung handelt, können mehrere Elemente der Realität das gleiche Konzept verkörpern und somit in ein Wissenselement überführt werden. Dabei gilt, dass die Menge A jedoch nicht-surjektiv auf M abbildet, da nicht jedes Element der Realität in der Menge M abgebildet wird, sondern auch in W. Dies lässt sich mit den oben festgelegten Definitionen erklären, da M lediglich den zählbaren Teil der Menge W umfasst.

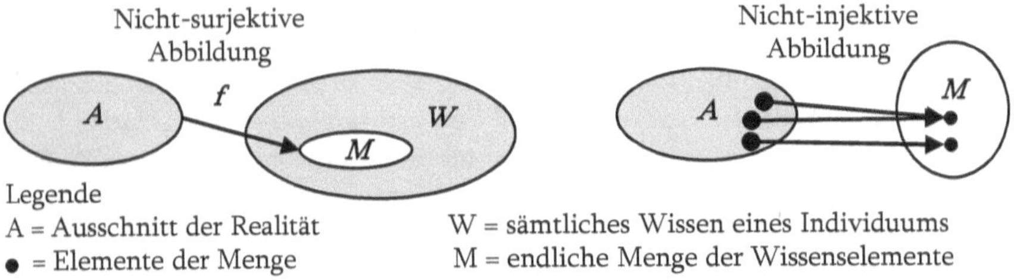

Abbildung 2-15: Abbildung der Realität und des menschlichen Wissens[143]

Die Funktion f berücksichtigt ebenfalls die Strukturen von A und M, indem Beziehungen in A in Form von Relationen in M überführt werden. Hierbei wird von einem Homomorphismus gesprochen. Somit besteht M nicht nur aus losen Elementen, sondern kann als eine vernetzte Menge betrachtet werden.

Die Fähigkeit zur Abstraktion kann dadurch beschrieben werden, dass problemfremde Wissenselemente eines Individuums einer Problembildmenge B zugeordnet werden.

[143] i.A.a. Brandmeier, M. (2020) Ganzheitliches ontologiebasiertes Wissensmanagement, S. 15.

Die Abbildung erfolgt dabei aus der problemspezifischen Teilmenge des Wissens *P*. Kann die Struktur aus *P* übertragen werden, entsteht ein Isomorphismus in einer bijektiven Abbildung.

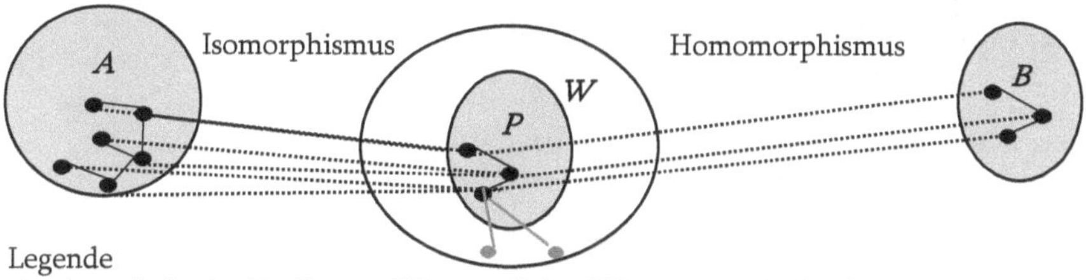

Legende
A = Ausschnitt der Realität
● = Elemente der Menge
W = sämtliches Wissen eines Individuums
P = problemspezifische Teilmenge des Wissens
B = Problembild

Abbildung 2-16: Problemerkenntnis und Abstraktion durch Wissen[144]

Können jedoch Problemfragmente nicht eindeutig den bestehenden Wissenselementen zugeordnet werden, bedeutet dies, dass das Problem nicht mit Hilfe des vorhandenen Wissens verarbeitet werden kann. Es kann jedoch auch eine Rückkopplung stattfinden, sodass aus der Problemmenge neue Relationen im problemspezifischen Wissen entstehen und dadurch gelernt werden. Unterschieden werden kann dabei zwischen bestätigenden zu erwartenden sowie verändernden unerwarteten Elementen. Bestätigende Elemente haben einen geringen Informationsgehalt, da hierdurch keine neuen Wissenselemente und keine neuen Beziehungen entstehen. Verändernde unerwartete Elemente, ermöglichen durch neue Relationen und Wissenselemente ein Lernen.

[144] i.A.a. Brandmeier, M. (2020) Ganzheitliches ontologiebasiertes Wissensmanagement, S. 16.

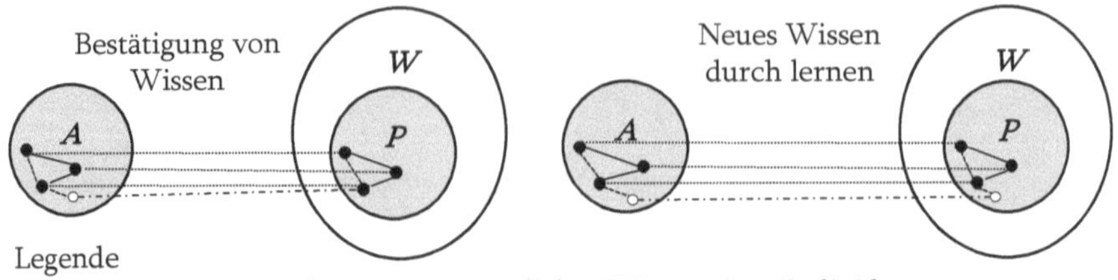

Legende
A = Ausschnitt der Realität
● = Elemente der Menge
○ = neues Problemfragment
W = sämtliches Wissen eines Individuums
P = problemspezifische Teilmenge des Wissens

Abbildung 2-17: Bestätigung und Lernen durch zusätzliche Problemfragmente[145]

Da sich Wissen der Annahme nach grundsätzlich additiv verhält, kann durch zusätzliche Elemente der Beschreibungsgrad b, als dimensionslose Beschreibung der Detailliertheit einer Problembeschreibung in Abhängigkeit der notwendigen spezifischen Informationen, zumindest geringfügig verbessert werden. Der Beschreibungsgrad folgt einer degressiven Funktion. Durch Hinzufügen zusätzlicher Elemente kann ein Schwellwert erreicht werden, der jedoch abhängig vom gewählten Kanal ist. Der Schwellwert s gibt ein Niveau an, das für pragmatische Zwecke ausreichend ist. Die Anzahl der dazu notwendigen Elemente ist grundsätzlich stark unterschiedlich, wobei gilt, dass die Abnahme des Informationsgehalts zusätzlicher Elemente, bei visuellen Kanälen deutlich größer ist, als bei textuellen Kanälen. Folglich ist die Anzahl der Elemente zur Erreichung des Schwellwertes für den visuellen Kanal deutlich geringer, als bei textuellen Kanälen. Eine qualitative Darstellung dazu ist die Abbildung 2-18.

Diese theoretischen Vorüberlegungen lassen sich in das Anforderungsmanagement und insbesondere in die Analyse von Interdependenzen von natürlich sprachlichen Anforderungen übertragen. Für die Analyse der Interdependenzen ist ein möglichst hoher Beschreibungsgrad notwendig. Dabei ist zu berücksichtigen, dass dieser visuell schneller erzeugt werden kann, als mittels geschriebenen Textes. Gleichzeitig scheint es besonders hilfreich im Sinne eines Lern-Prozesses zu sein, wenn das Individuum neue und somit unbekannte Informationen bereitgestellt bekommt. Diese Wissenstheoretischen Überlegungen müssen bei der Ausgestaltung der Lösung dieser Arbeit berücksichtigt werden.

145 i.A.a. Brandmeier, M. (2020) Ganzheitliches ontologiebasiertes Wissensmanagement, S. 17.

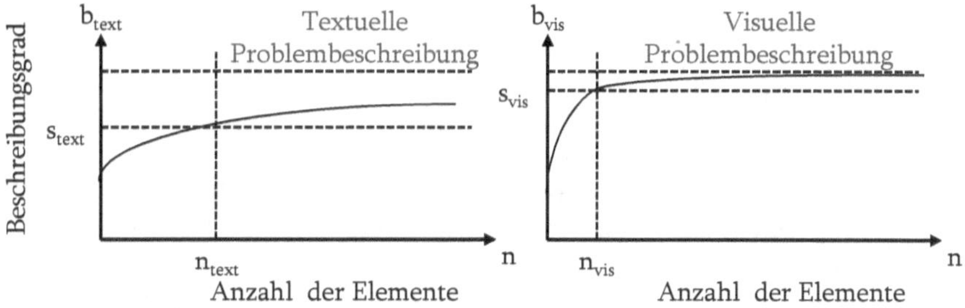

Abbildung 2-18: Problembeschreibung für pragmatische Zwecke[146]

Den vorherigen Ausführungen folgend, wird in der Arbeit auf die folgenden Definitionen zurückgegriffen:

- „**Daten** sind ein oder mehrere in einer bestimmten Syntax angeordnete Zeichen oder sonstige Signale, die sich zur Übertragung von Informationen eignen. Daten müssen nicht zwangsläufig in digitaler Form vorliegen, digitale Daten bilden jedoch die Grundlage der modernen elektronischen Kommunikation und Wissensverarbeitung."[147]
- „**Nachrichten** sind Mitteilungen eines Menschen an einen anderen Menschen, deren Struktur durch ein gemeinsames System von Symbolen bestimmt ist und deren Bedeutung durch Interpretation aufgrund gemeinsamer Abmachungen entsteht. Nachrichten können mit Hilfe von Maschinen in Form von Daten übermittelt werden."[148]
- „**Kommunikation** ist der Austausch von Information zwischen Menschen mittels Nachrichten."[149]
- „Eine **Information** ist ein mitgeteilter oder aufgenommener Wissensbestandteil."[150] Informationen bilden Tatsachen, Ereignisse und Abläufe sowie deren Beziehungen ab. Durch den semantischen Gehalt kann der Information un-

---

[146] i.A.a. Brandmeier, M. (2020) Ganzheitliches ontologiebasiertes Wissensmanagement, S. 18.

[147] vgl. Brandmeier, M. (2020) Ganzheitliches ontologiebasiertes Wissensmanagement, S. 19.

[148] Lehner, F. et al. (2008) Wirtschaftsinformatik, S. 40.

[149] ebd.

[150] ebd.

ter anderem ein Wahrheitswert zugewiesen werden, wodurch eine Interpretation mithilfe von Wissen möglich ist. Die zweckmäßige Übertragung von Information erfordert stets einen Kontext.[151]

- „**Wissen** meint die Gesamtheit der Wahrnehmungen, Erfahrungen und Kenntnisse eines Menschen oder einer Gruppe von Menschen über sich und die Umwelt beziehungsweise einen Teilbereich daraus."[152] Dies umfasst die Fähigkeit der Ableitung und der Abschätzung des Gültigkeitsbereichs einer vagen oder unbekannten Information in einem bekannten oder unbekannten Kontext respektive einer bekannten oder unbekannten Domäne sowie bei der Kombination von Informationen. Im Gegensatz zur Information ist Wissen nicht zwangsläufig an einen Kontext gebunden, sondern bildet selbst den zur Interpretation von Informationen notwendigen Kontext."[153]

Wissensmanagement

Der Umgang mit Daten, Informationen und Wissen im Unternehmenskontext aber auch im Kontext von Anforderungen wird wissenschaftlich bereits langfristig erforscht.[154] Das Datenmanagement als Teil des methodischen Fokus dieser Arbeit wird in Kapitel 2.2 gesondert beschrieben. Der Definition von HANSEN folgend, kann das Wissensmanagement als Herausforderung bestehend aus zwei Aspekten beschrieben werden: Zum einen bestehend aus der Suche und der Identifikation von relevantem Wissen und zum anderen bestehend aus dem Transfer und dem Umsetzen des Wissens.[155] Bei dieser Betrachtungsweise gilt es zu berücksichtigen, dass es implizites und explizites Wissen gibt. Schwer kommunizierbares, implizites Wissen ist an ein Individuum geknüpft. Dem gegenüber steht das explizite Wissen, welches in kommunizierbarer Form unabhängig von einem Individuum vorliegt. Beispielhaft beschrieben werden kann dies über das Wissen eines Konstrukteurs. Die Bauteilgestaltung kann auf Basis der Vernetzung von Fachwissen und Erfahrungen in Form von implizitem Wissen vorgenommen werden. Dieses Fachwissen und die Erfahrungen können jedoch ebenso in die Formulierung einer allgemeingültigen Norm, und somit explizitem Wissen, überführt werden, das weitere Konstrukteure für eine etwaige Bauteilauslegung und den Aufbau von implizitem Wissen nutzen können.[156] Für die Konvertierung von

[151] Brandmeier, M. (2020) Ganzheitliches ontologiebasiertes Wissensmanagement, S. 19.

[152] Lehner, F. et al. (2008) Wirtschaftsinformatik, S. 40.

[153] Brandmeier, M. (2020) Ganzheitliches ontologiebasiertes Wissensmanagement, S. 19.

[154] vgl. Binz, H. et al. (2016) Wissensmanagement, 253 ff.

[155] vgl. Hansen, M. (1999) The Search-Transfer Problem, 83.

[156] vgl. Binz, H. et al. (2016) Wissensmanagement, S. 249.

implizitem und explizitem Wissen haben NONAKA ET AL. vier grundlegende Modi definiert, die in Abbildung 2-19 dargestellt sind.[157] Das zuvor beschriebe Beispiel hebt jedoch auch hervor, dass das Wissen eines Individuums bestimmt wird, durch individuelle Erfahrungen und den Kontext, sodass es keine „Wissensdatenbanken" geben kann, jedoch Teilbereiche des Wissen als Informationen externalisiert werden können. Eine technische Umsetzung dazu ist die Formulierung von Informationen durch entsprechende Zeichenfolgen in Daten.[158]

		Zu	
		Implizitem Wissen	**Explizitem Wissen**
Von	**Implizitem Wissen**	Sozialisierung	Externalisierung
	Explizitem Wissen	Internalisierung	Kombination

Abbildung 2-19: Vier grundlegende Modi der Wissenskonvertierung[159]

Im Umgang mit Anforderungen wird von Anforderungswissen gesprochen. Als Anforderungswissen kann das implizite und explizite Wissen bezeichnet werden, das entsteht oder gebraucht wird, um die Entwicklung, das Management oder auch die Umsetzung von Anforderungen zu ermöglichen.[160] Als Begleitprozess der Produktentstehung ist das Wissen im Anforderungsmanagement divers, da den Stakeholdern unterschiedliche Informationen gegeben sind, um die Anforderungen zu kontextualisieren.[161] Die zu Grunde liegenden Daten und Informationen des impliziten und expliziten Anteils des Wissens der jeweiligen Stakeholder können nach MAALEJ UND THURIMELLA unterschiedliche Wissenstypen ermöglichen, die nachfolgend aufgezählt werden:[162]

- **Domänen-Wissen**: Dieses Wissen umfasst das Wissen der Domäne des Entwicklungsgegenstandes. Hierbei kann es sich beispielsweise um das Vokabular, Normen oder Geschäftsregeln und -regularien handeln.

---

[157] vgl. Nonaka, I. et al. (1995) The knowledge-creating company, S. 62.

[158] vgl. North, K. (2016) Wissensorientierte Unternehmensführung, S. 37.

[159] i.A.a. Nonaka, I. et al. (1995) The knowledge-creating company, S. 62.

[160] vgl. Maalej, W. (2013) Managing Requirements Knowledge, S. 7.

[161] Vgl. Kapitel 2.1

[162] vgl. Maalej, W. (2013) Managing Requirements Knowledge, S. 7 - 8.

- **Engineering-Wissen**: Dieses Wissen umfasst den Inhalt der Anforderungen, und das Wissen über Abhängigkeiten zwischen Anforderungen sowie anderen vor- und nachgelagerten Entwicklungsergebnissen, wie Produktstrukturen.
- **Zusammenarbeits-Wissen**: Dieses Wissen kontextualisiert Informationen über Personen, deren Zusammenarbeit und andere Voraussetzung dieser.
- **Management-Wissen**: Dieses Wissen berücksichtigt Wissen zu Qualitätsmaßnahmen, Vorlagen oder Eigenschaften von Anforderungen.
- **Methodenwissen**: Dieses Wissen umfasst das Wissen zu Werkzeugen und Methoden sowie Prozessen, die im Entwicklungsprozess genutzt werden.

Unter Berücksichtigung der zuvor wiedergegebenen Inhalte, kann die vereinfachte Systemdarstellung für Anforderungen aus Abbildung 2-10, wie in Abbildung 2-20 dargestellt, um weitere Systemelemente ergänzt werden. Der Systemkontext wird dabei auf Basis unterschiedlicher generischer Dimensionen des Wissensmanagements nach WILLKE (sozial, sachlich, zeitlich, operativ, kognitiv) beschrieben. Somit kann gezeigt werden, dass eine Systembeschreibung in Form von formulierten Anforderungen durch diverse Formen von Wissen kontextualisiert werden kann.[163]

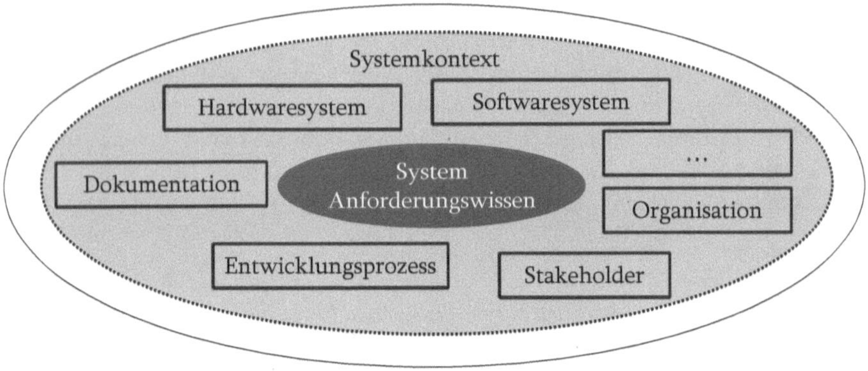

Abbildung 2-20: Schematische Darstellung des System Anforderungswissen

Theoretische Grundlagen der Modellbildung

In den vorangegangenen Abschnitten werden grundlegende Definitionen für Daten und Informationen sowie das Wissensmanagement im Kontext des Anforderungsmanagements gegeben. Diese Grundlagen werden folgend um die wissenschaftlichen

[163] vgl. Willke, H. (2014) Systemtheorie.

Grundlagen der Modellbildung ergänzt, die im Lösungskontext relevant sind. Als Modelle werden Abbilder der Realität bezeichnet, die es ermöglichen Erkenntnisse aus der Untersuchung des Abbilds auf die Realität zu übertragen.[164] Neben dem Modellbegriff ist nach STACHOWIAK eine geeignete Methodik zur Modellierung auszuwählen. Dazu sind unterschiedliche Ansätze zur Modellbildung beschrieben, welche die Merkmale, das Vorgehen sowie den Modellzweck der unterschiedlichen Modellarten erörtern.[165] Gemäß dieser theoretischen Betrachtung sind die drei konstituierenden Merkmale eines jeden Modells gemäß dieser theoretischen Betrachtung das Abbildungsmerkmal, das pragmatische Merkmal sowie das Verkürzungsmerkmal. Das Abbildungsmerkmal besagt, dass jedes Modell ein Abbild oder eine Repräsentation von einem Original ist. Dazu werden gemäß des mengentheoretischen, algebraischen Abbildungsbegriffs die Attribute des Modells den Attributen des Originals zugeordnet.[166] Das Verkürzungsmerkmal sagt aus, dass jedes Modell abstrahiert und lediglich die relevanten Attribute des Originals erfasst. Hervorgehoben wird, dass es abhängig vom Modellschaffenden ein unterschiedliches Bewusstsein darüber geben kann, dass gegeben Falls nicht alle Attribute des Originals abgebildet werden bzw. darüber welche Attribute abgebildet werden.[167] Das dritte Merkmal ist das pragmatische Merkmal, welches ausdrückt, dass jedes Modell für einen konkreten Verwendungszweck geschaffen wird. Demnach gilt, dass nicht nur berücksichtigt werden muss was abgebildet wird, sondern auch der Nutzer und der Verwendungszeitraum des Modells.[168]

Der Prozess der Modellbildung kann mit drei Operatoren beschrieben werden die KÜHNE ebenfalls an STACHOWIAK anlehnt. Diese sind die Abstraktion, die Projektion sowie die Übersetzung. Durch die Projektion wird das Originalsystem reduziert. Hierzu werden Attribute und Beziehungen auf Basis von Filterkriterien ausgewählt, sodass sich als Teilmenge ein reduziertes System ergibt. Dies beinhaltet gleichzeitig eine Abstraktion, die zu einer Informationsverdichtung führt, die dann durch eine Übersetzung in eine geeignete Repräsentationsform, beispielsweise eine Modellierungssprache, überführt werden kann.[169]

---

[164] vgl. Kleuker, S. (2009) Formale Modelle der Softwareentwicklung, S. 1.

[165] vgl. Stachowiak, H. (1973) Allgemeine Modelltheorie, 159 ff.

[166] vgl. Stachowiak, H. (1973) Allgemeine Modelltheorie, S. 131 - 132.

[167] vgl. Stachowiak, H. (1973) Allgemeine Modelltheorie, S. 132.

[168] vgl. Stachowiak, H. (1973) Allgemeine Modelltheorie, S. 132 - 133.

[169] vgl. Kühne, T. (2006) Matters of (Meta-) Modeling, S. 371.

Wie zuvor beschrieben sind Modelle abhängig vom Verwendungszweck zu bilden, was nachvollziehbar macht, dass es unterschiedliche Typen von Modellen gibt. Unter Wiedergabe und Aggregation der Grundlagenliteratur nach STACHOWIAK, PATZAK, FRIEDLI sowie weiterer Autoren fasst RESCHKE die unterschiedlichen Modellzwecke und -arten zusammen.[170] Hierbei wird zwischen vier Modelltypen unterschieden. Nach PATZAK und auch nach RESCHKE kann der Verwendungszweck eine Beschreibung, eine Erklärung oder eine Entscheidung sein. Beschreibungsmodelle sind deskriptive Modelle und bilden vorgefundene Zustände ab. Der Zweck ist es, Sachverhalte zu erfassen und leicht verständlich darzustellen. Dabei werden keine Voraussetzungen der dargestellten Zustände, Wirkzusammenhänge oder Ursachen dargestellt.[171] Erklärungsmodelle, die ebenso explikative Modelle genannt werden, erklären Gesetzmäßigkeiten und Zusammenhänge. Diese Modelle erweitern bestehende Beschreibungsmodelle.[172] Entscheidungsmodelle, auch preskriptive-normative Modelle, dienen dazu, Handlungsalternativen zu bestimmen und enthalten dazu Zielsetzungen und Nutzenfunktionen sowie Randbedingungen der zu beeinflussenden Situation sowie explizite Entscheidung.[173] PATZAK benennt des Weiteren Vorhersagemodelle. Reschke wiederum weicht hier ab und ersetzt die Vorhersagemodelle durch Gestaltungsmodelle. Dies geschieht in Anlehnung an FRIEDLI, ULRICH und HILL. Auch wenn es eine definitorische Überschneidung der beiden Quellen gibt, soll für die vorliegende Arbeit die Systematik nach RESCHKE Anwendung finden, wonach ein Gestaltungsmodell als Vorbild für ein zu gestaltendes System zu betrachten ist. Somit kann ein Gestaltungsmodell sowohl „beschreibende, erklärende aber auch entscheidungsvorbereitende Elemente" beinhalten.[174]

2.2.2 Grundlagen der Informationssysteme

Für das effiziente Management von Anforderungsinformationen werden Informationssysteme genutzt. In diesem Kapitel werden die wesentlichen Konzepte und Prinzi-

---

170 vgl. Reschke, R. (2019) Gestaltungsmodell der Kennzahlen, S. 71 - 72.

171 vgl. Patzak, G. (1982) Systemtechnik - Planung komplexer innovativer Systeme, S. 313 - 315vgl. Reschke, R. (2019) Gestaltungsmodell der Kennzahlen, S. 72.

172 vgl. Reschke, R. (2019) Gestaltungsmodell der Kennzahlen, S. 72 - 73vgl. Patzak, G. (1982) Systemtechnik - Planung komplexer innovativer Systeme, S. 313 - 314.

173 vgl. Patzak, G. (1982) Systemtechnik - Planung komplexer innovativer Systeme, S. 314.

174 Reschke, R. (2019) Gestaltungsmodell der Kennzahlen, S. 73.

pien der Informationssysteme und der darin enthaltenen Daten zunächst allgemeingültig beschrieben und darauf folgend werden Daten im Kontext des Anforderungsmanagements spezifiziert.

Begrifflich werden Informationssysteme in der Literatur unterschiedlich definiert. FERSTL ET AL. rezitiert unter Verweis auf die entsprechenden Autoren unterschiedliche Definitionen und zeigt auf, dass diese teilweise auch alternative Begriffe, wie „operative Systeme", nutzen.[175] Im Kontext dieser Arbeit werden Informationssysteme in Anlehnung an KRCMAR, ALPAR ET AL. bzw. LAUDON ET AL definiert. Diesen Quellen folgend, sind Informationssysteme soziotechnische Systeme, die nicht nur maschinelle, sondern auch menschliche Teilsysteme beinhalten wie in Abbildung 2-21 dargestellt

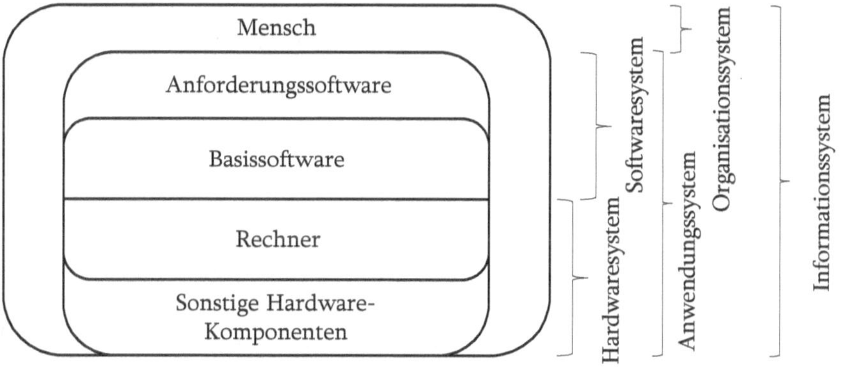

Abbildung 2-21: Informationssysteme als soziotechnische Systeme[176]

Diese Systeme dienen der Sammlung, Strukturierung, Verarbeitung, Bereitstellung, Kommunikation und Nutzung von Daten sowie Informationen und deren Transformation. Informationssysteme tragen dadurch zur Entscheidungsfindung, Koordination, Steuerung und Kontrolle von Wertschöpfungsprozessen sowie der Automatisierung, Integration und Virtualisierung selbiger unter ökonomischen Kriterien bei.[177] LAUDON ET AL. heben hervor, dass die nutzenden Menschen sowie die Organisationsstrukturen

---

[175] vgl. Ferstl, O. et al. (2015) Grundlagen der Wirtschaftsinformatik, S. 11.

[176] i.A.a. Thomas, O. et al. (2016) Verfahren und Werkzeuge, S. 5.

[177] vgl. Krcmar, H. (2015) Einführung in das Informationsmanagement, S. 8vgl. Alpar, P. et al. (2019) Anwendungsorientierte Wirtschaftsinformatik, S. 25vgl. Laudon, K. et al. (2016) Wirtschaftsinformatik, S. 15.

zu berücksichtigen sind. Folglich seien Informationssysteme immer betriebsindividuell am wirksamsten.[178] Über eine Unterscheidung zwischen operativen und analyseorientierten Informationssystemen wird die Eignung eines Informationssystems genauer spezifiziert. Operative Informationssysteme sind demnach ausschließlich für die automatisierte Verarbeitung von Massendaten und zur Lösung simpler, strukturierter Entscheidungsprobleme geeignet.[179] Aufgrund des transaktionalen Charakters werden diese Systeme auch Transaktionssysteme genannt.[180] Eine entscheidungsgerechte Unterstützung von Fach- und Führungskräften erfolgt jedoch über analyseorientierte Informationssysteme. Unverzichtbar dabei sind nach GABRIEL ET AL. die flexible und interaktive Generierung unterschiedlicher Perspektiven.[181] Weitere Merkmale sind neben der zuvor beschriebenen Soziotechnizität auch die Offenheit, die Dynamik und die Komplexität. Die Offenheit wird durch Interaktion mit der Systemumwelt begründet. Dynamisch sind Informationssysteme, da sie sich abhängig der Interaktion mit der Umwelt verhalten. Durch die hohe Anzahl und die Beziehungen der Elemente, die in Abbildung 2-20 schematisch dargestellt sind, kann ein Informationssystem als komplex beschrieben werden.[182]

Informationssysteme werden von unterschiedlichen Autoren anhand unterschiedlicher Schemata klassifiziert. Dabei kann beispielsweise die Anwendungsbreite ein Kriterium sein und zwischen Individual- oder Standard- sowie zwischen sektorspezifischer oder –neutraler Software.[183] Ebenfalls kann der Hauptzweck im Sinne der Daten- und Informationsverarbeitung im Kontext betriebswirtschaftlicher Anwendungen ein Unterscheidungskriterium für die Klassifizierung eines Informationssystems sein. ALPAR ET AL. beschreiben hierzu, dass die drei Abstufungen *System of Record* (engl. System zur Datenaufnahme), *System of Insight* (engl. System zum Einblick) und *System of Engagement* (engl. System zum Austausch) möglich sind. Dabei wird in der graphischen Darstellung über Pfeile darauf hingewiesen, dass eine Zuordnung zu den jeweiligen Klassen nicht die Interaktion bzw. Abhängigkeit zwischen System unterschiedlicher Klassen ausschließt. Systems of Record sind vergleichbar mit den zuvor beschriebenen operativen Informationssystemen. Indem mit solchen Systemen eine Da-

[178] vgl. Laudon, K. et al. (2016) Wirtschaftsinformatik, S. 14 - 15.

[179] vgl. Müller, J. (2000) Transformation Operativer Daten, S. 80.

[180] vgl. Müller, J. (2000) Transformation Operativer Daten, S. 81.

[181] vgl. Gabriel, R. et al. (2011) Data warehouse & data mining, S. 4 - 5.

[182] vgl. Thomas, O. et al. (2016) Verfahren und Werkzeuge, S. 4.

[183] vgl. Alpar, P. et al. (2019) Anwendungsorientierte Wirtschaftsinformatik, S. 31.

tengrundlage geschaffen wird, bilden sie die Basis für die Informationssysteme der anderen Klassen. Systems of Insight werden für daten- und informationsverarbeitende Aufgaben des Managements genutzt, die im operativen, taktischen und strategischen Kontext stehen. Hierbei kann wiederum zwischen Managementinformationssystemen (MIS) und Executive Informationssystemen (EIS) sowie Entscheidungsunterstützungssystemen (DSS) unterschieden werden. Während EIS das Topmanagement und somit die strategische Leitungsebene adressieren, sind MIS und DSS in der operativen und taktischen Ebene verortet. Nach ALPAR ET AL. werden MIS in der Phase der Problemfindung genutzt, da bei der Problemlösung menschliche Fähigkeiten zum Generieren und Bewerten von Lösungsalternativen notwendig sind. Ergänzend zu der Berichterstellung in MIS sollen DSS das soziotechnische Problemlösen erleichtern, indem Daten, Methoden und Modell zur Problemlösung über eine benutzerfreundliche Schnittstelle zur Verfügung gestellt werden. Systems of Engagement dienen dazu eine Interaktion mit unternehmensexternen Nutzern zu ermöglichen. Zu den Systems of Insight gehören die Managementinformationssysteme, Führungsinformationssysteme und Entscheidungsunterstützungssysteme. Zu den Systems of Record gehören Transaktionssysteme.[184] Abbildung 2-22 stellt die vorgestellte Klassifizierung graphisch dar.

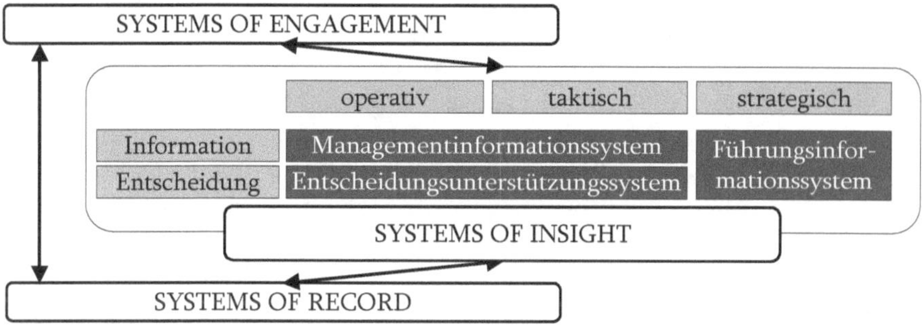

Abbildung 2-22: Klassifizierung von Informationssystemen[185]

Ergänzend zu der grundlegenden Klassifikation von Informationssystemen als datenführende Systeme sind im folgenden Abschnitt entsprechende Hierarchien zur Klassifikation von Daten gegeben. Eine initiale Unterscheidung von Daten im unternehmerischen Kontext kann hinsichtlich der Verortung der Quelle bzw. des Bestands vorge-

[184] vgl. Alpar, P. et al. (2019) Anwendungsorientierte Wirtschaftsinformatik, 28 ff.

[185] i.A.a. Alpar, P. et al. (2019) Anwendungsorientierte Wirtschaftsinformatik, S. 29.

nommen werden. Hierbei kann zwischen unternehmensinternen und –externen Datenquellen und -beständen unterschieden werden. Dies ist besonders zur Sicherung der Datenqualität im Sinne des Datenmanagements wichtig, da Konsistenzprüfungen somit zwischen internen und externen Datenbeständen sowie innerhalb eines Datenbestandes und zwischen unterschiedlichen Systemen vorgenommen werden können.[186] Unabhängig der Betrachtung von internen oder externen Daten gilt die folgende Klassifikation, die in der vorliegenden Arbeit Anwendung findet. Die kleinste Form der Repräsentation von Daten, auf die zugegriffen werden kann, ist ein Datenelement bzw. ein Datenfeld. Eine Gruppe zusammengehöriger Datenfelder bilden einen Datensatz. Als Datei wird die Gruppe von Datensätzen desselben Typs bezeichnet, die elektronisch speicherbar ist. Diese Definition folgt Beschreibungen nach BAUKNECHT ET AL.,ALPAR ET AL. sowie der Richtlinie VDI 2219.[187] Nach ABTS ET AL. haben alle Datensätze einer Datei die gleiche Struktur.[188] Hierbei muss jedoch differenziert werden, da dies lediglich für die Datensätze angenommen werden kann, die als strukturierte Daten bezeichnet werden. Diese können aufgrund der eindeutigen Zuordnung von Datenfeldern und Datensätzen direkt datenbasiert analytisch computergestützt verwertet werden.[189] In Abgrenzung dazu bestehen semistrukturierte bzw. unstrukturierte Daten. Zwischen semistrukturierten und unstrukturierten Daten gibt es keine allgemeingültige Unterscheidung bzw. Definition, sodass diese in Taxonomien teilweise auch zusammengefasst werden. Ein Merkmal von semistrukturierten Daten ist, dass diese, wenn auch keine allgemeingültige Struktur, dennoch Strukturinformationen beinhalten können. Unstrukturierte Daten bestehen aus Text, Bilder oder Videos, die keiner Struktur folgen, sodass diese zunächst in eine semistrukturierte bzw. strukturierte Form überführt werden müssen, bevor sie mittels datenbasierter analytischer computergestützter Methoden verarbeitet werden können.[190] Der von BAUKNECHT ET AL. vorgeschlagenen Hierarchie folgend, stellt die Datenbank den größten möglichen Datenumfang dar. Im Kontext dieser Arbeit wird eine Datenbank als Gruppe zusammenhängender Dateien definiert.[191]

---

[186] vgl. Gebauer, M. et al. (2008) Strukturierte Datenanalyse, Profiling, S. 98 - 99.

[187] vgl. Bauknecht, K. et al. (1989) Grundzüge der Datenverarbeitung, 22 ff.vgl. Alpar, P. et al. (2019) Anwendungsorientierte Wirtschaftsinformatik, S. 441vgl. Verein Deutscher Ingenieure (2016) VDI 2219, S. 3.

[188] vgl. Abts, D. et al. (2017) Grundkurs Wirtschaftsinformatik, S. 159.

[189] vgl. Baars, H. et al. (2008) Management Support with, S. 132.

[190] vgl. Blumberg, R. et al. (2003) The problem with, 42 ff.vgl. Sharda, R. et al. (2018) Business intelligence, analytics, S. 87 - 88.

[191] vgl. Laudon, K. et al. (2018) Management information systems, 241 f.

Im Kontext von Anforderungen stellen Angaben zum Autor und der eigentliche Anforderungstext sowie weitere Angaben unterschiedliche Datenfelder dar. Die Aggregation der Datenfelder, die zu einer spezifischen Anforderung gehören, stellt somit wiederum einen Datensatz dar. Eine oder mehrere Anforderungsdatensätze können in dem Anforderungsmanagement-spezifischen elektronischen Speicherformat ReqIF strukturiert als Datei gespeichert und zwischen unterschiedlichen internen und externen Datenbanken ausgetauscht werden.[192]

2.2.3 Graphenbasierte Repräsentation semantisch vernetzter Informationen

Im Kontext dieser Arbeit steht die Modellierung und Vernetzung von Informationen zur Erzeugung einer Wissensrepräsentation im Fokus der Betrachtung. Die Wissensrepräsentation ist nach RUSSELL UND NORVIG eine Wissenschaft und Teil der künstlichen Intelligenz, der sich damit befasst, wie Wissen in eine maschinenverständliche Form überführt werden kann, sodass damit maschinegestützt komplexe Aufgaben gelöst werden können.[193] Eine für diese Arbeit konstituierende Ergänzung zur Definition von Wissensrepräsentationen gilt nach SOWA, der als Teil von fünf grundlegenden Prinzipien der Wissensrepräsentation aufführt, dass dies ein interdisziplinärer Forschungszweig ist. Demnach müssen zur Erzeugung einer Wissensrepräsentation nicht nur Experten der künstlichen Intelligenz, sogenannte „Knowledge Engineers", sondern auch Experten der Anwendung, sogenannte „Domain Experts", zusammenarbeiten.[194] Diese Formulierung erkennt an, dass eine Wissensrepräsentation nicht nur eine maschinenverständliche Repräsentation ist, sondern auch eine enge Verknüpfung zum menschlichen Denken des Anwenders notwendig ist und somit für eine effiziente Repräsentation auch eine menschliche Nachvollziehbarkeit gegeben sein muss. Im Folgenden wird eine Einführung in die Grundlagen der Wissensrepräsentation zum Zweck der maschinengestützten semantischen Vernetzung gegeben.

Wissensrepräsentation

Gemäß der Definition in Kapitel 2.2.1 bildet Wissen den Kontext zur Interpretation von Informationen. Eine hochwertige Problemlösung kann somit durch eine Wissens-

[192] vgl. Ebert, C. et al. (2012) ReqIF: Seamless Requirements, S. 82.

[193] vgl. Russell, S. et al. (2016) Artificial intelligence, S. 16.

[194] vgl. Sowa, J. F. (2002) Knowledge representation, S. 149.

repräsentation und darin semantisch vernetzte Informationseinheiten unterstützt werden. Hierzu sind jedoch geeignete repräsentative Strukturen notwendig.[195] Das abgebildete Wissen ist, dann wiederum die Grundlage, auf die in Handlungssituationen zurückgegriffen werden kann. Deshalb wird hierbei auch von einer Wissensbasis gesprochen.[196] Die Menge und die Form der Symbole, die zur Erzeugung der Wissensbasis genutzt werden und wie diese in Beziehung zueinander stehen wird durch die Syntax festgelegt. Die abgebildete Bedeutung unter Nutzung der festgelegten Symbole wird als Semantik bezeichnet.[197] Das repräsentierte Wissen kann deklarativ oder prozedurale Eigenschaften haben, wobei RUSSELL UND NORVIG hierzu angeben, dass in den bekannten erfolgreichen Wissensrepräsentationen diese Eigenschaften kombiniert werden.[198]

Eine prozedurale Wissensrepräsentation basiert auf Informationen, die die Fähigkeiten und Handlungsoptionen eines Individuums oder Systems beschreiben. Somit bildet diese das „wie“ ab. Hierzu zählen beispielsweise Gebrauchsanweisungen oder Kochrezepte oder allgemein Algorithmen und Regeln.[199] Deklarative Wissensrepräsentationen basieren auf Informationen, die Fakten und Aussagen beinhalten, aber nicht notwendigerweise formulieren wie diese abgeleitet oder genutzt werden können. Somit bilden diese das „was“ ab. Beispiele für derartige Repräsentationen sind Datenbanken und semantische Netzwerke.[200]

Datenbanken, die im Kontext dieser Arbeit relevant sind, sind zum einen relationale Datenbanken und zum anderen Graphdatenbanken. Gemeinsam haben beide Ansätze, dass sie voneinander unterscheidbare Objekte der realen Welt, von KAUFMANN UND MEIER auch Entitäten genannt, basierend auf eindeutigen Beschreibungsgrundlagen speichern können.[201] Relationale Datenbanken beruhen dabei auf dem Relationenmodell, welches ermöglicht, Entitäten in Form von Relationen darzustellen. Eine Relation besteht aus einer bestimmten Anzahl von Eigenschaften, hier Attribute genannt. Eine Entitätsmenge kann in Tabellenform als Auflistung der Relationen, welche eine Entität

---

195 vgl. Berners-Lee, T. et al. (2001) The Semantic Web, S. 34.

196 vgl. Görz, G. et al. (2021) Handbuch der Künstlichen Intelligenz, S. 31 - 32.

197 vgl. Schütte, R. (1998) Grundsätze Ordnungsmäßiger Referenzmodellierung, S. 43.

198 vgl. Russell, S. et al. (2016) Artificial intelligence, S. 236.

199 vgl. Anderson, J. (1983) The architecture of cognition, 8 ff.vgl. Görz, G. et al. (2021) Handbuch der Künstlichen Intelligenz, S. 29.

200 vgl. Russell, S. et al. (2016) Artificial intelligence, S. 236 ff.

201 vgl. Kaufmann, M. et al. (2023) SQL- & NoSQL-Datenbanken, S. 29.

beschreiben, in Zeilen und deren Attribute in Spalten auflisten. Hierbei müssen alle Relationen, die sich auf dieselbe Entität beziehen, auch die gleiche Anzahl an Attributen enthalten. Die Werte, die Attribute annehmen können, werden wiederum Domänen genannt. Die Beschreibungsregel einer Entität, festgelegt aus Attributen und Domänen wird Relationsschema genannt.[202] Im Gegensatz dazu speichern Graphdatenbanken Daten in Graphen ab. Entitäten bilden hierbei Knoten. Attribute werden in diesem Modell als Merkmale bezeichnet und Domänen stellen Merkmalausprägungen dar. Die eindeutige Beschreibungsgrundlage der Entität wird bei diesem Datenbanktyp durch einen Identifikationsschlüssel gebildet, welcher festlegt durch welche Merkmale oder Merkmalskombinationen eine Entität eindeutig und unterscheidbar beschrieben wird. Dieser muss nicht die vollständige Merkmalanzahl abbilden, solange eine eindeutige Beschreibung möglich ist. Zusätzlich kann eine Graphdatenbank auch Assoziationen durch spezifizierbare Relationen abbilden, was in relationalen Datenbanken nur über Umwege dargestellt werden kann. Durch Generalisierung und Aggregation können zudem Hierarchien und Abhängigkeiten zwischen Entitäten abgebildet werden.[203]

Einführung Graphentheorie im Kontext semantischer Netze

Semantische Netze sind ein elementarer Bestandteil der zu beschreibenden Methodik, sodass diese nachfolgend hinsichtlich der konstituierenden Eigenschaften beschrieben werden. Hierzu wird zunächst die zugrundeliegende Graphentheorie natürlich sprachlich wiedergegeben, wobei die eindeutige mathematische Formulierung der Eigenschaft der jeweiligen in der Fußnote angegeben Quelle entnommen werden kann.

Graphen sind fundamentale Strukturen, die zur Darstellung von Beziehungen zwischen Objekten genutzt werden können. Ein Graph besteht dabei aus einer nicht leeren Menge Knoten, auch Eckpunkte oder Punkte genannt, und Kanten, auch Linien genannt, die wiederum Paare von Knoten verbinden.[204] Zwei Knoten werden als adjazent bzw. als Nachbarn bezeichnet, wenn sie durch eine gemeinsame Kante verbunden werden. Zwei Kanten gelten als adjazent, wenn sie einen gemeinsamen Knoten haben.[205] Weitere konstituierende Eigenschaften eines Graphen sind vom Anwendungskontext abhängig. An dieser Stelle folgen die für die Arbeit relevanten Eigenschaften.

---

[202] vgl. Studer, T. (2019) Relationale Datenbanken, 11 ff.

[203] vgl. Kaufmann, M. et al. (2023) SQL- & NoSQL-Datenbanken, S. 17.

[204] vgl. Bondy, J. et al. (2008) Graph theory.

[205] vgl. Diestel, R. (2017) Graph theory, S. 3.

Richtung

Von gerichteten Graphen wird gesprochen, wenn die Kanten eine zugewiesene Orientierung haben. Das bedeutet, es kann zwischen eingehenden und ausgehenden Kanten unterschieden werden.[206]

Gewichtung

In gewichteten Graphen hat jede Kante ein Gewicht, das eine Information zur Eigenschaft der Kante enthält. Dies kann beispielsweise eine Distanz, Kosten oder eine Wahrscheinlichkeit sein. Gemäß der Definition nach KNEBL können diese Gewichte entlang eines Pfades von einem Anfangsknoten zu einem Endknoten summiert werden.[207]

Die zuvor beschriebenen Eigenschaften können überlagert werden, sodass es eine beliebige Kombination aus entweder gewichtet oder ungewichteten mit gerichteten oder ungerichteten Graphen geben kann.

Grad

Der Grad oder die Valenz gibt die Anzahl der Kanten bezogen auf einen bestimmten Knoten an. In gerichteten Graphen kann hierbei zwischen eingehenden und ausgehenden Kanten unterschieden werden.[208]

Zyklus

Ein Zyklus in einem Graphen entspricht einem Pfad, bei dem der Startknoten und der Endknoten identisch sind. Ein Graph ist unizyklisch, wenn genau ein Zyklus enthalten ist.[209]

Zusammenhang

Ein Graph wird als zusammenhängend bezeichnet, wenn zwischen jedem Paar von Knoten mindestens eine Kante verortet ist und somit keine nicht verbundenen Knoten im Graph vorliegen. Bei gerichteten Graphen kann zusätzlich zwischen stark und schwach zusammenhängenden Komponenten unterschieden werden. Stark zusammenhängende Komponenten berücksichtigen die Richtung der Kanten und ermöglichen einen Zyklus entlang der gerichteten Kanten. Schwache Komponenten sind zwar durch Kanten verbunden, berücksichtigen jedoch nicht die Kantenrichtung.[210]

---

[206] vgl. Bondy, J. et al. (2008) Graph theory, S. 32 - 33.

[207] vgl. Knebl, H. (2021) Algorithmen und Datenstrukturen, 253 ff.

[208] vgl. Diestel, R. (2017) Graph theory, S. 5 - 6.

[209] vgl. Krumke, S. (2012) Graphentheoretische Konzepte und Algorithmen, S. 145.

[210] vgl. Noltemeier, H. (2019) Graphentheorie, 46 ff.

Subgraphen

Anstatt von Komponenten kann auch von Subgraphen gesprochen werden, die eine Teilmenge der Knoten und Kanten eines Graphen umfasst. Diese Reduzierung kann bei der Analyse von Graphen vorgenommen werden, um komplexe Graphen handhabbar zu machen.[211]

Planarität

Die topologische Graphentheorie beinhaltet die Beschreibung des planaren Graphen. Ein planarer Graph kann ohne sich schneidende Kanten gezeichnet werden. Ist nach dieser Vorgabe eine Darstellung im zweidimensionalen Raum möglich, handelt es sich um einen ebenen Graph. Diese Eigenschaft ist besonders bei der Erstellung von menschenlesbaren Graphen hilfreich oder wenn diese beispielsweise für Schaltkreisdesigns erzeugt werden.[212] Ohne weitere Einschränkungen im Anwendungskontext gilt jedoch, dass durch die geometrische Lage eines Knoten per se keine Bedeutung entsteht, sondern nur im Bezug zu anderen Knoten bzw. zu umgebenden Skalen oder ähnlichem, sodass eine vielfältige Anordnung der Knoten im Raum mit dem Ziel einer planaren Darstellung möglich ist.[213]

Wissensrepräsentation mit semantischen Netzen

Nach HÄRDER kann die Modellierung von Informationen nicht über starre Datenmodelle gelingen, sodass diese von einer Wissensrepräsentation abzugrenzen sind. Hierzu definiert HÄRDER, dass eine Wissensrepräsentation, die Darstellung und Nutzung von Objekten, Beziehungen und Aktivitäten sowie allgemeinen Abstraktionskonzepten (wie zum Beispiel Aggregation) und Ableitungsverfahren (über Regeln oder Vererbung) ermöglichen muss. Außerdem muss der Erwerb, die Bereitstellung und die Ableitung von Wissen gewährleistet sein.[214] Nach HARMS kann in Wissensrepräsentationen zwischen prädikativem und assoziativem Wissen unterschieden werden, wozu jeweils entsprechende Repräsentationsformen verwendet werden. Prädikatives Wissen umfasst Zusammenhänge, die logisch-deduktiv und somit in regelhaften Strukturen abgebildet werden können. Bekannte Darstellungsformen für prädikatives Wissen sind Thesauri oder Taxonomien. Assoziatives Wissen wiederum folgt nicht den deterministischen Regelwerken und bildet primär Erfahrungswissen ab. Dazu wird die inhaltli-

---

[211] vgl. Bondy, J. et al. (2008) Graph theory.

[212] vgl. Volkmann, L. (1996) Fundamente der Graphentheorie, S. 205 - 206.

[213] vgl. Turau, V. et al. (2015) Algorithmische Graphentheorie, S. 20 - 21.

[214] vgl. Härder, T. (1989) Klassische Datenmodelle und Wissensrepräsentation, S. 142 - 143.

che Ähnlichkeit und Relevanz der Informationen als Wissensbestandteil in der Repräsentation über den Abstand ausgedrückt. Kognitionstheoretische Überlegungen und Experimenten zeigen jedoch, dass dieses nur bedingt formal reproduzierbare Wissen durchaus systembildend ist. Dies wiederum legitimiert den Ansatz von sprachstatistisch begründeten Relationen, wie sie in semantischen Netzen zur Darstellung von Erfahrungswissen zur Anwendung kommen.[215]

In ihrer ursprünglichen Beschreibung nach QUILIAN sind semantische Netze Modelle des Gedächtnis in Form von Wortkonzepten, dargestellt in einem Netzwerk.[216] Zwischenzeitlich wurde dieses Konzept des semantischen Netzes zur Darstellung von Wissen von unterschiedlichen Forschern weiterentwickelt, jedoch der Grundgedanke einer wortbasierten Darstellung beibehalten. „Ein semantisches Netz ist eine geordnete Zusammenstellung von Begriffen und ihren Bezeichnungen, deren Zusammenhang über beliebige (aber definierte) Beziehungen miteinander definiert wird“ zitiert PANYR in einem Sammelwerk den ursprünglichen Autor BEIER.[217] Zusätzlich wird nach REICHENBERGER ergänzt, dass ein semantisches Netz eine domänen- bzw. Nutzer-spezifische natürliche Sprache und Denkwelt abbildet.[218] Dadurch folgt die Repräsentation keinem allumfassenden Standard, sondern unterschiedliche, domänenspezifische Objekte, Objekttypen und Relationen sind möglich und notwendig.[219] Unter anderem diese Eigenschaft grenzt semantische Netze von Ontologien ab, die grundsätzlich einem ähnlichen Schema folgen, jedoch den Anspruch auf eine Allgemeingültigkeit haben, die weit über den domänen- bzw. Nutzer-spezifischen Anspruch eines semantischen Netzes hinaus gehen. Eine ausführliche Diskussion hierzu erfolgt durch GUARINO ET AL..[220]

Aufgrund der Relevanz für die zu entwickelnde Methodik werden abschließend die sechs grundlegenden Modellierungs-Schemata zitiert, in denen SOWA fünf verschiedene Schemata beschreibt und das sechste Schema für den Verweis auf ein hybrides

---

215 vgl. Harms, I. et al. (2006) Information und Sprache, S. 140 - 141.

216 vgl. Quilian, M. R. (1966) Semantic Memory.

217 vgl. Harms, I. et al. (2006) Information und Sprache, S. 143.

218 vgl. Reichenberger, K. (2010) Kompendium semantische Netze, S. 5 - 6.

219 vgl. Dengel, A. (2011) Semantische Technologien, S. 37.

220 vgl. Guarino, N. et al. (2009) What Is an, 12 ff.

Schema vorhält. Die originale Quelle beschreibt die Schemata in Englisch, sodass zunächst die englische Originalbezeichnung genannt und dann durch eine deutsche Übersetzung ergänzt wird.[221]

1. Definitional Networks (engl. Definitionsnetze) klassifizieren Konzepte hierarchisch mit Ober- und Unterkategorien, sodass eine Vererbung von Ober- zu Unterkategorien möglich ist, wobei die Vernetzung per Definition erfolgt.

2. Assertional Networks (engl. Assertorische Netzwerke) dienen dazu spezifische, kontigente Aussagen darzustellen, die nicht notwendigerweise einer expliziten Definition folgen. Dies prädestiniert sie für den Einsatz zur Abbildung der Semantik natürlicher Sprache.

3. Implicational Networks (engl. Implikationsnetzwerke) nutzen Implikationsbeziehungen zur Verknüpfung von Knoten, sodass diese genutzt werden um Überzeugungen oder Ursache-Wirkungs-Zusammenhänge abzubilden.

4. Executable Networks (engl. ausführbare Netzwerke) beinhalten Mechanismen zur Durchführung von Schlussfolgerungen und der Mustererkennung

5. Learning Networks (engl. lernende Netzwerke) sind eine anpassungsfähige Repräsentationsform, die durch das Erlernen neuer Informationen aus Beispielen in ihre Struktur und ihren Verbindungen angepasst werden kann. Dies kann durch eine Anpassung der Anzahl der Knoten, sowie der Anpassung der Gewichte der Kanten geschehen.

6. Hybrid Networks (engl. hybride Netzwerke) kombinieren Elemente der anderen Netzwerktypen, um vielseitigere und komplexere Strukturen zu schaffen. Dies ist sowohl in separaten als auch durch interagierende Netze möglich.

Abbildung 2-23 fasst die zuvor beschriebenen Inhalte zur Informationsmodellierung mit dem Fokus auf der Wissensrepräsentation zusammen. Diese fokussiert Ausprägungen mit Relevanz für die Entwicklung der Methodik.

[221] vgl. Sowa, J. F. (1992) Semantic Networks, 1 ff.

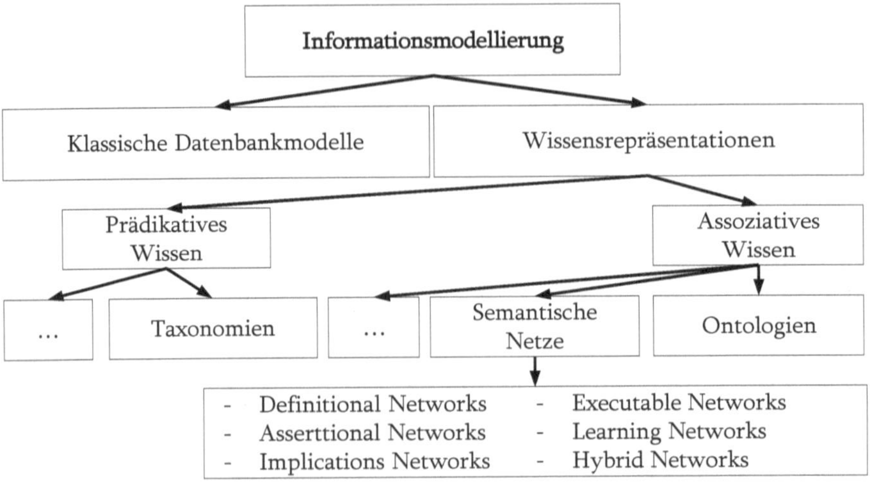

Abbildung 2-23: Systematik der Informationsmodellierung[222]

2.3 Maschinenbasierte Analyse von natürlich sprachlichem Text

Im vorangestellten Kapitel 2.1 wird Anforderungsmanagement als eine durch natürlich sprachlich formulierte Entwicklungsergebnisse dominierte Domäne beschrieben. Darauf folgt die Wiedergabe der Grundlagen und Definitionen im Kontext der Informations- und Wissensrepräsentation. Wie bereits in Kapitel 1.1 motiviert, kann der Einsatz maschinenbasierter Analyseverfahren als Bestandteil künstlicher Intelligenz in diesem Kontext als methodischer Lösungsbeitrag betrachtet werden. Im Folgenden werden die Grundlagen der künstlichen Intelligenz wiedergegeben, die relevant sind für die systematische Literaturrecherche in Kapitel 3 sowie zur Erzeugung eines Lösungsartefaktes im Sinne der DSR wie es in Kapitel 4 konzipiert und in Kapitel 5 detailliert wird.

[222] vgl. Harms, I. et al. (2006) Information und Sprache, S. 140 - 141; vgl. Härder, T. (1989) Klassische Datenmodelle und Wissensrepräsentation, 141 ff.

2.3.1 Grundlagen künstlicher Intelligenz und Datenverarbeitung

Die Definition des Terminus *Künstliche Intelligenz* (KI) im Kontext dieser Arbeit erfolgt nach GÖRZ, der in seinen Ausführungen die Grundlagen nach WINSTON aufgreift. Demnach befasst sich KI mit der Entwicklung von Rechenverfahren, um menschliche kognitive Fähigkeiten, wie Wahrnehmung, Schlussfolgerung und Handlung durch technische Systeme und insbesondere Informationssysteme zu simulieren und zu operationalisieren. Als wissenschaftliche Disziplin zielt KI darauf ab, als System unterschiedlicher Komponenten die mentalen Prozesse und Verhaltensweisen, die typischerweise Menschen zugeschrieben werden, nachzubilden und in Artefakten verfügbar zu machen.[223] Die Bestandteile eines solchen Systems ähneln der Beschreibung eines Informationssystems, wie es bereits in Kapitel 2.2 dargelegt ist, und umfassen neben Hardware und Programm-Code (Software), auch Algorithmen, durch die Verarbeitungs- und Entscheidungslogik formuliert werden, Sensoren zur Wahrnehmung der Umwelt, Kommunikationstechnik, zur Verständigung mit der Umwelt, Aktoren, ein Gedächtnis in Form von Modellen, Simulationen, digitalen Zwillingen, internen Datenspeichern und Wissen sowie einen Zugriff auf die virtuelle Welt.[224]

Nach einer phasenbasierten Systematik können KI-Systeme abhängig Ihres Intelligenzgrades unterschieden werden. Phase 1 stellen dabei heuristische Systeme dar. Darauf folgt die Phase 2 der wissensbasierten Systeme, denen eine maschinelle Wissensverarbeitung mit manuell erstellten Wissensbasen zu Grunde liegt. Phase 3 sind lernende Systeme, die maschinelles Lernen über Massendaten ermöglichen. Der höchste Intelligenzgrad liegt in der Phase 4, den hybriden kognitiven Systemen vor. Diese kombinieren Lernverfahren mit wissensbasierten Methoden, sodass eine Selbsterklärfähigkeit unterstützt wird.[225] Dies wird durch Erklärungskomponenten realisiert, die die Verarbeitungsschritte nutzer- und kontextabhängig auf unterschiedlichen Detaillierungsebenen erklären können.[226] Abbildung 2-24 stellt die phasenbasierte Systematik dar.

[223] vgl. Görz, G. et al. (2021) Handbuch der Künstlichen Intelligenz, S. 1.

[224] vgl. Mockenhaupt, A. (2021) Digitalisierung und KI in der Produktion, S. 81.

[225] vgl. Deutsches Institut für Normung e.V. (2020) Deutsche Normungsroadmap Künstliche, S. 12.

[226] vgl. Knauf, R. (2012) Skript zur Lehrveranstaltung.

Phase	Phasenname	Technischer Lösungsansatz
4	Hybride kognitive Systeme	Kombination von Lernverfahren mit wissensbasierten Methoden
3	Lernende Systeme	Maschinelles Lernen über Messdaten
2	Wissensbasierte Systeme	Maschinelle Wissensverarbeitung mit manuell erstellten Wissensdaten
1	Heuristische Systeme	Heuristische Such- und Schlussfolgerungsverfahren

Abbildung 2-24: Phasenbasierte Systematik von KI-Systemen[227]

Zwei im Kontext der Arbeit relevante Teilbereiche der künstlichen Intelligenz sind das Maschine Learning (engl. maschinelles Lernen) sowie das Data Mining, sodass die grundlegenden Definitionen nachfolgend wiedergegeben werden.

Data Mining

Data Mining beschreibt einen Prozess um Daten zu Informationen zusammenzuführen und diese dann in Wissen umzuwandeln. Dieser Prozess muss nicht zwangsläufig mit künstlicher Intelligenz umgesetzt werden.[228] Jedoch gilt, dass aufgrund der zunehmenden Anzahl an Datensätzen sowie der darin enthaltenen Datenfelder eine manuelle Auswertung Ressourcen-intensiv, subjektiv und fehleranfällig und in vielen Domänen unmöglich geworden ist. Der Prozess erfolgt in der Realität (zumindest) teilweise automatisiert.[229] Ein manuelles Data Mining wird folglich an dieser Stelle nicht weiter betrachtet.

Teilweise wird Data Mining mit dem Knowledge Discovery in Databases (KDD) Prozess gleichgesetzt.[230] Neben dieser prozessualen Beschreibung zur Durchführung eines Data Mining Projektes gibt es jedoch auch noch weitere systematische Ansätze. Beispiele hierfür sind der Cross Industry Standard Process for Data Mining (CRISP-DM) oder die Analytics Solutions Unified Method for Data Mining (ASUM-DM). Der KDD-Prozess ist ein Daten-fokussierter Ansatz, der die Schritte von der Daten-Akquisition bis zur Wissensentdeckung abbildet. Die dazu notwendigen Prozessschritte sind die Daten-Auswahl, -Vorverarbeitung und -Transformation, das Data Mining sowie

[227] i.A.a. Deutsches Institut für Normung e.V. (2020) Deutsche Normungsroadmap Künstliche, S. 13.

[228] vgl. Ul Hassan, C. et al. (2018) Comparison of Machine Learning Algorithms, S. 2.

[229] vgl. Fayyad, U. et al. (1996) From Data Mining, S. 38.

[230] vgl. Kriegel, H.-P. et al. (2007) Future trends in data mining, S. 87.

die Interpretation und Evaluierung. Als Evolution des KDD gilt CRISP-DM, das Data Mining Projekte im Geschäftsprozess beschreibt, indem der Lebenszyklus von Data Mining-Projekten in die folgenden sechs Phasen eingeteilt wird: Business Understanding, Data Understanding, Data Preparation, Modeling, Evaluation und Deployment. 2015 wurde außerdem von IBM die Analytics Solutions Unified Method for Data Mining entwickelt, die auf CRISP-DM basiert und diesen erweitert. Die Erweiterungen beziehen sich auf Aufgaben und Aktivitäten zur Infrastruktur, zum Betrieb, zum Projekt und zur Bereitstellung des Ergebnisses. Außerdem fügt ASUM-DM Vorlagen und Richtlinien zu allen Aufgaben hinzu.[231] Abbildung 2-25 zeigt eine schematische Darstellung des CRISP-DM, wobei deutlich wird, dass dies kein ausschließlich sequenzieller Prozess ist, wie er im KDD beschrieben ist, sondern auch Iterationen vorgesehen sind.

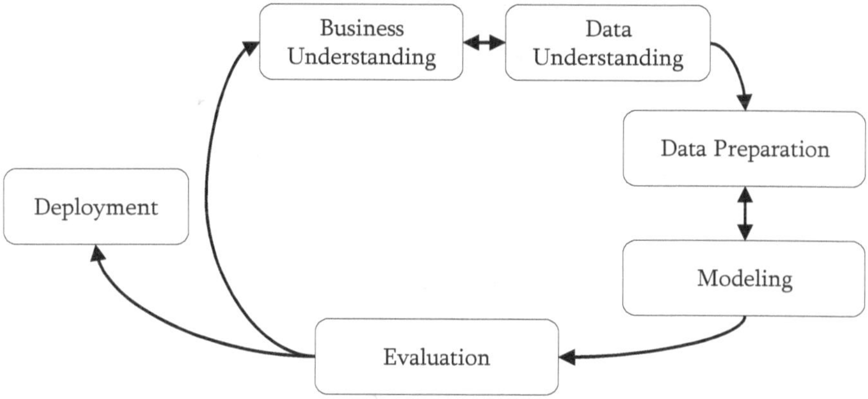

Abbildung 2-25: Schematische Darstellung des CRSIP-DM[232]

Für die einzelnen Prozessschritte des Data Minings werden unterschiedliche Techniken genutzt. Ein besonders relevanter Befähiger für die Entdeckung von Mustern und Wissen in großen Datenbeständen ist das Machine Learning, das im folgenden Abschnitt tiefergehend beschrieben wird.[233]

Machine Learning

[231] vgl. Kienzler (2018) Architectural thinking in data science.

[232] i.A.a. Wirth, R. et al. (2000) CRISP-DM: Towards a standard process model, S. 33.

[233] vgl. Han, J. et al. (2011) Data mining, S. 28.

Die Stärke des Machine Learnings liegt im Umgang mit unstrukturierten Problemstellungen, die nicht als Wenn-Dann-Schleifen abgebildet werden können.[234] Dazu werden lernende Systeme entwickelt, die auf Basis von Trainingsdaten in einer Lernphase trainiert werden, um Regelmäßigkeiten in den Daten zu erkennen und darauf basierend in der Anwendung mit Testdaten sinnvoll zu reagieren.[235] Beim Lernen kann zwischen unterschiedlichen Verfahren unterschieden werden, die sich jeweils nach der Grundlage der Trainingsdaten sowie dem möglichen Anwendungsfall unterscheiden lassen. Abbildung 2-26 zeigt eine Systematik der gängigen Lernverfahren des Machine Learnings.

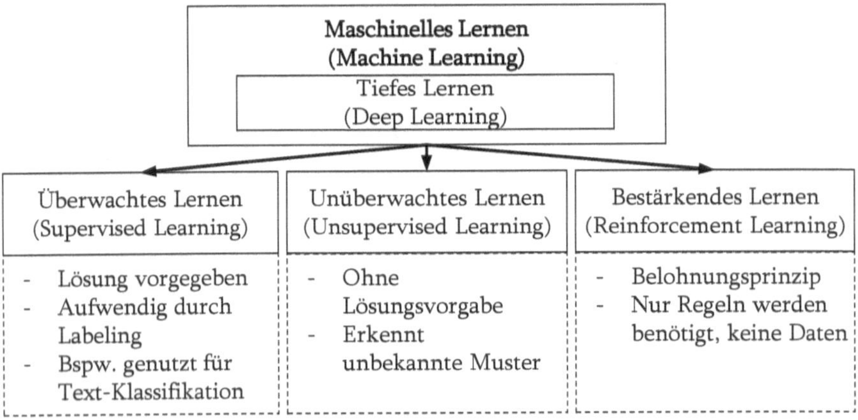

Abbildung 2-26: Lernverfahren des maschinellen Lernens[236]

In der Abbildung zeigt werden die konventionellen Lernverfahren verortet und gezeigt, dass der Ansatz des Deep Learning als Sub-Disziplin des Machine Learnings betrachtet werden kann.[237] Deep Learning basiert auf künstlichen neuronalen Netzen mit vielen Schichten, die fähig sind auch komplexe Muster in großen Datensätzen zu erkennen. Es konnte jedoch auch gezeigt werden, dass Deep Learning besonders vielversprechend im Kontext der maschinenbasierten Textdatenverarbeitung zur Analyse von

[234] vgl. Mockenhaupt, A. (2021) Digitalisierung und KI in der Produktion, S. 134.

[235] vgl. Ertel, W. (2016) Grundkurs Künstliche Intelligenz, 194 ff.

[236] i.A.a. Bauer, W. et al. (2021) Smart Innovation durch NLP, S. 83.

[237] vgl. LeCun, Y. et al. (2015) Deep learning, S. 436.

natürlich sprachlichem Text ist, die als methodischer Fokus der Arbeit nachfolgend beschrieben wird.

2.3.2 Textdatenverarbeitung mit NLP

Von Menschen gesprochene Sprachen werden als natürliche Sprachen bezeichnet und grenzen sich somit von Programmiersprachen oder Modellierungssprachen ab.[238] Gleichzeitig stellt natürliche Sprache per se eine deklarative Wissensrepräsentation dar.[239] Die maschinelle Verarbeitung gesprochener und geschriebener natürlicher Sprachen (aus dem englischen, Natural Language Processing (NLP)) ist eine Teildisziplin der künstlichen Intelligenz, der Computer-Linguistik und der Informatik.[240] In Bezug auf textuell geschriebene natürliche Sprache kann NLP in zwei Prozesse aufgeteilt werden. Diese sind namentlich Natural Language Understanding (NLU) sowie Natural Language Generation (NLG). Mittels NLU kann wahrgenommene natürliche Sprache verarbeitet und im Informationssystem rekonstruiert werden. Dabei ist die Kernaufgabe die sinngemäße Erfassung der Sätze, trotz möglicher vielschichtiger Bedeutungen.[241] NLG zielt darauf ab, ein kommunikatives Ziel maschinenbasiert durch natürliche Sprache in Form von Sätzen auszudrücken.[242] Somit handelt es sich um zwei gegenläufige Prozesse, wie es in Abbildung 2-27 schematisch dargestellt ist.

[238] vgl. Kreutzer, R. et al. (2019) Künstliche Intelligenz verstehen, S. 28.

[239] vgl. Russell, S. et al. (2016) Artificial intelligence, S. 286.

[240] vgl. Klontzas, M. et al. (2023) Introduction to AI, S. 87.

[241] vgl. Kreutzer, R. et al. (2019) Künstliche Intelligenz verstehen, S. 30.

[242] vgl. Kanthavel, R. (2022) Artificial intelligent techniques, S. 141.

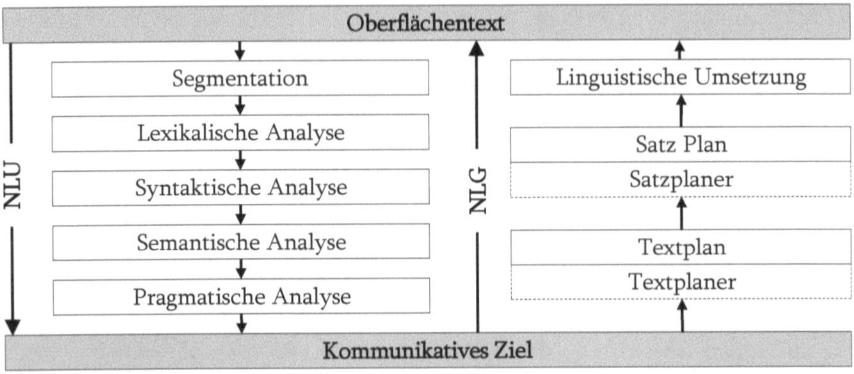

Abbildung 2-27: NLP mit den Prozessschritten des NLU und NLG[243]

Im Kontext der Arbeit wird das Verständnis der Sprache als Teilbereich des NLP fokussiert. Dem kann die Architektur von Sprachen in Form von linguistischen Ebenen zu Grunde gelegt werden.[244] Diese wiederum lassen sich nach PFISTER und KAUFMANN in sechs Ebenen unterteilen, die in Tabelle 2-1 benannt und beschrieben werden.[245]

Tabelle 2-1: Linguistische Ebenen natürlicher Sprache[246]

Ebene	Beschreibung
Graphemisch	Beschreibt im Alphabet gesammelte Schriftzeichen einer Sprache.
Phonemisch	Definiert Phoneme und Allophone als Einheiten der Lautsprache.
Morphologisch	Umfasst Werkzeuge für den Aufbau von Wortformen.
Syntaktisch	Definiert Regeln der korrekten Wortnutzung zur Satzbildung.
Semantisch	Befasst sich mit der genauen Bedeutung von Ausdrücken.
Pragmatisch	Bezieht die Sprache auf die formulierende Person.

[243] i.A.a. Indurkhya, N. (2012) Handbook of NLP, S. 7; i.A.a. Reiter, E. et al. (1997) Building applied NLG systems, S. 69.

[244] vgl. Indurkhya, N. (2012) Handbook of NLP, S. 4.

[245] vgl. Pfister, B. et al. (2017) Sprachverarbeitung, 8 ff.

[246] i.A.a. Pfister, B. et al. (2017) Sprachverarbeitung, 8 ff.

Der NLP Prozess hat eine Evolution erlebt und beruht auf unterschiedlichen Methoden. Das in Kapitel 2.3.1 dargestellte Deep Learning ist dabei die fortschrittlichste Methode, die maßgebliche Weiterentwicklungen ermöglicht hat. Die Grundlagen, die durch regelbasierte Ansätze oder statistische Ansätze begründet sind, sind jedoch nach wie vor Teil des Vorgehens, sodass diese nachfolgend ebenfalls begrifflich als Bestandteil eines NLP-Prozesses definiert werden.[247] Eine wichtige Unterscheidung ist dabei jedoch, dass die Analysen bis einschließlich der syntaktischen Analyse gut erforscht sind und es hier eine Vielzahl unterschiedlicher Methoden und Algorithmen zur Verfügung stehen.[248] Die semantische oder gar pragmatische Analyse ist jedoch ein komplexeres Forschungsfeld, dessen Grundlagen in Kapitel 2.3.3 beschrieben werden. Zunächst werden basierend auf dem Ablauf in Abbildung 2-27 einzelne Methoden und Schritte exemplarisch beschrieben, um ein einheitliches Verständnis zu fördern. Die Zuordnung zum jeweiligen Analyseschritt beruht dabei auf der Definition nach INDURKHYA und wird von anderen Autoren abweichend vorgenommen, da es hier keinen definierten Standard gibt.[249] [250]

Segmentation

Der erste Schritt der Textdatenverarbeitung ist es, die vorliegenden Rohdaten in einem Textkorpus zu aggregieren. Das bedeutet, dass die zu Grunde liegenden Dateien nach nicht textuellen Inhalten, wie zum Beispiel Bildern oder Tabellen, gefiltert werden und diese dann entfernt werden. Die Segmentation (auch **Tokenization**) in sogenannte Token, welche die Grundlage für die nachfolgenden Analyseschritte sind, kann auf Basis von Sätzen bzw. satztrennenden Elementen wie beispielsweise Punkten erfolgen. Es sind aber auch kleinere Bestandteile, wie Worte, Zahlen oder andere festgelegte Definitionen, möglich. Durch diesen Prozess wird der notwendige Speicherplatz reduziert.[251] An dieser Stelle sei auf die Einleitung des Kapitels verwiesen, in der bereits hervorgehoben wurde, dass für die Segmentation wie für folgende Methoden sowohl regelbasierte Ansätze als auch statistische Ansätze möglich sind.[252]

---

[247] vgl. Johri, P. et al. (2021) Natural Language Processing, S. 367 - 369.

[248] vgl. Indurkhya, N. (2012) Handbook of NLP, S. 4.

[249] vgl. Indurkhya, N. (2012) Handbook of NLP, 5 ff.

[250] vgl. Bauer, W. et al. (2021) Smart Innovation durch NLP, S. 66 - 67.

[251] vgl. Yogish, D. et al. (2019) Review on NLP, S. 594.

[252] vgl. Carstensen, K.-U. et al. (2010) Computerlinguistik und Sprachtechnologie, S. 281.

Lexikalische Analyse

Die lexikalische Analyse basiert auf computergestützter Morphologie. Die entsprechenden Methoden werden als **Lemmatization** oder **Stemming** bezeichnet. Gemäß der morphologischen Ebene sind Worte keine unteilbare Einheit, sondern können in Ihre Bestandteile zerlegt werden. Dabei können zum einen nützliche Informationen für die spätere Verarbeitung nutzbar gemacht werden, aber auch eine effizientere Speicherung ermöglicht werden. Letzteres basiert auf der Anwendung von Kombinationsregeln, deren Speicherung effizienter ist als die Speicherung von Worten in Form von Einzelelementen. Dieses Vorgehen basiert auf der Nutzung von Lexika für einen silbenbasierten Abgleich. Gleichzeitig leistet die Methode einen Beitrag dazu auch unbekannte Worte, wie Eigennamen und Neologismen, verarbeiten zu können.[253]

Eine weitere Methode, die durch die Morphologie der Sprache begründet ist und der lexikalischen Analyse zugeordnet werden kann, ist das Part-of-Speech-Tagging (**POS-Tagging**).[254] Dabei werden den einzelnen Wörtern im Text entsprechende Wortarten als Label angehangen, wie zum Beispiel Substantiv, Verb oder Adjektiv. Indem durch das POS-Tagging die grammatikalische Rolle eines jeden Wortes beschrieben wird, kann die syntaktische Analyse vorbereitet und unterstützt werden.[255] Da die Tokenization keinen sinnverändernden Einfluss auf einzelne Wortverbindungen haben soll, wird diese Methode teilweise ebenfalls schon in der Segmentation genutzt.[256]

Syntaktische Analyse

Zentrale Methode der syntaktischen Analyse ist das **Parsing**, durch das die grammatikalischen Strukturen zwischen den Worten und Satzgliedern analysiert werden. Die analysierten syntaktischen Strukturen werden typischerweise in einem Parse-Baum dargestellt.[257]

An der Schnittstelle zur semantischen Analyse ist eine Methode zur verorten, die als Named Entity Recognition (NER) bezeichnet wird. NER hat das Ziel, spezifische Informationseinheiten in einem Text zu erfassen. Dies können Personennamen, Ortsnamen, Produktbezeichnungen oder andere Eigennamen und spezialisierte Termini sein, die häufig eine Schlüsselfunktion im Text darstellen, aber über eine lexikalische oder

---

[253] vgl. Indurkhya, N. (2012) Handbook of NLP, 5 ff.

[254] vgl. Indurkhya, N. (2012) Handbook of NLP, S. 158.

[255] vgl. Màrquez, L. et al. (2000) A Machine Learning Approach to POS Tagging, S. 59.

[256] vgl. Bauer, W. et al. (2021) Smart Innovation durch NLP, S. 68 - 69.

[257] vgl. Russell, S. et al. (2016) Artificial intelligence, 892 ff.

rein syntaktische Analyse schwer zu erfassen sind. NER ist somit elementar, um auch Domänen-spezifischen Text maschinell verarbeiten zu können, denen kein umfangreiches Lexikon zu Grunde liegt.[258]

2.3.3 Semantische und pragmatische Analyse natürlicher Sprache mittels NLP

In Abgrenzung zu den vorangegangenen Analysen, welche auf der Morphologie und Syntax basieren und somit primär Form und Struktur des Textes betreffen, fokussiert die semantische und pragmatische Analyse den Inhalt des Textes. Grundsätzlich beschäftigt sich die Semantik mit der inhaltlichen Bedeutung von Ausdrücken und Sätzen. Der Unterschied zwischen Semantik und Pragmatik liegt darin, dass die Semantik die konventionelle Bedeutung adressiert und somit kontextunabhängig ist während die Pragmatik die konversationelle Bedeutung adressiert und somit kontextabhängig ist.[259] Aus umfangreichen Untersuchungen zum Einsatz von maschinenbasierten Analysemethoden kann geschlossen werden, dass abhängig vom Ziel der Analyse die Erkenntnisse aus der Semantik und Pragmatik zu kombinieren sind. Dies geschieht durch den Einsatz geeigneter Methoden, die quantitative Analysen ermöglichen, jedoch auch gleichzeitig den Mehrwert des Analyseergebnisses durch Kontextinformationen in unterschiedlichen Anwendungsfällen berücksichtigen.[260]

Nachfolgend werden gängige Methoden der Ähnlichkeitsanalyse eingeordnet und beschrieben. Dabei liegt die folgende Unterscheidung der Semantik zu Grunde:

- Lexikalische Semantik – Bedeutungsbeitrag der linguistischen Einheit
- Morphosemantik – Bedeutungsveränderung durch Wortbildungsprozesse
- Satzsemantik – Bedeutung eines Satzes als Summe der Wortbedeutungen
- Diskurssemantik – Satzübergreifende Bedeutungen basierend auf Kommunikations-handlungen[261]

Wichtige Wortbeziehungen, auf die in den nachfolgenden Methoden referenziert wird, sind die in Tabelle 2-2 dargestellten:

Tabelle 2-2: Wortbeziehungen mit Einfluss auf semantische Analysen[262]

---

[258] vgl. Lample, G. et al. (2016) Neural Architectures for, S. 260.

[259] vgl. Gutzmann, D. (2020) Semantik, 1 ff.

[260] vgl. Knuchel, D. et al. (2023) Machine Learning und Korpuspragmatik, S. 214 - 215.

[261] vgl. Görz, G. et al. (2021) Handbuch der Künstlichen Intelligenz, S. 603.

[262] i.A.a. Bauer, W. et al. (2021) Smart Innovation durch NLP, S. 169.

Wortbeziehung	Beschreibung
Homonymie	Einzelnes Wort mit mehreren Bedeutungen
Polysemie	Einzelnes Wort mit mehreren ähnlichen Bedeutungen
Synonymie	Verschiedene Worte mit einer ähnlichen Bedeutung
Hyponymie	Wort als Unterklasse eines weiteren Wortes
Meronymie	Wort das sinnbildlich Teil eines weiteren Wortes ist
Metonymie	Stellvertretende Verwendung eines Wortes für ein weiteres

Hinsichtlich der Methoden zur Analyse der semantischen Ähnlichkeit kann zwischen wissensbasierten und korpusbasierten Methoden unterschieden werden. Beide Ausprägungen basieren darauf, den natürlich sprachlichen Text in eine formelle Repräsentation zu überführen, sodass Rechen-Operationen zur quantitativen Analyse ermöglicht werden.[263]

Zu den **wissensbasierten Methoden** gehört die Nutzung sogenannter Ontologie-basierter Repräsentationen. Diese stellen Konzepte und Abhängigkeiten einer Domäne in einem Datenmodell dar, das wiederum für einen semantischen Vergleich genutzt wird, indem der zu vergleichende Text darin abgebildet wird und beispielsweise Pfadlängen berechnet werden.[264] Eine bekannte deutschsprachige Ontologie ist **GErmanet** und eine englischsprachige ist **WordNet**. Die Einschränkung dieser Methoden liegt darin, dass der Aufwand für die Erstellung exponentiell mit dem Inhalt wächst und umfangreiche Expertise in der abzubildenden Domäne sowie dem lexikalischen Umfang dieser erfordert. Generische Ontologien wiederum bergen das Risiko Eigennamen, Neologismen sowie weitere Domänen-spezifische Fachbegriffe nicht abzudecken und somit nicht oder nur stark eingeschränkt verarbeiten zu können.[265]

Im Gegensatz zu den wissensbasierten Methoden, die eine explizite Wissensrepräsentation im Sinne einer Ontologie voraussetzten, gibt es auch **korpusbasierte Methoden**, um die semantische Ähnlichkeit von Text zu analysieren. Diesen Methoden wird vorausgesetzt, dass sich die Bedeutung eines Wortes oder Satzes aus dessen Kontext

[263] vgl. Bauer, W. et al. (2021) Smart Innovation durch NLP, S. 72.

[264] vgl. Sonbol, R. et al. (2022) The Use of NLP-Based Text Representation, S. 62812.

[265] vgl. Navigli, R. et al. (2012) BabelNet, S. 217.

ergibt. Somit analysieren die Methoden die Häufigkeit der jeweiligen Ausdrücke und die Verteilung im Text sowie umgebende Ausdrücke. Hierbei wird von **Kookkurrenz** gesprochen. Diese ist als syntagmatische Relation statistisch motiviert, da die Annahme zu Grunde gelegt wird, dass die Relevanz der Abhängigkeit zweier Wörter mit der Anzahl des gemeinsamen Auftretens steigt.[266] Des Weiteren wird der Textkorpus durch Vektoren in einem mehrdimensionalen Raum repräsentiert, sodass die semantische Ähnlichkeit mittels einer Abstandsmetrik gemessen werden kann. Die dazu am häufigste verwendete Methode ist die Cosine Similarity (engl. Kosinus Ähnlichkeit), die den Abstand berechnet.[267]

Nach einer umfassenden Untersuchung aktueller Ansätze im Kontext der semantischen Ähnlichkeitsanalyse von Anforderungen durch SONBOL ET AL. gibt es dabei drei unterschiedliche methodische Ansätze. Für **Vector Space Modelling** (engl. Vektorraummodellierung) werden Vektorraummodelle genutzt, die den Text als Term-Dokument-Matrix darstellen. Hierzu wird gegenübergestellt in welchem Dokument welcher Term auftaucht. Dabei kommt die **Bag-of-Words** (BOW) genannte Methode besonders häufig zum Einsatz, bei der die Häufigkeit der Wörter, als Wortfrequenz bezeichnet, als Gewicht und die Wörter selbst als Merkmale eingesetzt werden. Neben der Gewichtung nach der einfachen Wortfrequenz, kommen auch andere Gewichtungsfaktoren zum Einsatz.[268] Am häufigsten kommt eine Methode zum Einsatz, welche die Wortfrequenz mit der Inversen Dokumentenfrequenz (**TF-IDF**)gewichtet, um relevante Inhalte besser zu erfassen.[269] Einschränkung des BOW und des IDF ist, dass diese Methoden keine semantischen Relationen von Worten oder Sätzen berücksichtigen können und beispielsweise durch Synonyme beeinflusst werden können.[270]

Weitere statistische Modellierungsmethoden, die darauf abzielen Themen im Textkorpus zu identifizieren, sind Latent Dirichlet Allocation (LDA) und Latent Semantic Analysis (LSA). Dabei entsteht ein mehrdimensionaler Raum, in dem die Themen der jeweiligen Texte mittels Vektoren repräsentiert sind. Auf dieser Basis können dann Ähnlichkeiten unterschiedlicher Ausdrücke berechnet werden. Eine Einschränkung dabei ist, dass diese Methoden primär für große zusammenhängende Textkorpora entwickelt

---

[266] vgl. Harm, V. (2015) Einführung in die Lexikologie, S. 81 - 83.

[267] vgl. Bauer, W. et al. (2021) Smart Innovation durch NLP, S. 78 - 79.

[268] vgl. Sonbol, R. et al. (2022) The Use of NLP-Based Text Representation, S. 62812.

[269] vgl. Žižka, J. et al. (2020) Text mining with ML, S. 110.

[270] vgl. Bauer, W. et al. (2021) Smart Innovation durch NLP, S. 75.

wurden und somit im Kontext der Analyse von separaten Anforderungen nur bedingt performant sind.[271]

Die dritte Gruppe der Methoden zur semantischen Analyse von Text, ist die Nutzung von Embeddings. Dabei unterscheiden BAUER UND WARSCHAT nochmal zwischen Word Embeddings und kontextualisierten Embeddings.[272] Beides sind Methoden, die darauf basieren, Worte oder auch Sätze und deren semantische Beziehungen in vektorieller Form darzustellen.[273] Ein bekanntes Modell für Word Embeddings ist **Word2Vec**. Mithilfe dieses Modells werden Ausdrücke einem Vektor zugewiesen, der den lokalen Kontext des Wortes im Textkorpus berücksichtigt. Abhängig von der gewählten Trainingsmethode kann dann basierend auf dem Kontext ein Wort vorhergesagt werden (Continuous-Bag-of-Words (**CBOW**)) oder andersherum der Kontext eines Wortes vorhergesagt werden (Skip-gram). Durch diese Trainings entstehen Modelle, die für kontextualisierte Suchen in umfangreichen Textkorpora verwendet werden können und gleichzeitig werden semantische Operatoren durch arithmetische Vektorrechnung nutzbar. Das bedeutet, dass Analogien, wie zum Beispiel die Veränderung eines Genus oder Hyponomien oder andere in Tabelle 2-2 beschriebene Wortbeziehungen, berechnet werden können.[274] Kontextualisierte Embeddings, wie das Modell Global Vectors for Word Representation (**GloVe**), basieren darauf die Wortbedeutung durch die Analyse der Häufigkeit ihres Auftretens in großen Textkorpora zu erfassen. Mittels eines unüberwachten Lernens, wird eine Matrix zur Vektorisierung erzeugt, welche die Kookkurrenz einzelner Ausdrücke darstellen kann.[275] Durch das unüberwachte Lernen sowie die Analyse des Kontextes über den gesamten Textkorpus hinweg eigenen sich derartige Modelle auch für domänenspezifische Texte.[276]

Einen großen Einfluss auf das NLP haben Pretrained Language Models (PLM) als Unterkategorie der Large Language Models (LLM). Auf Basis eines Aufmerksamkeitsmechanismus in einer Transformer-Architektur werden besonders umfangreiche Textkorpora in einem selbst-überwachten Lernprozess genutzt, um die linguistischen Ebenen geschriebener natürlicher Sprache zu erfassen und ein entsprechendes Modell vorzutrainieren. Dadurch entstehen Modelle, die fähig sind Kontexte zu erfassen und auch

[271] vgl. Sonbol, R. et al. (2022) The Use of NLP-Based Text Representation, S. 62818 - 62819.

[272] vgl. Bauer, W. et al. (2021) Smart Innovation durch NLP, S. 72.

[273] vgl. Sonbol, R. et al. (2022) The Use of NLP-Based Text Representation, S. 62813.

[274] vgl. Mikolov, T. et al. (2013) Efficient Estimation of Word Representations, 1 ff.

[275] vgl. Pennington, J. et al. (2014) Glove: Global Vectors, 1532 ff.

[276] vgl. Bauer, W. et al. (2021) Smart Innovation durch NLP, S. 75.

domänen-spezifisch adaptiert werden zu können. Wird ein Modell für eine besondere Verständnis- oder Generierungsaufgabe optimiert spricht, man von einem Finetuning.[277]

2.4 Zwischenfazit: Grundlagen der datenbasierten Vernetzung von natürlich sprachlichen Anforderungsinformationen

In den vorangestellten Teilkapiteln des zweiten Kapitels wurden definitorische Grundlagen wiedergeben. Dazu ist auf Basis von Fach- und Forschungsliteratur der thematische Fokus der Arbeit beschrieben. Ebenfalls sind die Konzepte und Fachbegriffe methodischer Grundlagen wiedergeben, die im Kontext der zu beschreibenden Methodik als Artefakt im Sinne der Forschungsmethodologie relevant sind. Gemäß dem forschungsleitenden Ordnungsrahmen der DSR wird damit die Basis für eine methodische Untersuchung bestehender wissenschaftlicher Theorien im Lösungskontext unterstützt, die im Kapitel 3 wiedergegeben wird. Dazu schließt im Folgenden ein Zwischenfazit im Sinne einer zusammenfassenden Rekapitulation dieses Kapitel.

Die Produktentstehung und Produktentwicklung wurden voneinander abgegrenzt und auf Basis bestehender Literatur im Kontext dieser Arbeit definiert. In Kapitel 2.1 wird beschrieben, dass die Aktivitäten des Anforderungsmanagements Teil des Produktentwicklungsprozesses sind und keine einmalige Aktivität sind. Dargestellt ist auch, dass besonders durch das iterative, parallele und nicht mehr ausschließlich inkrementelle Vorgehen in integrierten Produktentwicklungsprozessen Anforderungen konstant verfeinert und ergänzt werden müssen, wie in der VDI 2221 beschrieben. Die Produktentwicklung ist als Funktions- und Domänen-übergreifende Disziplin beschrieben, an der Akteure aus unterschiedlichen Phasen eines Entwicklungszyklus kooperieren und auch Unternehmens-externe Einflüsse berücksichtigt werden müssen. Somit ist eine Interaktion von Anforderungsgebern und -nehmern notwendig, um eine anforderungsgerechte und somit kosteneffiziente Produktentwicklung zu ermöglichen. Hierbei besteht jedoch bei häufig wechselnden Anforderungen das Risiko, dass die Prozesseffizienz der Produktentwicklung aufgrund von Verzögerungen sinkt und die Prozesseffektivität gemessen in Kundenzufriedenheit nicht zwangsläufig steigt. Es wird gezeigt, dass natürlich sprachlich formulierte Text die häufigste Form der Dokumentation von Anforderungen ist. Das Überprüfen und Abstimmen dieser Anforderungen, um etwaige Interdependenzen frühzeitig und effizient zu erkennen ist somit

[277] vgl. Kutirakulam, V. et al. (2024) Beyond BERT, 1 ff.

erfolgsentscheidend. Eine Limitation besteht jedoch in der nicht zu erreichenden Vollständigkeit der Beschreibung der Beziehungsinformationen aufgrund von Ressourceneinschränkungen. Festzuhalten ist jedoch, dass mit zunehmender Transparenz der Nachverfolgbarkeit, die als Traceability eingeführt wird, die Qualität des Entwicklungsprozesses steigt.

Eine Analyse der Beziehungen wird jedoch aus unterschiedlichen Perspektiven vorgenommen wie beispielsweise der Engineering-, Lebenszyklus-, Wissens- oder Entscheidungsperspektive.[278] Es besteht somit der Bedarf relevantes Wissen und die Informationen, die durch die natürlich sprachlich formulierten Anforderungen zum Ausdruck kommen, bedarfsgerecht zu der jeweiligen Perspektive bereitzustellen und zu kontextualisieren. Um derartige Analysen zu ermöglichen, sind die Methoden der Wissensrepräsentation notwendig. Die Grundlagen hierzu werden in Kapitel 2.2 dargelegt. Hierbei wird festgehalten, dass zwischen assoziativem und prädikativem Wissen unterschieden werden kann. Die formale Repräsentation von assoziativem Wissen wird dabei als besonders herausfordernd beschrieben. Dennoch wird beschrieben, dass der Einsatz sprachstatistischer Methoden, sowie die graphenbasierte Repräsentation von semantisch vernetzten Informationen legitim ist.

Daran anschließend werden in Kapitel 2.3 Grundlagen der maschinellen Textdatenverarbeitung zusammengefasst. Hierbei werden maschinenbasierte Textanalyseverfahren, welche Teil der Forschungsdomäne der künstlichen Intelligenz sind, als methodischer Lösungsansatz betrachtet. Es wird die Semantik in ihrer Bedeutung beschrieben und die Eignung von maschinenbasierten semantischen Analysen für die Untersuchung von Abhängigkeiten zwischen Anforderungstexten erläutert. Dabei wird aufgezeigt, dass wissensbasierte Methoden zur Verarbeitung natürlicher Sprache besonders für domänen-spezifische Texte geeignet sind. Dennoch gilt, dass die Erstellung einer zugrundliegenden Ontologien für solche Methoden zeit- und ressourcenintensiv ist und der Erstellungsaufwand exponentiell mit dem Umfang der abzubildenden Inhalte wächst. Somit erscheint eine Eignung für die Domänen-spezifische Sprache in Anforderungstexten einerseits gegeben, jedoch gilt es, den immensen Erstellungsaufwand zu berücksichtigen. Um diese Aufwände zu vermeiden, wird die Nutzung von korpusbasierten Methoden dargestellt, da diese, auch ohne die explizite Darreichung von Domänen-spezifischem Wissen, Domänen-spezifische Sprache verarbeiten können. Eine besonders vielversprechende Variante stellen hierbei auf der Transformer-Architektur

[278] vgl. Maalej, W. (2013) Managing Requirements Knowledge, S. 2.

basierende Sprachmodelle dar, welche als besonders leistungsfähige Methoden für semantische Analysen beschrieben werden.

3 Bestehende Ansätze zur datenbasierten Analyse von Anforderungsartefakten

Auf Basis der im vorherigen Kapitel abgefassten Grundlagen des Betrachtungsbereichs der vorliegenden Arbeit, steht im Kapitel 3 die Analyse bestehender wissenschaftlicher Ansätze im Fokus, gemäß dem Ziel dieser Arbeit. Dieses besteht darin ein Vorgehen für die semantische Vernetzung von natürlich sprachlichen Anforderungen mit datenbasierten Methoden zu beschreiben. Nach der zugrundeliegenden Forschungsmethodologie DSR, ist das Aufgreifen bestehender Literatur ein elementarer Bestandteil eines Forschungsvorhabens. Dabei ist abzusichern, dass bestehendes Wissen genutzt werden kann. Ebenso ist eine ausreichende Neuartigkeit und somit ein wissenschaftlicher Mehrwert durch die Ergänzung der bestehenden wissenschaftlichen Grundlagen nur möglich, wenn der Forschungsbedarf entsprechend erfasst wurde.[279]

Für die Analyse werden in Kapitel 3.1 zunächst die Herausforderungen des Anforderungsmanagements und der Anwendung von KI erörtert. Darauf basierend können die Kriterien für die qualitative Bewertung der wissenschaftlichen Ansätze definiert werden. In Kapitel 3.3 folgt eine Einführung in das gewählte Vorgehen zur systematischen Literaturrecherche sowie eine zusammenfassende Darstellung der Literaturrecherche. Den Kern des Kapitels stellt eine Aufbereitung und Bewertung relevanter Ansätze dar, die mittels der zuvor definierten Kriterien qualitativ bewertet werden. Abschließend führt diese Analyse zu einer Zusammenfassung im Sinne des identifizierten Forschungsbedarfs. in Kapitel 3.5.

3.1 Herausforderungen in der Praxis

Die Analyse der Herausforderungen in der Praxis wird vom Autor basierend auf unterschiedlichen Studien und Veröffentlichungen vorgenommen, die zum Zeitpunkt des Verfassens der Arbeit öffentlich verfügbar sind. Die ebenfalls einfließenden Erfahrungen des Autors beruhen auf Industrieprojekten sowie Konsortialprojekten, die während der Zeit als wissenschaftlicher Mitarbeiter am Lehrstuhl für Produktionssystematik am WZL der RWTH Aachen begleitet wurden.

---

[279] vgl. Hevner, A. (2007) A Three Cycle View, S. 89 - 90.

Laut einer globalen Befragung von 1023 Unternehmen durch die Unternehmensberatung BCG aus dem Jahr 2023, investieren bereits mehr als 60 Prozent der befragten als besonders innovationsstark gekennzeichneten Unternehmen in KI.[280] Eine weitere Umfrage mit Fokus für die DACH Region zeigt, dass dort im Jahr 2023 Branchen-übergreifend dedizierte Budgets für die Investition in KI zur Prozessverbesserung bei mehr als 85 Prozent der Unternehmen zur Verfügung stehen.[281] Somit ist evident, dass KI eine besonders hohe Relevanz für die Ausrichtung innovativer Unternehmen hat und hierfür bereits ein Bewusstsein vorhanden ist und gleichzeitig auch die Bereitschaft existiert entsprechend zu investieren. Um das volle transformative Potential auszunutzen, ist es jedoch essenziell, dass Use-Cases für KI-Anwendungen identifiziert werden und zielgerichtete Lösungen entwickelt werden, die einen wirtschaftlichen Mehrwert bieten.[282] Bei der Analyse von umgesetzten Use-Cases für KI Projekte zeigt sich, dass der Einsatz von KI in der Produktentstehung vielfältig ist. Neben den häufig gennannten Use Cases der Produktion in Form der Qualitätssicherung oder auch in der Optimierung der Supply Chain, sind drei der fünf am häufigsten genannten Einsatzfälle „virtuelle Assistenten", die „Automatisierung von Prozessen" sowie die „Datenanalyse".[283] Gemäß der beschriebenen Grundlagen in Kapitel 2 sind für das Anforderungsmanagement, im Sinne einer semantischen Vernetzung natürlich sprachlich formulierter Anforderungen, die Charakteristika der Use Cases vereint zu berücksichtigen. Als Informationssystem zur Entscheidungsunterstützung muss ein Anforderungsmanagement Tool die notwendigen Informationen automatisiert bereitstellen, um die steigende Anzahl natürlich sprachlich formulierter Anforderungen in Form der zu Grunde liegenden Datensätze verarbeitbar zu machen. Mit dieser Prämisse sind bestehende Anforderungsmanagement Tools untersucht worden und dahingehend bewertet worden, ob sie eine intelligente Unterstützung des Nutzers durch KI oder NLP auf die zuvor beschriebene Art ermöglichen. Dabei zeigt sich, dass die etablierten Anforderungsmanagements Tools keine derartige Unterstützung anbieten.[284]

Nach GRÖPLER ET AL. sind „Anforderungsspezifikationen [...] zumeist in natürlicher Sprache formuliert, was die Kommunikation zwischen den unterschiedlichen Beteiligten vereinfacht, allerdings auch zu Fehleranfälligkeit und großem Aufwand bei der

[280] vgl. Manly, J. et al. (2023) Most Innovative Companies, S. 16.

[281] vgl. Freimark et al. (2023) Applied AI 2023, S. 9.

[282] vgl. Freimark et al. (2023) Applied AI 2023, S. 9.

[283] vgl. Freimark et al. (2023) Applied AI 2023, S. 15.

[284] vgl. Carrillo de Gea, J. et al. (2021) Requirements Engineering Tools, S. 20.

Weiterverarbeitung führt."[285] In einer Studie von OZKAJA ET AL. wird dargestellt, dass diese Weiterverarbeitung primär in der Analyse von Vollständigkeit, Konsistenz und Korrektheit besteht, die wiederum immer im Kontext bzw. in Abhängigkeit von anderen Anforderungen oder einer Spezifikation betrachtet wird. Für die Studienteilnehmer gibt es keine eindeutige Fokussierung hinsichtlich Art der Weiterverarbeitung. Ein Drittel der Teilnehmer der Umfrage antwortet sogar, dass alle drei Eigenschaften gleichwertig sind. Hierbei geben 61 Prozent der Teilnehmer an, dass es sich bei der Analyse um einen manuellen Abgleich von Informationen handelt und nur 25 Prozent hierbei maschinell unterstützt werden und nur 14 Prozent automatisierte Analysen einbinden.[286] Zusätzlich ist eine weitere Studie der Unternehmensberatung Deloitte zu berücksichtigen, wonach Ingenieure bis zu 30 Prozent Ihrer verfügbaren Arbeitszeit für die Suche nach relevanten Informationen aufwenden.[287] Somit ist evident, dass das in Kapitel 2.1.3 beschriebene Vernetzen für das Tracing der Anforderungen zwar behördlich gefordert ist, jedoch für die Analysen nicht ausreicht, sodass manuell durchgeführte Suchen einerseits notwendig und andererseits zeitintensiv bleiben.

Nach der Umfrage von OZKAYA ET AL. liegt nur ein einstelliger Prozentsatz der Spezifikationen in modellierter Form vor, da der Großteil immer noch natürlich sprachlich formuliert in Text- und Tabellenform repräsentiert wird.[288] Wie aus dem vorherigen Abschnitt sowie aus den Grundlagen der linguistischen Analyse in Kapitel 2.3 hervorgeht, ist es jedoch besonders relevant nicht nur direkte und explizite Abhängigkeiten zwischen zwei Anforderungen nachvollziehen zu können, sondern auch die Vernetzung im Sinne mehrerer Anforderungen einer Spezifikation oder bestehender Anforderungssammlungen. Hierzu ist die textuelle und tabellarische Repräsentation ungeeignet.

Um Anforderungen im Kontext analysieren zu können, ist außerdem ein umfangreiches Domänen-spezifisches Verständnis notwendig. Derartige Experten sind eine wertvolle Ressource, sodass dies im Widerspruch mit der Notwendigkeit steht, dass diese fast ein Drittel der Arbeitszeit für die Suche nach relevanten Informationen aufwenden müssen. Dies kann eine Erklärung für die Umfrageergebnisse zu den benötigten Fähigkeiten der KI sein. Hierbei zeigt sich, dass das Verständnis von geschriebenem

[285] vgl. Gröpler, R. et al. (2022) Automatisierte Modell- und Testgenerierung, S. 521.

[286] vgl. Ozkaya, M. et al. (2023) Practitioners' Perspectives towards RE, S. 19.

[287] vgl. Deloitte (2019) Wisdom of Enterprise.

[288] vgl. Ozkaya, M. et al. (2023) Practitioners' Perspectives towards RE, S. 22.

Text die KI-Fähigkeit mit dem drittgrößten Bedarf darstellt.[289] Eine Studie von McKinsey & Company kommt zu dem Schluss, dass moderne generative KI durch die Fähigkeit zur Verarbeitung von natürlich sprachlichem Text und großen Datenmengen und mit der Fähigkeit geeignete Repräsentationen auch für regulatorische Dokumentationen zu erzeugen die Produktentwicklung revolutionieren wird.[290] Hierbei ist festzustellen, dass einem Großteil der Teilnehmer der Studie das Potenzial für den Einsatz im Anforderungsmanagement bewusst ist.[291] Obwohl in dieser Studie explizit die Produktentwicklung der Automobilindustrie adressiert war, äußert sich auch hier das Interesse, wie in dem Branchen-übergreifenden Beispiel zum Kapitelanfang, in der Bereitstellung umfangreicher finanzieller Mittel.[292] Dabei werden laut Studie mehrere Millionen Euro in den einzelnen Unternehmen ausgegeben. Zu einem ähnlichen Ergebnis kommt auch die Unternehmensberatung Roland Berger in einer Studie von 2023.[293] Der Einsatz von KI erfolgt jedoch nur abschnittsweise, sodass kein Einsatz bekannt ist, der den KI-Einsatz über den gesamten Entwicklungsprozess begleitet. Das Anforderungsmanagement, das gemäß den Darstellungen in Kapitel 2.1 der VDI 2221 folgend ein Prozess entlang des gesamten Produktentwicklungsprozesses ist, bietet somit das Potential einen durchgängigen Prozess KI-basiert zu unterstützen.

In Kontext der Betrachtung der Praxis gilt die Verwendung von nicht durch die Unternehmensführung freigegebene Software als Herausforderung. Gemäß einer Studie unter den für die Digitalisierung zuständigen Chief Information Officer (CIO) von 224 Unternehmen aus Europa und Amerika wurde deutlich, dass mehr als die Hälfte der Mitarbeiter in den Unternehmen bereits KI-Software nutzen, die nicht durch die Unternehmensführung freigegeben ist. Hierbei besteht die Gefahr einer „Schatten-IT". Die Gefahr besteht dabei nicht nur darin Unternehmensdaten und die Einhaltung definierter Geschäftsprozesse zu gefährden, sondern auch darin die möglicherweise fehlerbehafteten Ergebnisse der KI-Anwendung nicht ausreichend zu hinterfragen.[294] Fehlendes Hintergrundwissen sowie Compliance-Risiken zählen einer Studie von 2023 nach zu den größten Risiken und Herausforderung in der Anwendung von KI im Geschäftskontext.[295] In einer weiteren Studie von McKinsey & Company wird deutlich,

[289] vgl. Jain, A. (2024) The generative AI, S. 8.

[290] vgl. Cholewinski, P. et al. (2024) Automotive R&D, S. 2.

[291] vgl. Cholewinski, P. et al. (2024) Automotive R&D, S. 3.

[292] vgl. Cholewinski, P. et al. (2024) Automotive R&D, S. 2.

[293] vgl. Duwe, J. et al. (2023) Unleashing the power, S. 1.

[294] vgl. Jain, A. (2024) The generative AI, S. 11.

[295] vgl. Jain, A. (2024) The generative AI, S. 8.

dass die Ungenauigkeit von KI ein noch nicht mittigiertes Risiko für Geschäftsprozesse darstellt.[296] Um mit Fehlern bzw. Ungenauigkeiten einer KI im Anforderungsmanagement umgehen zu können, müssen Entscheidungen der KI nachvollziehbar sein, um diese kontrollieren zu können.[297] Ebenso muss ein entsprechendes Risikobewusstsein bei den Anwendern geschaffen werden. Hierzu gibt es beispielsweise Fortschritte zu einer Klassifizierung der Anwendung durch den Europäischen AI-Act. [298]

Abschließend kann zusammengefasst werden, dass auf Basis aktueller Branchen-übergreifender Studien ein Bedarf zur KI-basierten Unterstützung der Produktentwicklung vorhanden ist. Das Anforderungsmanagement, bzw. insbesondere die Kontext-basierte Untersuchung von natürlich sprachlichem Text im Anforderungsmanagement, erscheint herausfordernd jedoch auf Basis verfügbarer Technologien und Budgets als vielversprechender Use Case. Eine weitere Herausforderung besteht darin eine Entscheidungsunterstützung bei der Analyse von vernetzten Anforderungen durch ein KI-basiertes System zu ermöglichen, die für den Menschen nachvollziehbar bleibt und die Experten somit von zeitintensiven Suchen entlastet und Compliance Risiken zu minimieren.[299]

3.2 Kriterien der Analyse

Vor der systematischen Literaturrecherche zu bestehenden wissenschaftlichen Ansätzen werden Kriterien für die qualitative Bewertung der Ansätze formuliert. Diese wiederum sind das Ergebnis der Vorarbeit in Form der wiedergegebenen Grundlagen in Kapitel 2 sowie der zuvor analysierten Herausforderungen in der Praxis. Die Kriterien lassen sich dem Objekt- sowie Zielbereich zuordnen. Der Objektbereich stellt dabei den Betrachtungsraum für die Zielsetzung dar und definiert den Kontext der Betrachtung. Der Zielbereich wiederum ist der Lösungsbeitrag selbst. Die beiden Bereiche werden durch die Formulierung einer Lösungshypothese miteinander in Beziehung gesetzt. Die Lösungshypothese der vorliegenden Arbeit lautet wie folgt:

Bestehende Methoden zur Verarbeitung natürlich sprachlichen Texts mittels künstlicher Intelligenz können für natürlich sprachlich formulierte Anforderungen genutzt werden und durch geeignete Methoden zur Wissensrepräsentation ergänzt werden,

[296] vgl. Chui, M. (2023) The state of AI, S. 6.

[297] vgl. Freimark et al. (2023) Applied AI 2023, 31 f.

[298] vgl. Ehling, U. (2022) Responsible AI, 11 ff.

[299] vgl. Chui, M. et al. (2023) The economic potential, S. 3.

um damit identifizierte semantische Vernetzungen im Anforderungsmanagement effizient für Menschen nutzbar zu machen.

Die Kriterien des Objektbereichs, welche für die qualitative Bewertung herangezogen werden sind die folgenden:

- Der zu untersuchende Ansatz, betrachtet die **Anforderungsverwaltung im industriellen Produktentstehungsprozess**
- Der Ansatz ist **im Kontext von Datensätzen industrieller Größenordnung beschrieben**. Die Zielsetzung der Arbeit erfordert die Handhabung Datensätzen mit industrieller Größenordnung von hunderten und tausenden Anforderungen. Die Vorstudien zeigen jedoch, dass bei Ansätzen, die nur mit kleinen Datensätzen getestet wurden, nicht automatisch auf eine Skalierbarkeit geschlossen werden kann.
- Der Ansatz beschreibt die **Darstellung von automatisierten Analysen im Anwendungskontext**. Für eine Anwendung im industriellen Anforderungsmanagement muss ein automatisierter Ablauf der Analyse inklusive der Bereitstellung einer **menschlich nachvollziehbaren Wissensrepräsentation** zur Entscheidungsunterstützung ermöglicht werden.

Die Kriterien, die für die Bewertung im Zielbereich herangezogen werden, sind die folgenden:

- Die **Auswertung erfolgt auf Basis unterschiedlicher Datenfelder eines Anforderungsdatensatzes**. Da ein Anforderungsdatensatz sowohl aus Attributen als auch aus dem Anforderungstext selbst besteht, müssen für eine vollständige Analyse auch diese gegebenen Informationen berücksichtigt werden.
- **Kontextbasierte Analyse des Anforderungstextes**: Durch die Betrachtung im Kontext einer Spezifikation können Anforderungsdatensätze semantisch verknüpft werden. Dies geht über eine Wortsemantik oder Satzsemantik hinaus, die abweichende Ergebnisse erzeugen können und nicht ausreichen.
- Die **Wissensrepräsentation der Vernetzung zwischen den Anforderungen findet Graph-basiert** statt. Wie in Kapitel 2.2.3 beschrieben sind Graph-basierte Repräsentationen ein Maschinen- und Menschenlesbares Format, das schnell erfasst und ausgewertet werden kann und gleichzeitig mit umfangreichen Datensätzen eingesetzt werden kann.
- Eine Nachvollziehbarkeit des Ansatzes ist gegeben. Die Anwendbarkeit der Methode im industriellen Anforderungsmanagement ist nur gegeben, wenn der **Ansatz vollständig reproduzierbar** ist. Hiermit wird eine Blackbox vermieden, sodass die Entscheidungsfindung der KI transparent bleibt.

- Eine **Validierung des Ansatzes ist beschrieben**: Durch die Umsetzung und Anwendung des Ansatzes mit realen Datensätzen, kann eine Praxistauglichkeit belegt werden. Allein eine theoretische Beschreibung der Methode reicht nicht aus, um die Ergebnisqualität zu beurteilen. Eine quantitative Auswertung unterstützt die Bewertung zusätzlich.

Für jedes der Kriterien sind bis zu drei Ausprägungen inklusive des zugehörigen Erfüllungsgrades beschrieben. Diese liegen im Anhang A 1 vor.

3.3 Recherche und Darstellung bestehender Ansätze

Der Objektbereich der Arbeit umfasst unterschiedliche wissenschaftliche Forschungsbereiche, da sowohl das Anforderungsmanagement, KI und Wissensrepräsentation zu berücksichtigen sind. Zur Darstellung der bestehenden wissenschaftlichen Ansätze, die alle genannten Forschungsbereiche berücksichtigen, wurde ein systematisches Vorgehen gewählt. Das Vorgehen selbst sowie die Ergebnisse werden in den folgenden Kapiteln wiedergegeben.

3.3.1 Aufbau der Literaturrecherche

Die Forschungsmethodologie DSR beschreibt Forschung als ein iteratives Vorgehen. In diesem Sinne sind in bereits veröffentlichten Ergebnissen der Forschung des Autors Recherchen zu bestehender Literatur berücksichtigt. Über diese in Kapitel 4.4 zusammengefassten Vorarbeiten, konnte der Betrachtungs- und Zielbereich hinreichend präzisiert werden, sodass für die vorliegende Arbeit eine erneute Analyse aktueller, bestehender Ansätze sachdienlich erscheint. Zunächst wurden dazu in einer Metastudie bereits vorhandene Literaturrecherchen analysiert. Ziel dieser Metastudie ist es, die Repräsentation des Betrachtungs- und Zielbereichs sowie die Aktualität der vorhandenen Analysen zu evaluieren. Somit sind die Kriterien, die in Kapitel 3.2 abgefasst sind, sowie weitere Aspekte der folgenden Analyse basierend auf dieser Metastudie festgelegt. Eine umfassende Darstellung der analysierten Literaturrecherchen von SONBOL ET AL, LIU ET AL., DOH ET AL. ZHAO ET AL. sowie NAZIR ET AL. liegt in Anhang A 2 vor.[300] Diese kann wie folgt zusammengefasst werden. Neben der teilweise fehlenden

[300] vgl. Sonbol, R. et al. (2022) The Use of NLP-Based Text Representation, 62811 ff.; Liu, K. et al. (2022) Artificial Intelligence in Requirements Engineering, S. 106; Liu, K. et al. (2022) Artificial Intelligence in Requirements Engineering, S. 106; Doh, R. F. (2022) A Systematic Review; Zhao, L. et al. (2022) Natural Language Processing, 1 ff.

Aktualität der bestehenden Literaturrecherchen fehlt auch ein Fokus auf die Vernetzung von Anforderungen und die Darstellung der KI-basiert erzeugten Analyseergebnisse in einer menschlich nachvollziehbaren Repräsentation.

Die systematische Literaturrecherche (SLR) dieser Arbeit folgt dem STARLITE Schema. STARLITE ist ein Leitfaden für die SLR, mit dem Ziel die wichtigsten Aspekte einer Studie zu identifizieren und zu bewerten, um die Qualität der Recherche zu verbessern. STARLITE steht an dieser stellvertretend für die Aspekte, die für ein systematisches Vorgehen festgelegt werden.[301] Das Akronym umfasst die nachfolgend ausgeschriebenen Inhalte, die zweckdienlich im Kontext der Zielsetzung der Arbeit formuliert wurden:

- **Sampling Strategy**: Die Sampling Strategy legt fest, mit welchem Umfangs- und Vollständigkeitsanspruch Quellen identifiziert werden sollen. In der vorliegenden Recherche wurde eine selektive Strategie gewählt, da nach der Metastudie und gemäß der Zielsetzung der Arbeit die Suche eingegrenzt werden konnte. Dies führt zu den nachfolgend definierten Suchbegriffen.
- **Type of Studies**: Hierdurch kann eine Einschränkung möglicher Studientypen vorgenommen werden. Da die zu beschreibende Recherche jedoch nicht explizit auf Studien sondern auf methodische Ansätze eingeht, wird hier keine Einschränkung vorgenommen.
- **Approaches**: Damit wird die Vorgehensweise beschrieben über die Suche in Datenbanken mit zuvor definierten Suchbegriffen hinausgeht. In der vorliegenden Literaturrecherche wird wie bei DOH ET AL. ein Ansatz nach den PRISMA-Richtlinien verfolgt.[302]
- **Range of Years**: Mehrere der Literaturrecherchen der Metastudie decken einen Zeitraum bis zum Jahr 2021 ab. Die nachfolgenden Jahre bis einschließlich 2024 sind jedoch nicht vergleichbar umfangreich analysiert. Aufgrund der relevanten Entwicklungsfortschritte von LLM wird die Suche auf Veröffentlichungen ab 2018 beschränkt, um den Fokus auf aktuelle Ansätze zu legen. Ansätze ohne LLM sind in der existierenden Studienlage umfangreich dokumentiert sind.[303] Der Betrachtungszeitraum endet im März 2024.

---

[301] vgl. Booth, A. (2006) Brimful of STARLITE, S. 1.

[302] vgl. Doh, R. F. (2022) A Systematic Review.

[303] vgl. Liu, K. et al. (2022) Artificial Intelligence in Requirements Engineering, S. 107.

- **Limits**: Hierüber sind Einschränkungen festzulegen, die keinen Einfluss auf das Thema der Recherche haben. Im vorliegenden Fall ist hier die Einschränkung auf Englisch-sprachige Quellen bei der Suchbegriff-basierten systematischen Datenbankabfrage zu nennen.[304]
- **Terms used**: Beschreibt die genutzten Suchbegriff bzw. die Kombination daraus. Basierend auf den Vorarbeiten sowie der Metastudie ist eine Kombination der Suchbegriffe nach folgender Tabelle 3-1 und Logik aufgebaut worden. Es wurden anteilig der Betrachtungsbereich „Anforderungsmanagement" sowie der Zielbereich „NLP" und „Visualisierung" durch entsprechende Termini repräsentiert. Der Suchstring ergibt sind aus der AND-Verknüpfung der Einträge in Spalte B.
- **Electronic Sources**: Die gewählten Datenbanken sind ebenso explizit zu benennen, um die Recherche replizieren zu können. Zur Auswahl der Datenbanken sind die Recherchen der Metastudie herangezogen worden. Nach einem Test der Suchbegriffe sind die vier Datenbanken mit den meisten Treffern ausgewählt worden. Dies sind die folgenden vier Bibliotheken: IEEE Explore, ACM Digital Library, ScienceDirect, SpringerLink.

Tabelle 3-1: Bestandteile des Suchstring

Oberbegriff	Repräsentation im Suchbegriff
NLP	NLP
Anforderungsmanagement	Requirements Engineering OR Requirements Management
Visualisierung	Graph OR Semantic Net

Auf Basis der zuvor beschriebenen Kriterien sind die genannten Datenbanken systematisch durchsucht worden. Duplikate, die bei diesen Suchen gefunden wurden, sind unmittelbar aus dem Suchergebnis entfernt worden. Die zunächst umfangreiche Liste mit 614 Quellen wurde gemäß PRISMA über eine Filterung der Titel entsprechend der Zielsetzung der vorliegenden Arbeit reduziert. Eine weitere Reduzierung des Suchergebnisses findet auf Basis der Abstracts statt. Das Vorgehen, sowie die entsprechende Reduzierung der Anzahl der Quellen ist in Abbildung 3-1 dargestellt.

---

[304] vgl. Booth, A. (2006) Brimful of STARLITE, S. 4.

Zusätzlich zur SLR in den genannten Bibliotheken wurden die Suchbegriffe und Ergebnisse mittels Google Scholar plausibilisiert. Dadurch konnten weitere relevante Ansätze identifiziert werden. Außerdem wurde mittels Google Scholar explizit nach deutschsprachigen Dissertationen gesucht, da diese in den zuvor gewählten Bibliotheken nicht enthalten sind. Die Plausibilisierung wurde durch eine Schneeballrecherche, um weitere Ansätze ergänzt. Die Ergebnisse dieses Vorgehens sind im rechten Teil der Abbildung 3-1 dargestellt.

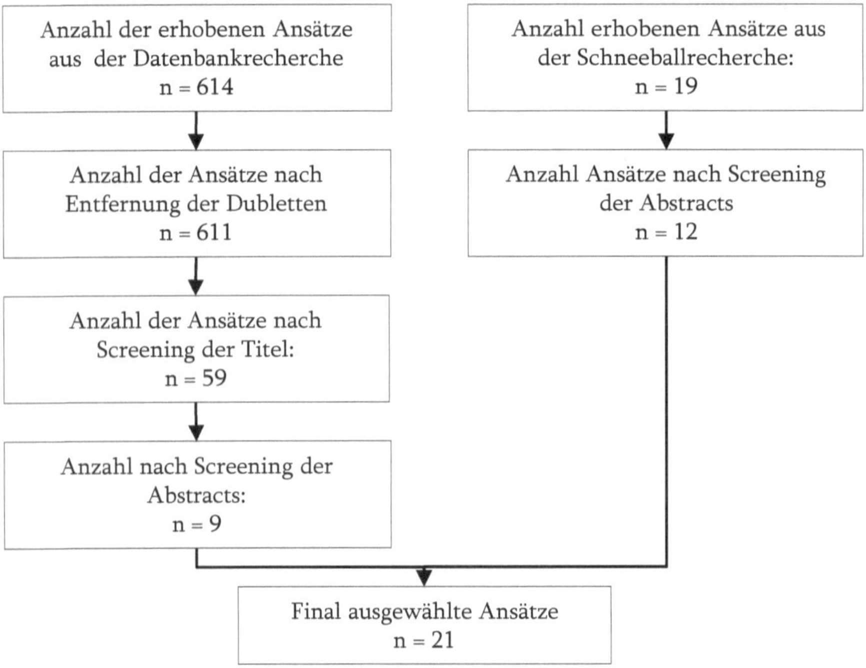

Abbildung 3-1: Vorgehen zur Filterung des Ergebnis der SLR

3.3.2 Ergebnisse der Literaturrecherche

Nachfolgend wird das Ergebnis der Literaturrecherche Kennzahlen-basiert deskriptiv analysiert sowie die Basis für die Strukturierung der Darstellung in Kapitel 3.3.3 geschaffen. Die qualitative Bewertung der ausgewählten Ansätze erfolgt anschließend in Kapitel 3.4.

In der Darstellung der Ergebnisse, bezogen auf das Jahr der Veröffentlichung, ist in Abbildung 3-2 folgendes zu erkennen. Die Anzahl der Publikationen in den Jahr 2018 und 2019 erscheint konstant. Ab dem Jahr 2020 nimmt die Anzahl der relevanten Veröffentlichung im Betrachtungsbereich der Arbeit zu. Für 2021 sind hier 120 Publikationen erfasst. Nach einem geringfügigen Rückgang im Jahr 2022, liegt die absolut größte Anzahl relevanter Publikationen im Jahr 2023 vor. Unter Berücksichtigung des Jahres 2024 und dem Extrapolieren der Anzahl der bis Mitte März als relevant identifizierten Publikationen, ergibt sich für 2024 ein ähnlich hohes Niveau wie 2023. Dies spiegelt die Ergebnisse der in Kapitel 3.1 durchgeführten Analyse zu den Herausforderungen der Praxis wider. Dort zeigt sich in unterschiedlichen aktuellen Studien der Bedarf nach der Weiterentwicklung und Operationalisierung von KI im Anforderungsmanagement.

Die systematisch recherchierten Ansätze sowie die Ergebnisse der Schneeballrecherche sind auf 21 detaillierter zu analysierende Ansätze reduziert worden. In der Gegenüberstellung dieser mit den ursprünglichen Zahlen der Ergebnisse, ist zu erkennen, dass die Jahresverteilung dieser 21 Ansätze nicht mit der ursprünglichen Verteilung harmoniert. Für die Jahre 2020 und 2022 sind Spitzen zu erkennen.

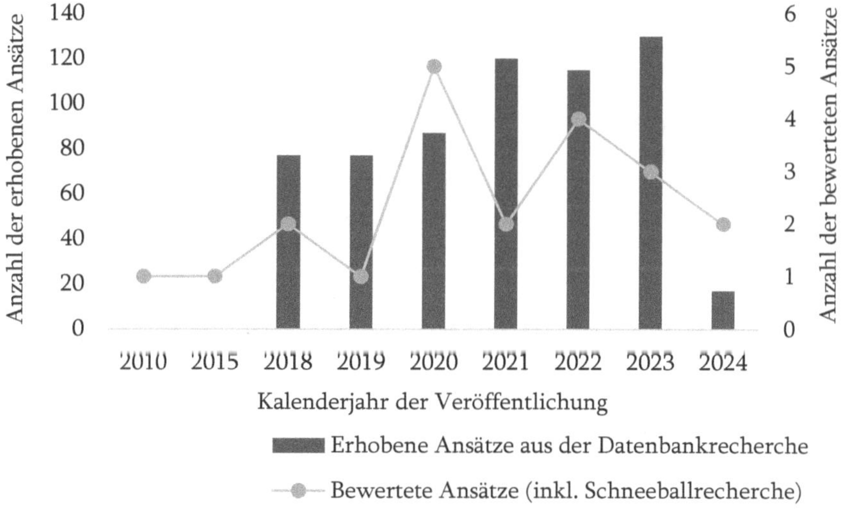

Abbildung 3-2: Untersuchung der Veröffentlichungsjahre des SLR-Ergebnisses

Bei der Analyse der berücksichtigten Branchen bzw. Domänen der zur qualitativen Analyse ausgewählten Ansätze zeigt sich, dass sieben Ansätze die industrielle Produktentwicklung adressieren, neun Ansätze aus dem Software Engineering kommen und vier weitere Ansätze noch andere Domänen adressieren, wie zum Beispiel das Finanzwesen. Dieses Ergebnis deckt sich mit der historisch hergeleiteten Rolle des Anforderungsmanagements in der Softwareentwicklung[305], sowie der Überschneidung des Objektbereichs der allgemeinen Softwareentwicklung sowie der Entwicklung maschinenbasierter Ansätze für die Vernetzung und deren Graph-basierten Darstellung von Anforderungen.

Während der Analyse der ausgewählten Ansätze zeigt sich auch, dass bei der Zielsetzung der untersuchten Ansätze in vier Kategorien unterschieden werden kann. Diese Kategorien sind nachfolgend beschrieben und dienen der Strukturierung in Kapitel 3.3.3.

(I) **Vernetzung von Anforderungen ohne vordefinierte Abhängigkeitstypen**: Diese Ansätze betreiben die Vernetzung von Anforderungen auf Basis der Analyse des Anforderungstextes.

(II) **Vernetzung von Anforderungen mittels vordefinierter Abhängigkeitstypen**: Die Ansätze dieser Kategorie verfolgen eine Vernetzung von Anforderungen aufgrund feststehender Abhängigkeitstypen, wie zum Beispiel „beeinflussen" oder „benötigen Informationen aus".

Da die Forschung in den oben genannten Kategorien auf Methoden bereits etablierter Kategorien zurückgreift, werden zusätzliche Ansätze aus den Bereichen der Anforderungsklassifikation sowie der Qualitätssicherung in der qualitativen Analyse berücksichtigt.[306] Die Fortschritte und Ergebnisse aus diesen Kategorien mit höherem Reifegrad, insbesondere in Bezug auf die NLP-Methoden, sollen somit auch in Bezug auf den Beitrag zur Lösung der Fragestellung der vorliegenden Arbeit geprüft werden. Es wird folglich zwischen Ansätzen der beiden weiteren Kategorien unterschieden:

(III) **Analyse von Anforderungen zur Qualitätssicherung**: Hierbei werden Ansätze analysiert, die die Qualitätssicherung von Anforderungen fokussieren. Hierunter fallen verschiedene Aufgaben wie etwa die die Erkennung von Ambiguitäten oder Unvollständigkeiten.

---

[305] Vgl. Kapitel 2

[306] vgl. Sonbol, R. et al. (2022) The Use of NLP-Based Text Representation, S. 62821 - 62822.

(IV) **Klassifikation von Anforderungen**: Die Klassifikation von Anforderungen ist eine Tätigkeit, die häufig im Kontext der Attributierung stattfindet, wie sie in Kapitel 2.1.3 beschrieben ist. Diese Ansätze verfolgen unter anderem das Ziel, mittels KI funktionale oder nicht-funktionale Anforderungen zu klassifizieren, wie zum Beispiel MARTINEZ ET AL..[307]

Bei der Untersuchung der verwendeten NLP-Methoden zeigt sich, dass ein Großteil der Ansätze die semantische Analyse berücksichtigt. Meistens werden zusätzliche Methoden der lexikalischen und syntaktischen Analyse im Preprocessig der Anforderungsdatensätze angewendet. Ansätze, die keine semantischen Analysen verwenden, werden in dieser Recherche nur in zwei Ausnahmen berücksichtigt. Unter Berücksichtigung der vorausgehenden Metastudie wird deutlich, dass die semantische Analyse in älteren Ansätzen nahezu nicht berücksichtigt ist. 19 der für die vorliegende Arbeit analysierten Ansätze berücksichtigen semantische Analysen, sodass dem Anspruch die bestehenden Literaturrecherchen dahingehend zu ergänzen mit der Analyse aktueller Ansätze Rechnung getragen wird. Hierbei ist jedoch bei einer tiefergehenden Analyse der verwendeten Methoden zu berücksichtigen, dass bei den Ansätzen, die in der Domäne der industriellen Produktentwicklung erforscht werden, die meisten Ontologie-basiert sind. Bei den Ansätzen aus der Domäne des Softwareengineerings dominieren die Ansätze die Transformer-Modell zum Einsatz bringen.

3.3.3 Darstellung ausgewählter Ansätze

Nachfolgend werden die Ansätze mittels einer kurzen Zusammenfassung zentraler Inhalte und Thesen dargestellt und im Kontext des Objekt- und Zielbereichs verortet, um die daran anschließende qualitative Bewertung nachvollziehbar zu machen. Die Strukturierung erfolgt anhand der zuvor definierten Kriterien.

(I) Vernetzung von Anforderungen ohne vordefinierte Abhängigkeitstypen

Trace Link Recovery using Semantic Relation Graphs and Spreading Activation nach SCHLUTTER UND VOGELSANG[308]

Der von SCHLUTTER UND VOGELSANG vorgestellte Ansatz hat zum Ziel Anforderungen automatisiert zu analysieren und Abhängigkeiten zwischen den Anforderungen darzustellen. In der entwickelten NLP-Pipeline werden bestehende Methoden zur Toke-

[307] vgl. García, S. et al. (2023) Classification of Non-functional Requirements, S. 705 ff.

[308] vgl. Schlutter, A. et al. (2020) Trace Link Recovery, S. 20 ff.

nisierung und Lemmatisierung aus der CoreNLP-Sammlung verwendet. DeepSRL (Semantic Role Labeling) wird verwendet, um im Rahmen der Satzsemantik zwischen Wortarten zu unterscheiden, um somit eine semantische Analyse zu unterstützen.

Die resultierenden semantischen Graphen integrieren neben Lemmastrukturen auch zusätzliche Attribute bzw. Datenfelder eines Anforderungsdatensatzes wie zum Beispiel eine ID oder die Kapitelstrukturen, jedoch keine Clusterung im Sinne von enthaltenen Konzepten durch repräsentierende Begriffe aus dem Anforderungstext selbst. Die Graphen sind detailreich und Ihre Effektivität hängt vom gewählten Suchalgorithmus ab. Die Entscheidung für die Verwendung von Spreading Activation als Suchalgorithmus wird nicht spezifiziert, die Verwendung jedoch erklärt.

Der Ansatz wird mittels fünf öffentlicher umfangreicher Datensätzen verschiedener Domänen validiert, was das Bestreben einer Praxistauglichkeit unterstreicht, auch wenn die erzielten Ergebnisse, nach Aussage der Autoren, die bestehenden Ansätze nicht übertreffen. Ein wesentlicher Vorteil dieses Ansatzes ist die Nutzung von semantischen Graphen, die eine explizite und menschlich nachvollziehbare Wissensrepräsentation unterstützen. Somit kann eine Entscheidungsunterstützung gegeben werden, indem Trace Links durch eine Kette oder auch ein Netz von Aussagen verfolgt werden können und die Vernetzung somit nachvollziehbar bleibt. Diese Eigenschaft wird als signifikante Verbesserung zur bestehenden Wahrnehmung von KI als Blackbox verstanden. Eine qualitative Bewertung durch die Anwender oder im Anwendungskontext fehlt. Der Ansatz beschreibt außerdem keine Lösung hinsichtlich der Skalierbarkeit im industriellen Kontext, wozu die Verwaltung einer deutlich größeren Menge von Anforderungsdatensätzen nötig wäre, was mittels einer Graphdatenbank umgesetzt werden könnte. Außerdem wird in dem Ansatz keine Satzsemantik berücksichtigt.

Natural Language Processing to Extract Contextual Structure from Requirements nach Vierlbroeck et al.[309]

Vierlbroeck et al. beschreiben in Ihrer Publikation einen Ansatz, welcher die Analyse von Anforderungstexten mit Hilfe von NLP automatisieren soll. Mittels der Extraktion von Entitäten aus Anforderungen wird eine Vernetzung mit anderen Anforderungen ermöglicht. Die Pipeline besteht aus Methoden zur lexikalischen und syntaktischen Analyse. Durch eine Unterstützung mittels Ontologien ist es gemäß der Beschreibung möglich, auch Informationen aus anderen Datenfeldern in die Vernetzung miteinfließen zu lassen. Somit ist ein wesentliches Merkmal des Ansatzes, dass auch

[309] vgl. Vierlboeck, M. et al. (2022) Natural Language Processing, S. 1 ff.

semantische Vergleiche ermöglicht werden und Attribute sowie Domänen-spezifische Sprache berücksichtigt werden kann. Ein genaues Vorgehen dazu ist nicht beschrieben. Die Analysen führen zu einer detaillierten und kontextbezogenen Vernetzung der Anforderungen, was sich ebenfalls in der Graph-basierten Darstellung widerspiegelt, die sowohl assoziatives als auch prädikatives Wissen einbezieht. Die Qualität der semantischen Analyse hängt jedoch stark von der Qualität der verwendeten Ontologie ab. Die Entitätsextraktion des Ansatzes erfolgt mit lexikalischen und syntaktischen Methoden. Zwar wurde der Ansatz mit industriellen Daten validiert, jedoch werden die Ergebnisse nur in exemplarischen, abstrahierten Auszügen dargestellt. Eine qualitative Einordnung im Anwendungskontext wird ebenfalls genannt, aber nicht detailliert. Die fehlende Beschreibung der Skalierbarkeit des Ansatzes und eine in Teilen unvollständige Dokumentation des Algorithmus sowie der Validierungskriterien gehören somit zu den Defiziten des Ansatzes.

Automatic Requirements Extraction, Analysis, and Graph Representation Using an Approach Derived from Computational Linguistic nach Mokammel et al.[310]

Der Ansatz von Mokammel et al. beschreibt die automatische Extraktion, Analyse und graphische Darstellung der Vernetzung von Anforderungen aus Texten. Der beschriebene Prozess beginnt mit einem POS-Tagging, an den sich eine Latent Semantic Analysis (LSA) anschließt. Die angewendete LSA ist ein Verfahren zum Topic Modeling, welches auf einer Keyword-Requirement-Matrix basiert. Details zur Erstellung dieser Matrix sind jedoch nicht beschrieben, was Fragen zur Automatisierung aufwirft. Nach der LSA werden die Anforderungen mittels K-Means-Clustering gruppiert, um ähnliche Anforderungen zu identifizieren und zu kategorisieren. Abschließend ermöglicht eine grafische Darstellung der vernetzten Anforderungen eine visuelle Analyse der Beziehungen zwischen ihnen, unterstützt durch die Verwendung der Cosine Similarity zur Ermittlung dieser Vernetzungen.

Dieser Ansatz zeichnet sich durch die Integration einer Ontologie-gestützten Analyse aus, die einen semantischen Vergleich ermöglicht und auch Metainformationen sowie domänenspezifische Sprache berücksichtigt. Die Darstellung und Visualisierungsstrategie erfüllt die Anforderungen der vorliegenden Arbeit und zeigt, dass der Ansatz eine praktikable Lösung für die automatische Vernetzung von Anforderungen darstellt. Jedoch sind die semantische Analyse und die Qualität der Entitätsextraktion abhängig von der Qualität der verwendeten Ontologie, und es bestehen Lücken in der Beschreibung des Prozesses. Obwohl der Ansatz mit industriellen Daten validiert wurde, war

[310] vgl. Mokammel, F. et al. (2018) Automatic requirements extraction, S. 555 ff.

der verwendete Datensatz zu klein, um belastbare Schlüsse zur Skalierbarkeit zu ziehen. Auch wurde der Umgang mit domänenspezifischer Sprache nicht explizit berücksichtigt, was die Anwendung in spezialisierten Bereichen einschränken könnte.

A Semantic Approach for Traceability Link Recovery in Aerospace Requirements Management System nach Mahmood et al.[311]

Mahmood et al. beschreiben ein innovatives Konzept zur Wiederherstellung von Traceability-Links im Requirements Management, das insbesondere auf die Herausforderungen in der Luft- und Raumfahrtindustrie zugeschnitten ist. Das Framework nutzt semantische Methoden, um Abhängigkeiten zwischen Entitäten in Anforderungstexten automatisch zu erkennen und zu analysieren. Der Prozess beginnt mit einem Preprocessing-Schritt, in dem verschiedene lexikalische und syntaktische NLP-Methoden zum Einsatz kommen, um die Texte für die weitere Analyse vorzubereiten. Anschließend erfolgt eine wichtige Phase der Triple-Extraktion, bei der Subjekt, Prädikat und Objekt aus den Texten isoliert werden. Diese Triplets dienen als Grundlage für die nachfolgenden semantischen Analysen.

Mit Hilfe von BabelNet, einem umfassenden semantischen Netz, das auf mehreren Ontologien wie WordNet basiert, werden die Bedeutungen der Subjekte und Objekte innerhalb der Triplets ermittelt. Dies ermöglicht eine tiefgehende semantische Kontextualisierung. Weiterhin werden die Subjekte und Objekte über DBpedia, eine Wissensdatenbank, die aus Wikipedia-Inhalten extrahiert wird, mit existierenden Begriffen verknüpft. Diese Zuordnung unterstützt den Vergleich von Subjekten und Objekten aus verschiedenen Anforderungen, um Abhängigkeiten zwischen ihnen zu identifizieren. Hierdurch besteht die Möglichkeit, diese erkannten Abhängigkeiten in einer Concept Map zu visualisieren, was nicht im Detail im Paper behandelt wird. Die Effektivität des Ansatzes wird mit bestehenden Methoden wie dem Wu Palmer-Algorithmus und einem VSM verglichen. Die Ergebnisse zeigen, dass der Ansatz von Mahmood et al. eine deutlich höhere Erkennungsrate von Abhängigkeiten bietet, allerdings auch eine höhere Rate an falsch positiven Ergebnissen aufweist. Dies könnte den Nutzen der hohen Erkennungsrate durch die Notwendigkeit intensiver manueller Überprüfungen mindern.

Ein limitierender Faktor des Ansatzes ist die Verwendung eines kleinen Datensatzes für die Tests, was keine verlässlichen Aussagen zur Skalierbarkeit des Ansatzes zulässt. Zudem fehlen Anpassungen auf domänenspezifische Sprachen.

---

[311] vgl. Mahmood, K. et al. (2015) A Semantic Approach, S. 217 ff.

Enhancing Automated Requirements Traceability by Resolving Polysemy nach WANG ET AL.[312]

WANG ET AL. stellen einen Ansatz vor, welcher die Herausforderungen durch Polysemie in der Nachverfolgung von Anforderungen in Softwareentwicklungsprojekten adressiert. Der Ansatz nutzt neuronale Netze, um Polysemien zu identifizieren und die Genauigkeit der Anforderungsrückverfolgung zu steigern. Kern des Ansatzes ist die Erstellung eines neuronalen Netzes, das die höchstbewerteten Koreferenzen eines Begriffs in verschiedenen Anforderungen nutzt, um zu erkennen, ob dieser Begriff in den jeweiligen Anforderungen dieselbe Bedeutung hat.

Auf Basis von unterschiedlichen öffentlich verfügbaren Datensätzen wird gezeigt, dass der beschriebene Ansatz bestehende Ansätze des Topic Modelling zu übertreffen und die Präzision der automatisierten Rückverfolgung zu verbessern vermag. Der Ansatz demonstriert, wie die Verwendung von neuronalen Netzen die informationsbasierte Rückverfolgung effektiver gestalten kann und auch in dem komplexen Umfeld der Softwareentwicklung durch die Analyse von Sprachbedeutungen nennenswerte Fortschritte in der Automatisierung erreicht werden können.

Evaluation of Natural Language Processing for Requirements Traceability nach LALIBERTE ET AL.[313]

LALIBERTE ET AL. beschreiben in ihrer Publikation die Anwendung von NLP zur Detektion von Abhängigkeiten zwischen Anforderungen. Dabei werden die Nutzung von Historammdistanz und Cosine Similarity miteinander verglichen. Die Auswertung erfolgt mit einem öffentlichen Datensatz der NASA, der 215 Anforderungen enthält. Im Preprocessing werden lexikalische Methoden angewandt, um die Anforderungstexte für die Anwendung von TF-IDF vorzubereiten. Darauf basierend werden die Anforderungen miteinander verglichen, indem über die berechneten Distanzen Rückschlüsse auf mögliche Abhängigkeiten der Anforderungen gezogen werden. Bei der Analyse kann gezeigt werden, dass die Cosine Similarity effektiver bei der Identifikation von Abhängigkeiten zwischen Anforderungen ist, als die Histogrammdistanz. Allerdings ist auch festzustellen, dass die Rate der falsch positiven Ergebnisse höher ausfällt, sodass die Präzision reduziert wird. Der Ansatz ist umfangreich dokumentiert und beschreibt die Herausforderungen und Einschränkungen der verwendeten Methoden,

---

[312] vgl. Wang, W. et al. (2018) Enhancing Automated Requirements, S. 40 ff.

[313] vgl. Laliberte, C. et al. (2022) Evaluation of NLP, S. 21 ff.

insbesondere im Hinblick auf die Skalierbarkeit und die Präzision der Ergebnisse bei einer Anwendung auf umfangreichere oder komplexere Datensätze.

An Approach for Requirements Engineering Analysis using Conceptual Mapping in Healthcare Domain nach RADWAN ET AL.[314]

Im von RADWAN ET AL. entwickelten Ansatz wird Concept Mapping dazu genutzt, Anforderungen aus dem Gesundheitswesen miteinander zu vernetzen. Der Ansatz fokussiert die Analyse nicht-funktionaler Anforderungen, um deren Beziehungen gemäß festgelegter, Attribute wie Priorisierung, Eignung, Durchführbarkeit, Risiko und Eignung, zu bewerten und dazustellen.

Zunächst werden manuell Anforderungen aus einer Spezifikation ausgewählt und zusätzlich anhand der obenstehenden Attribute bewertet. Im folgenden Preprocessing der gewählten Anforderungstexte wird ein „kernel-based random method" genannter Algorithmus genutzt, welcher auf VSM basiert, um den Datensatz zu normalisieren und zu bereinigen. Dieser Schritt wird jedoch nicht weiter beschrieben. Anschließend werden die Anforderungen mit dem k-means++-Algorithmus geclustert. Die optimale Anzahl an Clustern wurde über die Elbow-Methode berechnet. Abschließend wird mit der Naive Bayes-Technik und den zuvor gelabelten Daten der ML-Algorithmus trainiert, um maschinenbasiert ungelabelte Anforderungen zu Clustern zuordnen zu können.

Eine Validierung mit einem Testdatensatz zeigt, dass eine auf Machine Learning basierende Strategie zur Anforderungsvernetzung in Concept Maps genutzt werden kann. Jedoch schränkt der manuelle Labelingaufwand den Ansatz hinsichtlich der Skalierbarkeit stark ein. Zusätzlich ist die genutzte NLP-Pipeline nicht ausreichend beschrieben, um sie nachvollziehen zu können. Eine genaue Beschreibung der Methoden zum semantischen Vergleich fehlt.

Concept Mapping as a Means of Requirements Tracing nach KOF ET AL.[315]

Der Ansatz nach KOF ET AL. beschreibt die Extraktion von Begriffen aus Anforderungen, anhand derer eine Vernetzung der Anforderungen ermöglicht und visualisiert wird. Hierzu werden Begriffe, welche zur Strukturierung innerhalb der Concept Map dienen können, extrahiert. Die Extraktion der Begriffe funktioniert zum einen über einen Frequency-basierten Algorithmus für einzelne Worte und zum anderen einen Relevance-driven abstraction identification (RAI) genannten Algorithmus für Begriffe,

[314] vgl. Radwan, A. et al. (2021) An Approach for Requirements Engineering Analysis, S. 183 ff.

[315] vgl. Kof, L. et al. (2010) Concept mapping as a Means of Requirements Tracing, S. 22 ff.

die sich aus mehreren Wörtern zusammensetzen. RAI verwendet wiederum lexikalische und syntaktische Verfahren. Durch Berechnung der WordNet-Similarity der extrahierten Begriffe wird auch die Semantik der Worte bei der Vernetzung berücksichtigt. Es wird jedoch darauf hingewiesen, dass WordNet nur bedingt mit domänenspezifischer Sprache umgehen kann.

Der Ansatz wird in einer Ergebnisstichprobe durch Experten validiert und erreicht dabei ein Ergebnis, dass die Anwendbarkeit in der Praxis belegen soll. Allerdings fehlt eine umfangreiche quantitative Validierung mit einem größeren Datensatz, um diese Aussage zu bestätigen. Zusätzlich sind keine Ergebnisse oder Visualisierungen in der Quelle zur Verfügung gestellt. Dennoch zeigt diese Veröffentlichung, dass es möglich ist, Vernetzungen zwischen Dokumenten oder Teilen von Anforderungsdokumenten mit Hilfe von Begriffen und darauf aufbauenden Concept Maps darzustellen.

Entity recognition method for airborne products metrological traceability knowledge graph construction nach KONG ET AL.[316]

KONG ET AL. entwickeln einen Ansatz, um *Metrological Traceability* von in Luftfahrzeugen eingesetzten Systemen über deren gesamten Produktlebenszyklus zu ermöglichen. Metrological Traceability bezeichnet dabei die Rückverfolgbarkeit von allen das System betreffenden erhobenen Messdaten. Grundlage dieses Ansatzes bildet ein Knowledge Graph.

Dieser Ansatz beschreibt nicht nur die Vernetzung zwischen Anforderungen, sondern geht darüber hinaus auch auf die Vernetzung mit anderen Entwicklungsergebnissen ein. Zunächst wird dazu anhand von Anforderungen und weiteren verfügbaren Dokumenten eine Ontologie erstellt, welche Entitäts- und Relationstypen festlegt. Um Entitäten aus den Datensätzen zu extrahieren, nutzt die Methode ein fingetunetes multinetwork NER-Modell. Dieses nutzt verschiedene Layer zur Vektorisierung der Entitäten sowie zum weiteren Labeling. Da domänenspezifische Sprache einen hohen Aufwand für das Labeling bedingt, wird mit Hilfe von Active Learning, beruhend auf Data Enhancement, der manuelle Aufwand für die Experten reduziert. Die extrahierten Entitäten und errechneten Relationen werden in einer Graphdatenbank gespeichert. Aus dieser Datenbank wird abschließend der Knowledge Graph ausgeleitet.

Die vorgestellte Methodik wird ausführlich sowie im industriellen Maßstab validiert und in mehreren Layern werden Vergleichsexperimente durchgeführt. Hierbei schneidet der vorgestellte Ansatz durchgehend besser ab als die Vergleichsmethoden.

---

[316] vgl. Kong, S. et al. (2024) Entity recognition method, S. 1 ff.

Nachteilig ist, dass der Aufbau der Methode in allen Ebenen zwar ausführlich beschrieben ist, jedoch kein Code und keine Testdatensätze zur Verfügung gestellt werden.

(II) Vernetzung von Anforderungen mittels vordefinierter Abhängigkeitstypen

Automatic Requirement Dependency Extraction Based on Integrated Active Learning Strategies nach Guan et al.[317]

Guan et al. beschreiben eine auf Machine Learning basierende Lernstrategie, um Abhängigkeiten zwischen Anforderungen zu extrahieren. In der Publikation wird eine Pipeline vorgestellt, die einen methodischen Ablauf darstellt, der weiterentwickelt werden kann. Die Analyse des Anforderungstextes beginnt nach einer Vorverarbeitung, bei der lexikalische und syntaktische NLP-Methoden angewendet werden. Um die Wortsemantik zu erfassen, wird das Word2Vec-Modell mittels Skip-Gram-Algorithmus angewendet. Anschließend wird zur Berücksichtigung der Satzsemantik die eine auf Methode zur Vektorisierung basierend auf Doc2Vec eingesetzt. Die beschriebene Lernstrategie sieht vor, dass daran anschließend mittels eines kleinen Trainingsdatensatzes das Modell iterativ trainiert wird. Durch aktives Lernen wird die menschliche Expertise eingebunden. Die Visualisierung der Ergebnisse der Vernetzung wird in der Publikation nicht beschrieben. Die Qualität der Abhängigkeitsanalyse des mittels menschlicher Unterstützung trainierten Modells ist jedoch vielversprechend. Eine Untersuchung der Skalierbarkeit bzw. des menschlichen Aufwandes bei umfangreicheren Datensätzen wird nicht beschrieben. Die Vernetzung findet in Form von vorab definierter Abhängigkeitstypen statt. Der Ansatz berücksichtigt jedoch ausschließlich den Anforderungstext eines Anforderungsdatensatzes.

Requirements Dependency Graph Modeling on Software Requirements Specification Using Text Analysis nach Priyadi et al.[318]

In der Publikation von Priyadi et al. wird ein Ansatz zur Darstellung der Abhängigkeiten von Software-Anforderungen aus einer Spezifikation in einem Graphen beschrieben. Ergänzend zum Anforderungstext werden auch zuvor evaluierte Anforderungsinterdependenzen in den Aufbau des Graphen miteinbezogen. Hierzu gibt es jedoch keine detaillierte Beschreibung. Es ist beschrieben, wie der Anforderungstext zunächst durch Tokenization, Stop Word Removal und Stemming vorbereitet wird. Im Weiteren werden daraus erzeugt Wort-Triple mit Hilfe von WordNet Similarity for

---

[317] vgl. Guan, H. et al. (2024) Automatic Requirement Dependency Extraction, S. 1 ff.

[318] vgl. Priyadi, Y. et al. (2019) Requirements Dependency Graph, S. 221 ff.

Java semantisch verglichen. Dazu werden die Ähnlichkeiten berechnet. Der Ansatz basiert folglich auf der Wortsemantik und verfügt über keine Möglichkeit zur Einbindung von Domänen-spezifischen Wissen. Die errechneten Ähnlichkeiten werden dazu genutzt, um die Abhängigkeiten von Anforderungstexten in einem Graphen darzustellen. Weitere Attribute werden dabei nicht berücksichtigt. Die Anzahl der Anforderungen, die für die Validierung herangezogen werden, ist nicht explizit genannt. Es wird jedoch ein Schema für die qualitative und quantitative Expertenanalyse des Ergebnisses beschrieben.

Requirements Dependency Extraction by Integrating Active Learning with Ontology-Based Retrieval nach DESHPANDE ET AL.[319]

DESHPANDE ET AL. haben sich in verschiedenen Publikationen mit der Anforderungsvernetzung beschäftigt. Die hier vorgestellte Publikation ist die aktuellste zu dieser Thematik, welche einen Ansatz vollständig beschreibt. Ein aktuelleres im Jahr 2021 veröffentlichtes Paper befasst sich zwar mit der Anwendung von Product Lifecycle Management (PLM) in der Anforderungsvernetzung, adressiert dabei jedoch in Form einer empirischen Vergleichsstudie eine Teilforschungsfrage und keinen ausführlich beschriebenen Ansatz im Sinne der Fragestellung dieser Arbeit.[320]

Der vorzustellende Ansatz beschreibt ein Vorgehen zu Identifizierung von Abhängigkeiten zwischen Anforderungen in Softwareprojekten, das auf dem Einsatz aktiven Lernens und dem Nutzen von Ontologien basiert. Dadurch soll zum einen durch menschliches Feedback effizienter gelernt und zum anderen auf bestehendes Wissens aus Domänenontologien zurückgegriffen werden können. Der Ansatz fokussiert die Vernetzung mittels drei spezifischer Abhängigkeitstypen und wird mit zwei industriellen Datensätzen validiert. Eine Visualisierung der Ergebnisse erfolgt nicht. Durch die Kombination der oben genannten Methoden werden jedoch Ergebnisse erzeugt, die mit Experten qualitativ sowie quantitativ bewertet werden und zeigen, dass der menschliche Aufwand durch aktives Lernen deutlich reduziert werden kann.

Extraction Dependency Based on Evolutionary Requirement Using Natural Language Processing nach ASYROFI ET AL.[321]

ASYROFI ET AL. beschreiben einen Ansatz zur Vernetzung von Anforderungen aus einer Spezifikation für Software. Die Vernetzung soll dabei auf Grundlage von logischen

[319] vgl. Deshpande, G. et al. (2020) Requirements Dependency Extraction, S. 78 ff.

[320] vgl. Deshpande, G. et al. (2021) Is BERT the New Silver Bullet?, S. 136.

[321] vgl. Asyrofi, R. et al. (2020) Extraction Dependency, S. 332 ff.

Operatoren wie z.B. „AND“ und „OR“ stattfinden. Diese Methode der Abhängigkeitsdarstellung wurde zuvor schon von KULSHRESHTHA ET AL. beschrieben.[322] Die NLP-Pipeline besteht aus lexikalischen und syntaktischen Methoden. Das Ergebnis ist eine Ergebnistabelle. Auf Grundlage dieser Tabelle soll eine grafische Darstellung der Ergebnisse möglich sein, wird jedoch nicht weiter beschrieben. Hervorzuheben ist jedoch, dass die Anwendung der NLP-Pipeline sehr kleinschrittig und mit samt den verarbeiteten Daten beschrieben ist. Ein Visualisierungsansatz wird grob erklärt und mögliche Methoden werden referenziert. Weiterhin wird gezeigt, dass auch Metainformationen, wie zum Beispiel die Anforderungs-ID, miteinbezogen werden.

Der Ansatz wird jedoch nur mit einem Datensatz mit einer einstelligen Anforderungsanzahl demonstriert. Auch werden die Ergebnisse nicht weiter validiert. Eine semantische Analyse findet nicht statt. Weder eine Skalierbarkeit noch eine Wirksamkeit der vorgeschlagenen Visualisierungsstrategie können belegt werden.

(III) Analyse von Anforderungen zur Qualitätssicherung

Methode des Anforderungsmanagements zur Variantenvermeidung in der frühen Phase der Produktentwicklung nach RITTER[323]

Im von RITTER entwickelten Ansatz geht es um den Aufbau einer Anforderungsdatenbank. Grundannahme ist, dass drei Arten von Anforderungen existierten: Projektübergreifende Anforderungen, welche als Basisanforderungen in jede Spezifikation übernommen werden können, projektspezifische Anforderungen, welche in jedem Projekt neu festgelegt werden und ausgeprägte Anforderungen, bei denen unklar ist, welcher Art sie angehören. Ziel dieses Ansatzes ist es, mithilfe eines semantischen Vergleiches von Anforderungen, Duplikate und sehr ähnliche Anforderungen in verschiedenen Spezifikationen zu identifizieren und so die Variantenvielfalt der Anforderungen zu reduzieren. Vornehmlicher Fokus ist die Verarbeitung von deutschsprachigen Anforderungstexten für mechanische Komponenten. Als Input für diese Methode können verschieden formatierte Spezifikationen dienen. Im Rahmen des Preprocessings werden diese Dokumente bereinigt, nach einzelnen Anforderungen getrennt und im Kontext der Dokumentenstruktur sortiert. Das Preprocessing erfolgt automatisiert und regelbasiert. Auch der darauffolgende Prozess des Abgrenzens, Vergleichens und Klassifizierens der Anforderungen erfolgt automatisiert. Die Anforderungen werden untereinander semantisch verglichen. Dafür wird das Verfahren Semantic Folding der Firma

[322] vgl. Kulshreshtha, V. et al. (2012) Emergence of Requirements Networks, S. 28.

[323] vgl. Ritter, L. (2023) Methode des Anforderungsmanagements, S. 75 ff.

cortical.io angewendet. Dies ist ein Verfahren, welches auf einer vorab erstellten Semantic Map besteht, welche domänenspezifisch für den entsprechenden Anwendungsfall vortrainiert werden muss. Grenzwerte für semantische Ähnlichkeit werden zusätzlich manuell festgelegt. Zusätzlich wird das Modell mit Positiv- und Negativbeispielen manuell weiter trainiert. Der semantische Vergleich findet darauffolgend automatisiert statt. Die Validierung des Ansatzes erfolgt sowohl qualitativ als auch quantitativ. Der Output erfolgt in Tabellenform und ist nicht genauer beschrieben. Anstatt eines Fokus auf das Abhängigkeitsnetz zwischen allen Anforderungen zu legen, werden nur die Ergebnisse der Klassifikation und des semantischen Vergleiches sowie dadurch gefundene Ähnlichkeiten und Duplikate dargestellt.

Detecting coreferent entities in natural language requirements nach WANG ET AL.[324]

WANG ET AL. beschreiben einen Ansatz, welcher es ermöglicht mit Hilfe von NLP Entitiy Coreferences (EC) in Anforderungen zu identifizieren. EC sind Ausdrücke, welche dasselbe bedeuten, jedoch mittels unterschiedlicher Begriffe ausgedrückt werden. Um diese EC zu identifizieren, sind laut WANG ET AL. statistische NLP-Verfahren nur unzureichend geeignet. Es muss ein Vergleich im semantischen Kontext stattfinden. Da eine Entität sowohl aus einem oder mehreren Worten und einer oder mehreren Wortarten bestehen kann, ist eine reine Wortsemantik ebenfalls nicht ausreichend. Der Prozess beginnt mit einem Preprocessing, bei dem Entitäten und ihre Kontexte aus den Anforderungstexten extrahiert werden. Hierbei wird eine Kombination aus einem Transformer-Modell und einem Word2Vec-basierten Ansatz verwendet, um eine tiefergehende semantische Analyse zu ermöglichen. Nach der Erstellung von Vektorrepräsentationen für Kontext- und Entitätspaare werden diese durch ein neuronales Netzwerk analysiert, um zu bestimmen, ob zwei Entitäten semantisch äquivalent sind. Die Ergebnisse werden dann in Clustern zusammengefasst und einem Oberbegriff zugeordnet.

Die Validierung des Ansatzes erfolgte mit industriellen Datensätzen aus dem Finanzbereich, was die Skalierbarkeit des Ansatzes zeigen kann. Die Autoren legen dar, dass die Kombination von Word2Vec und einem Transformer vielversprechende Ergebnisse liefert. Obwohl die Datensätze nicht verfügbar sind, ist der Ansatz ausführlich dokumentiert und daher reproduzierbar. Dieser Ansatz adressiert das im Bewertungsschema geforderte Kriterium in Bezug auf Skalierbarkeit und automatisierte Analyse im industriellen Umfeld. Es werden umfangreiche Datensätze genutzt sowie eine nachvollziehbare und fundierte Methode zur Entscheidungsunterstützung demonstriert,

[324] vgl. Wang, Y. et al. (2022) Detecting coreferent entities, S. 351 ff.

mittels derer die Ergebnisse semantisch analysiert und visualisiert werden. Die umfassende Dokumentation und die erfolgreiche Anwendung auf reale Datensätze bestätigen weiterhin seine Praxistauglichkeit. Die Bestimmung der einzelnen Entitäten wird nicht tiefergehend beschrieben.

Semantic Modeling and Analysis of Natural Language System Requirements nach Mokos et al.[325]

Mokos et al. beschreiben in ihrer Publikation wie mit Hilfe von domänenspezifischen Ontologien die semantische Analyse von Anforderungen ermöglicht werden kann. Ziel dieser Analysen ist die Qualitätssicherung von Anforderungen. Es wird im Ansatz detailliert beschreiben, wie Ontologien aufgebaut sein müssen, um eine semantische Analyse von Anforderungen zu ermöglichen. Zusammen mit Regeln zur Anforderungsformulierung ermöglichen domänenspezifische Ontologien es, Anforderungsdokumente als semantische Netze darzustellen. Es handelt sich bei der Erstellung der Ontologien in diesem Ansatz jedoch nicht um automatisierte Prozesse. Die Ontologien müssen manuell aufgebaut werden. Der anschließende Aufbau der semantischen Netze erfolgt regelbasiert. Mit den so aufgebauten Netzen sind auch semantische Vergleiche möglich. Die entwickelte Methode wurde des Weiteren ausführlich validiert. Zusätzlich wird eine Benutzerschnittstelle beschrieben und die Validierung erfolgt anhand quantitativer Kriterien und der Möglichkeit zum qualitativen Feedback durch die Nutzer. Da ein wesentlicher Anteil des Ansatzes von der Qualität der aufzubauenden domänenspezifischen Ontologie abhängt, deren Erstellung nicht automatisiert erfolgt, ist der Ansatz unmittelbar von der Expertise während der Erstellung abhängig und die Skalierbarkeit nicht uneingeschränkt gegeben.

(IV) Klassifikation von Anforderungen

Bei den folgenden Ansätzen ist zu beachten, dass aufgrund der abweichenden Zielsetzung der Ansätze nicht alle Kriterien der qualitativen Bewertung abschließend bewertet werden können.

Classification of Non-functional Requirements Using Convolutional Neural Networks nach Martínez García et al.[326]

Martínez García et al. nutzen in ihrem Ansatz neuronale Netze, um nicht-funktionale Anforderungen zu klassifizieren. Durch die empirische Auswertung verschiede-

[325] vgl. Mokos, K. et al. (2022) Semantic Modeling, S. 84094 ff.

[326] vgl. García, S. et al. (2023) Classification of Non-functional Requirements, S. 705 ff.

ner Methoden in allen Phasen der dazu entwickelten Pipeline, werden durch die Autoren jeweils die performantesten Methoden ausgewählt. Das Preprocessing wird nicht weiterführend detailliert, beinhaltet jedoch eine Lemmatisierung und weitere Textbereinigungen. Die Anforderungstexte werden darauf basierend vektorisiert, wobei die Methode CountVectorizer in der Publikation favorisiert wird. Um Ungleichgewichte hinsichtlich der beinhalteten Klassen in den Datensätzen zu vermeiden, wir ein Sampling mittels der Random Oversampling Strategie durchgeführt. Zur weiteren Darstellung als Word Embeddings wird daran anschließend word2vec verwendet, um dann im Training die Hyperparameter des neuronalen Netzes zur Leistungsoptimierung anzupassen.

Die empirische Auswertung und Validierung des Ansatzes ist ein positiver Aspekt der Publikation, da mit Datensätzen dreistelliger Größenordnung gearbeitet wird, was auf eine industrielle Anwendbarkeit schließen ließe. Es kann gezeigt werden, dass durch die Kombination von CountVectorizer und word2vec in Kombination mit einem neuronalen Netz eine effektive Klassifikation möglich ist. Es kommen jedoch keine LLM oder Ähnliches zum Einsatz und es wird keine Strategie zum Umgang mit domänenspezifischer Sprache beschrieben, was im Kontext der Zielsetzung der vorliegenden Arbeit eine Einschränkung darstellt.

Improving BERT Model for Requirements Classification by Bidirectional LSTM-CNN Deep Model nach KAUR UND KAUR[327]

KAUR UND KAUR beschreiben in ihrem Ansatz die Anwendung des LLM BERT zur Klassifikation von Anforderungen durch die Ergänzung eines Bidirectional Long-Short-Term-Memory (BiLSTM) zur Erfassung der kontextuellen Informationen. Ein neuronales Netz wird genutzt, um die Dimensionalität des Merkmalsraum zu reduzieren und relevante Merkmale zu fokussieren. Der Ansatz wird umfangreich empirisch validiert, wobei verschiedene Methoden in den jeweiligen Prozessschritten miteinander verglichen werden. Abschließend wird eine Methodik beschrieben, die kein explizites Preprocessing umfasst, womit demonstriert werden kann, dass das Modell robust genug für eine unmittelbare Verarbeitung von Rohdaten ist. Das weist auf eine hohe Praktikabilität hin. Der entstandene Ansatz wird BERT-BiCNN genannt und zeigt in abschließenden Tests eine bessere Performance als die zum Vergleich herangezogenen Modelle. Das Training und Finetuning des Modells ist ebenfalls umfangreich beschrieben, wobei eine Validierung nur mit einem Testdatensatz stattfindet, der zu akademischen Zwecken vorverarbeitet wurde.

---

[327] vgl. Kaur, K. et al. (2023) Improving BERT model, S. 1 ff.

A Pipeline for Automating Labeling to Prediction in Classification of NFRs nach CHATTERJEE ET AL.[328]

Der Ansatz von CHATTERJEE ET AL. beschreibt ein Vorgehen zur Klassifikation von Anforderungen durch die Einbindung von BERT. Hauptaugenmerk wird dabei auf die Optimierung des Trainingsaufwandes des Sprachmodells gelegt, mit dem Ziel, den Labelingaufwand der zugrundliegenden Trainingsdaten zu minimieren. Es werden neben BERT auch lexikalische und syntaktische Analyseverfahren angewendet. Durch den Einsatz einer Snorkel genannten Methode, kann der Aufwand für das manuelle Labeling drastisch reduziert werden, da nur 20 Prozent eines neuen Datensatzes gelabelt werden müssen. In einer quantitativen Bewertung während der Validierung kann gezeigt werden, dass die Ergebnisse besser sind als beispielsweise durch die Anwendung von BERT-BiCNN. Es kann somit ein Ansatz dargestellt werden, der eine effiziente und innovative Lösung zur Klassifikation von nicht-funktionalen Anforderungen darstellt, die abhängig vom Entwicklungsumfang umfangreich sein können.

NoRBERT: Transfer Learning for Requirements Classification nach HEY ET AL.[329]

NoRBERT nach HEY ET AL. ist ein ebenso auf BERT beruhender Ansatz für eine NLP-Pipeline zu Anforderungsklassifikation. Dieser Ansatz fokussiert sich darauf, eine Methode zu liefern, welche auch ohne spezifisches Training gute Ergebnisse bei der Erkennung von nicht-funktionalen Anforderungen liefert. Hinsichtlich der qualitativen Bewertung im Rahmen der zuvor definierten Kriterien unterscheidet sich der Ansatz nicht zu den beiden zuvor genannten. Auch zur Validierung wird abermals derselbe Datensatz wie bei den vorangegangenen Ansätzen verwendet und es findet eine empirische Vergleichsstudie mit ähnlichen Ansätzen statt, um die Leistungsfähigkeit von NoRBERT zu bestätigen.

Automatic Requirements Classification Based on Graph Attention Network nach LI ET AL.[330]

LI ET AL. nehmen die BERT-basierten Ansätze als Grundlage und entwickelt eine Methode, welche das Sprachmodell mit einem Graphen kombiniert. Diese DBGAT genannte Methode wurde anhand des PROMISE-Datensatzes getestet und übertrifft in der Qualität der Anforderungsklassifikation Modelle wie NoRBERT.

---

[328] vgl. Chatterjee, R. et al. (2021) A Pipeline for Automating Labeling, S. 323 ff.

[329] vgl. Hey, T. et al. (2020) NoRBERT: Transfer Learning, S. 169 ff.

[330] vgl. Li, G. et al. (2022) Automatic Requirements Classification, S. 30080 ff.

3.4 Bewertung bestehender Ansätze und Einordnung der Arbeit

Anschließend an die Vorstellung der zu bewertenden Ansätze wird in diesem Kapitel eine zusammenfassende Darstellung der Analyse gegeben. Das Kapitel schließt mit einer tabellarischen Darstellung der qualitativen Bewertung in Anhang 3.4, anhand derer nachfolgend eine Einordnung des Analyseergebnisses im Kontext der Arbeit gegeben wird.

Primär liegt der Fokus der Zusammenfassung auf den Ansätzen die unter (I) „Vernetzung von Anforderungen ohne vordefinierte Abhängigkeitstypen" und (II) „Vernetzung von Anforderungen mittels vordefinierter Abhängigkeitstypen" fallen. Hinsichtlich des Objektbereichs weisen diese Ansätze durchgängig einen höheren Erfüllungsgrad der Bewertungskategorien auf als im Zielbereich. Mehrheitlich ermöglichen die Ansätze automatisierte Analysen, um im Anwendungskontext durch Nachvollziehbarkeit effektiv zur Entscheidungsunterstützung beizutragen. Über die Hälfte der Ansätze befasst sich mit dem Anforderungsmanagement in der industriellen Produktentwicklung. Hierbei ist zu berücksichtigen, dass die genutzten Datensätze für die Validierung und Demonstration der Fähigkeiten der beschriebenen Ansätze variieren. Eine Vielzahl der untersuchten Publikationen arbeitet mit umfangreichen Datensätzen, die teilweise industriellen Ursprung haben. Mehrfach wird die Fähigkeit des Ansatzes jedoch nur mit exemplarischen vereinzelten Anforderungen demonstriert oder mit Datensätzen validiert, die nicht dem Datenumfang der Praxis entsprechen. Ohne dass ein diskreter Wert für die Mindestanzahl zu handhabender Anforderungen genannt werden kann, ist jedoch festzuhalten, dass eine identifizierte Herausforderung in der Praxis darin besteht umfangreiche und weiterwachsende Datensätze zu handhaben.[331] Hierzu bleiben diese Ansätze den Beweis schuldig.

Hinsichtlich der qualitativen Analyse der Ansätze mittels den Kriterien des Zielbereichs ist ein geringerer Erfüllungsgrad festzustellen. Hier ist jedoch zu ergänzen, dass die Erfüllung einzelner Kriterien besonders lückenhaft im Analyseergebnis erscheint. Eine signifikante Lücke besteht beispielsweise in der Berücksichtigung von Domänen-spezifischer Sprache, die in weniger als einem Drittel der Ansätze explizit thematisiert wird. Unter Berücksichtigung der teilweise Domänen- aber auch Firmen-spezifischen

---

[331] Die Erfahrungen des Autors im industriellen Umfeld der Fahrzeug- und Luftfahrtindustrie sowie der Medizintechnik zeigen, dass in Entwicklungsprojekten Spezifikationen erzeugt werden, deren Anzahl der Anforderungen im fünf- bis sechsstelligen Bereich liegt.

Bestandteile einer natürlich sprachlich formulierten Anforderung, sowohl im Anforderungstext sowie auch in den Attributen, ist dies als Defizit hervorzuheben. Semantische Analysen werden dennoch in fast allen Ansätzen beschrieben. Dabei zeigt sich jedoch, dass sich die auf die Wortsemantik beschränkt, da Methoden zur Berücksichtigung von komplexer Satzsemantik wie zum Beispiel durch korpusbasierte Methoden unterrepräsentiert sind. Eine Berücksichtigung weiterer Datenfelder, über den Anforderungstext hinaus, findet in der semantischen Analyse oder der Ergebnisdarstellung ebenfalls nur vereinzelt statt. Es kann keine Verwendung von prädikativem Wissen identifiziert werden. Lediglich solitär kann die Nutzung von Anforderungs-ID und Kapitelüberschriften in der Ergebnisdarstellung demonstriert werden. Die Visualisierung der Vernetzung bezieht folglich nur assoziatives Wissen ein. Eine potentialträchtige Visualisierung im Sinne des Nutzers durch eine Überlagerung der beiden Wissensrepräsentationen bleibt aus, genauso wie die Darstellung einer Benutzerschnittstelle zum Transfer der entwickelten Methoden in den Anwendungskontext. Somit wird die erzeugte Vernetzung von Anforderung nicht operationalisiert.

Unter der ergänzenden Betrachtung der Ansätze der Kategorie (III) Analyse von Anforderungen zur Qualitätssicherung und (IV) Klassifikation von Anforderungen zeigt sich, dass dort die Anpassung der Modelle hinsichtlich Domänen-spezifischer Sprache weiter fortgeschritten ist. Besonders hervorzuheben sind dabei die Ansätze zur Klassifikation, die auf Basis der Anwendung Transformer-basierter Modelle eine entsprechende Adaption beschreiben und umfassend validiert sind.

Die Ansätze eint Kategorie-übergreifend eine nachvollziehbare Dokumentation. Es zeigt sich jedoch, dass Bezug nehmend auf die Reproduzierbarkeit unterschieden werden muss zwischen der Verfügbarkeit bzw. der Beschreibung der Pipeline im Sinne des methodischen Ablaufs, des Algorithmus, des Softwarecodes sowie der zugrunde gelegten Trainings- und Validierungsdaten. Selten sind die Ansätze in einer vollumfassenden Form verfügbar. Da jedoch eine Vielzahl der Ansätze auf öffentlich verfügbare Datensätze verweist, mit denen somit ein Benchmarking theoretisch möglich wäre, fällt es schwerer ins Gewicht, wenn die Pipeline oder der Algorithmus nur lückenhaft beschrieben ist.

	Bewertungskategorien									
	Objektbereich			Zielbereich						
	Betrachtung der Anforderungsverwaltung im industriellen Produktent-stehungsprozess	Der Ansatz funktioniert mit Datensätzen industrieller Größenordnung	Der Ansatz beschreibt die Darstellung von automatisierten Analysen im Anwendungs-kontext	Auswertung sämtlicher Datenfelder einer Anforderung für die Vernetzung	Der Ansatz kann domänen-spezifische Sprache verarbeiten	Analyse der Anforderungsartefakte im semantischen Gesamtkontext des Anforderungstextes	Die Wissensrepräsentation der Vernetzung zwischen Anforderungen findet graphisch statt	Nachvollziehbarkeit des Ansatzes ist gegeben	Validierung des Ansatzes hat stattgefunden	**Bewertung**
I) Vernetzung von Anforderungen ohne vordefinierte Abhängigkeitstypen										
SCHLUTTER ET AL. 2020	●	●	◑	●	○	◑	●	◑	◑	6
VIERLBOECK ET AL. 2020	●	◑	●	●	●	◑	●	○	◑	6,5
WANG ET AL.2018	○	◑	●	◑	○	◑	◑	◑	●	4
MAHMOOD ET AL. 2015	●	◑	●	◑	○	◑	○	○	●	4,5
RADWANET AL. 2021	○	●	○	◑	○	◑	◑	○	●	3,5
LALIBERTE ET AL. 2022	●	●	●	◑	○	◑	○	●	●	6
KOF ET AL. 2010	○	○	●	◑	●	◑	◑	○	●	4,5
MOKAMMEL ET AL. 2018	●	◑	●	◑	○	◑	◑	○	●	5
KONG ET AL. 2024	○	●	●	○	●	●	●	◑	●	6,5
II) Vernetzung von Anforderungen auf Grundlage vordefinierter Abhängigkeitstypen										
GUAN ET AL. 2024	○	◑	●	◑	○	◑	○	●	●	3,5
DESHPANDE ET AL. 2020	●	●	●	◑	●	◑	○	◑	●	6,5
ASYROFI ET AL. 2020	○	○	●	●	○	○	○	●	○	3,5
PRIYADI ET AL. 2019	○	○	●	●	○	◑	●	◑	●	5
III) Klassifikation von Anforderungen										
GARCIA ET AL. 2023	○	●	●	○	○	◑	○	○	●	3,5
KAUR ET AL. 2023	○	◑	●	○	○	●	○	●	●	4,5
HEY ET AL. 2020	○	◑	●	○	○	●	○	●	●	4,5
CHATTERJEE ET AL. 2021	○	◑	●	○	○	●	○	●	●	4,5
LI ET AL. 2022	○	◑	●	○	○	●	○	●	●	4,5
IV) Analyse von Anforderungen zur Qualitätssicherung										
WANG ET AL. 2022	○	●	●	◑	○	●	○	◑	●	5
MOKOS ET AL. 2022	●	●	○	○	●	○	○	●	●	5
RITTER 2023	●	●	◑	◑	●	◑	○	◑	●	5
Legende ● voll erfüllt (1 Punkt) ◑ teilweise erfüllt (0,5 Punkte) ○ nicht erfüllt (0 Punkte)										

Abbildung 3-3: Quantitativen Bewertung bestehender Ansätze

3.5 Zwischenfazit: Bestehende Ansätze zur datenbasierten semantischen Vernetzung von Anforderungen

Das Ziel von Kapitel 3 besteht in der kontextualisierten Betrachtung der Herausforderung der Praxis sowie der verfügbaren Lösungsansätze im Bereich der datenbasierten Analyse von natürlich sprachlich formulierten Anforderungen. Die entwickelten Kriterien für eine quantitative Analyse wurden herangezogen, um die Ergebnisse einer systematischen Recherche und Kategorisierung darzulegen.

Die durchgeführte Analyse der bestehenden Ansätze bestätigt und aktualisierte die Ergebnisse der vorangestellten Metastudie zu bestehenden Literaturrecherchen im Betrachtungsbereich dieser Arbeit. Wie auch schon in der Literaturrecherche von SONBOL ET AL. zu erkennen ist, sind die bestehenden Methoden zur Extraktion aus Spezifikationen, die Klassifikation und die Qualitätssicherung von Anforderungen bereits umfangreich in der Forschung präsent und anwendbar.[332] Nach wie vor zeigt die systematische Literaturrecherche jedoch auch eine teilweise heterogene Methodenlandschaft.[333] Während die lexikalische und syntaktische Analyse durch viele Standardaktivitäten aus dem NLP-Bereich geprägt ist, nimmt die Vielfältigkeit der Aktivitäten besonders im Feld der semantischen Analyse durch KI-Methoden zu. Dieser Umstand resultiert aus der Komplexität der Ansätze im Bereich der Klassifikation und dem Clustering. Durch die variablen Einsatzmöglichkeiten von neuronalen Netzen in Kombination mit verschiedenen Lernarten sind die Lösungsmöglichkeiten für die Vernetzung von Anforderungen nahezu unbegrenzt. Der Transfer der vernetzten Anforderungen in den menschenlesbaren Bereich wird wiederum nur vereinzelt beschrieben. Hierbei erweisen sich Graph-basierte Ansätze auch im Kontext von umfangreichen Datensätzen als performant. Beispielsweise belegen MOKOS ET AL. auch Möglichkeiten für eine Skalierbarkeit, indem eine menschen- und maschinenlesbare Wissensrepräsentation mit derartigen Methoden erzeugt wird. Durch eine graphische Repräsentation der semantischen Vernetzung bzw. der zugrundeliegenden Bewertungsgrößen und Wahrscheinlichkeitswerte, können Abhängigkeiten zwischen Anforderungen menschenlesbar nachvollziehbar gemacht werden, was ein zentraler Lösungsbeitrag für die vorliegende Arbeit ist.

Um einen guten Überblick über die semantische Vernetzung von Anforderungen zu schaffen, wird während der systematischen Recherche eine Vielfältigkeit in Bezug auf

[332] vgl. Sonbol, R. et al. (2022) The Use of NLP-Based Text Representation, S. 62813.

[333] vgl. Riesener, M. et al. (2023b) Data Based Analysis.

das industrielle Einsatzgebiet akzeptiert. Die verschiedenen Ziele und Strategien der Autoren bestimmen die Entwicklungen von Methoden maßgeblich auch im Hinblick auf die Berücksichtigung bzw. die solitäre Betrachtung des Anforderungstexts und entsprechender Anforderungsattribute. Die Autoren legen diverse Aktivitäten fest und bestimmen Anfangs-, End und Zwischenzustände. Aus diesem Grund werden neben Standardlösungen auch spezifische Methoden dargestellt. Dies resultiert in unterschiedlichen Ansätzen sowohl hinsichtlich des Umfangs in Form notwendiger Prozessschritte als auch der Komplexität der vorgestellten Ansätze. Neben der Skalierbarkeit und Ergebnisqualität ist auch die Ausprägung des Reifegrads ein relevantes Unterscheidungskriterium. Während einige Methoden lediglich Abläufe beschreiben, werden in anderen Schriften umfassende Algorithmen und Implementierungs- sowie Validierungsergebnisse vorgestellt. Eine Einbindung der Ergebnisse in eine Nutzerschnittstelle wird nur vereinzelt beschrieben, sodass die Anwendbarkeit in der Praxis nur bedingt gezeigt werden kann. Resultierend decken einige Methoden lediglich Teilbereiche des Betrachtungsbereichs der Arbeit ab, während andere nahezu den vollständigen Betrachtungsbereich adressieren.

Im Hinblick auf die Vielfältigkeit der Ansätze muss besonders im Bereich der semantischen Vernetzung von Anforderungen eine Modularisierung und Schnittstellendefinition zwischen Lösungsmechanismen stattfinden. Unter Berücksichtigung eindeutig definierter Ein- und Ausgangszustände muss eine Rahmengebung stattfinden, die eine Weiterentwicklung in einem hochdynamischen Forschungsfeld ermöglicht, um die Einbindung neuer Methoden, wie z.B. die Nutzung von LLM zu erforschen. Um diesen Herausforderungen zu begegnen wird im folgenden Kapitel ein Ordnungsrahmen zur Entwicklung einer Methodik konzeptioniert.

4 Konzeption der Methodik

Wie in Kapitel 1 bereits beschrieben, folgen die Ausführungen dieser Arbeit der Forschungsmethodologie nach PEFFERS ET AL.. Folglich wurden in dem vorherigen Kapiteln 2 sowie 3 die wissenschaftlichen Grundlagen relevanter Themenfelder analysiert. Die wissenschaftliche Theorie, Methoden und Prozesse sind in einer Gegenüberstellung mit abgeleiteten Herausforderungen aus der unternehmerischen Umwelt abgeglichen worden. Der daraus resultierende Bedarf zur Entwicklung einer Methodik leitet die Entwicklung eines Artefakts gemäß der Forschungsmethodik ein. Die Artefaktentwicklung sowie die Evaluation, wird dazu in den folgenden Kapiteln beschrieben.

Zunächst wird in Kapitel 4 jedoch ein Ordnungsrahmen beschrieben, der zur Darstellung der konstituierenden funktionalen Struktur der Methodik dient. Anschließend werden die Anforderungen an die Methodik hergeleitet. Dabei werden nicht nur inhaltliche, sondern auch formelle Anforderungen berücksichtigt. Diese formelle Beschreibung stellt die Grundlage dar, die genutzt wird, um mithilfe geeigneter Modellarten Artefakte im Sinne der Forschungsmethodik zu definieren. Das Kapitel wird geschlossen mit einem Zwischenfazit zur Konzeption der Methodik.

4.1 Ordnungsrahmen der Methodik

Die Erarbeitung des Ordnungsrahmens folgt der umfangreichen und grundlegenden Definition nach MEISE. Dieser definierte Ordnungsrahmen, „als relevant deklarierte Elemente und Beziehungen eines Originals auf einer hohen Abstraktionsebene nach einer gewählten Strukturierungsweise in einer beliebigen Sprache.“[334] Ein Ordnungsrahmen als Modell unterstützt den Leser dabei, Beziehungen zwischen Elementen verschiedenen Detaillierungsebenen zu erkennen.[335] Den Ausführungen folgend, wird bei der Gestaltung des Ordnungsrahmens auf die Verwendung einer Modellierungssprache verzichtet, um die Gestaltungsfreiheit zu maximieren.[336] Das von MEISE vorge stellte Vorgehensmodell zu Erzeugung eines Ordnungsrahmens basiert auf zwei Ebenen, der strukturierenden und der grafischen Ebene.[337] Die grafische Ebene wird in

[334] Meise, V. (2001) Ordnungsrahmen zur prozessorientierten, S. 62.

[335] vgl. Meise, V. (2001) Ordnungsrahmen zur prozessorientierten, S. 61 - 62.

[336] vgl. Meise, V. (2001) Ordnungsrahmen zur prozessorientierten, S. 63.

[337] vgl. Meise, V. (2001) Ordnungsrahmen zur prozessorientierten, 119 ff.

den weiteren Ausführungen nicht detaillierter beschrieben und pragmatisch im Hinblick auf allgemeingültige Modellierungskriterien, einem individuellen Design und entsprechender räumlichen Anordnung gewählt. Die strukturelle Gestaltung erfolgt auf Basis von Zuständen und Übergängen und wird nachfolgend beschrieben.

Erarbeitung der Strukturebene mittels Zuständen und Übergänge

Die Strukturziele im Sinne des grundlegenden Vorgehensmodells nach MEISE umfassen die Erläuterung der Ausgangssituation sowie des Zielbildes und auch die Berücksichtigung der in Kapitel 2 und 3 identifizierten Handlungsfelder. Diese werden abstrahiert und nachfolgend als Zustände und Übergänge in den Ordnungsrahmen integriert. Zunächst muss jedoch im Sinne des Grundsatzes der Konstruktionsadäquanz eine nachvollziehbare Struktur des Ordnungsrahmens erarbeitet werden. Dazu wird Bezug auf die Zielfunktion genommen. Diese ist konstituierend, sodass dahingehend bei der Zielerarbeitung auf Konsistenz geachtet werden muss.[338] Die impliziten Beziehungen zwischen einzelnen natürlich sprachlich formulierten Anforderungen einer Sammlung von Anforderung effizient zu extrahieren und entscheidungsunterstützend nutzbar zu machen, ist als Zielfunktion dieser Arbeit formuliert.

An diese Zielfunktion anlehnend kann im ersten Schritt das Zielbild durch zwei Säulen visualisiert werden. Hierbei repräsentiert eine Säule die einzelnen Anforderungen, die zweite Säule systemübergreifend und semantisch vernetzte Anforderungen. Gemäß dem oben beschriebenen Ziel, kann der Transfer vom Ist-Zustand der einzelnen hin zum Soll-Zustand der vernetzten Anforderungen als ein Zweck des zu entwickelnden Artefakts beschrieben werden. Wie in Kapitel 2.2 beschrieben, können Problemstellungen durch Modellierungen vereinfacht und gelöst werden. Da im Rahmen der zu entwickelnden Methodik ebenfalls eine Modellierung genutzt wird, kann bei den Säulen zwischen einer Betrachtung aus dem Anwendungszusammenhang der Realität sowie aus der Modellierung heraus unterschieden werden. Durch diese Überlagerung kann der Ordnungsrahmen in vier Quadranten eingeteilt werden.

Zur Verknüpfung der identifizierten Bereiche, wird auf die in Kapitel 2.2.1 wiedergegebene allgemeine Modelltheorie und deren Hauptmerkmale nach STACHOWIAK zurückgegriffen.[339] Die Hauptmerkmale können als Transitionen zwischen den eingeführten Quadranten genutzt werden.

---

[338] vgl. Schütte, R. (1998) Grundsätze Ordnungsmäßiger Referenzmodellierung, S. 119 - 120.

[339] vgl. Stachowiak, H. (1973) Allgemeine Modelltheorie, S. 131 - 132.

Die Transition von individuellen Anforderungen zu vernetzten Anforderungen ist dabei über das Verkürzungsmerkmal zu beschreiben. Hierbei wird im konkreten Fall die Analyse der semantischen Vernetzung auf Basis natürlicher Sprache fokussiert, sodass eine Verkürzung zur Vernetzung notwendig ist. Der Dualismus aus der Projektion von der Realität in die Modellierung und vice versa kann durch das Merkmal der Abbildung bzw. des Pragmatismus beschrieben werden. Die Abstraktion von der Realität in eine Modellierung beschreibt die *Abbildung*. Die Darstellung und Aufbereitung der *Vernetzung* in eine Menschen-lesbare Form entspricht dem *Pragmatismus*. Die sich ergebende Grundstruktur unter Berücksichtigung der Strukturziele ist in Abbildung 4-1 dargestellt. Dort sind die zuvor benannten Mechanismen Abbildung, Vernetzung, Pragmatismus der Modellierung an Pfeilen aufgetragen, um die Leserichtung von unten-links beginnend nachvollziehbar zu machen.

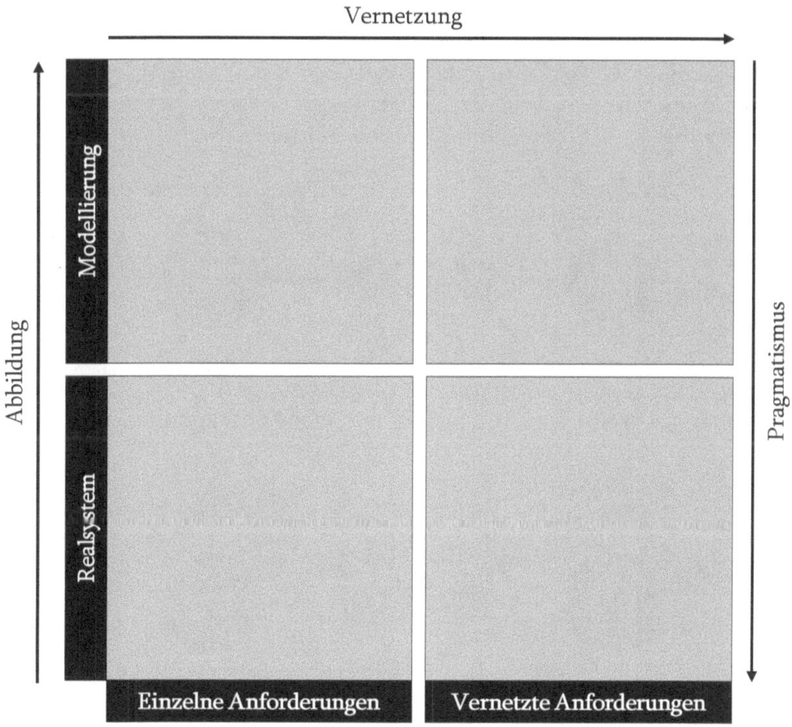

Abbildung 4-1: Zielstruktur des Ordnungsrahmens

Erarbeitung der Zustandsstruktur

Die Zustandsstruktur folgt der Strategie zur Verknüpfung von Ausgangssituation sowie dem Zielbereich und den dazu notwendigen Zwischenzuständen. Dazu wird jedem der vier zuvor beschriebenen Quadranten ein Zielzustand zugeordnet. Gemäß den Darstellungen in Kapitel 2 entspricht der initiale Ausgangszustand einer Sammlung von lose verknüpften individuellen Anforderungsdatensätzen. Diese müssen in ein maschinenlesbares Format gebracht und angereichert werden, sodass sowohl Anforderungstexte als auch Attribute, die eine Vernetzung bedingen können, verarbeitet werden können. Derart strukturierte Anforderungen müssen dann in systemübergreifende Anforderungsketten überführt werden. Hierbei bedeutet eine Verkettung, dass zwischen jeweils zwei Anforderungen bestehende Relationen identifiziert werden. Hierbei ist es möglich, dass eine Anforderung mit mehr als einer weiteren Anforderung in Relation steht, sodass aus einer Überlagerung aller möglichen Ketten ein Netz beliebiger Komplexität entsteht. Abschließend sind diese in eine menschenlesbare und im Anwendungskontext Nutzen bringende Darstellungsform zu überführen. Die vier entwickelten Zustände sind in Abbildung 4-2 dargestellt. Zu beachten ist, dass die Zielfunktion nur über die Erzeugung von Zwischenzuständen erreichbar ist.

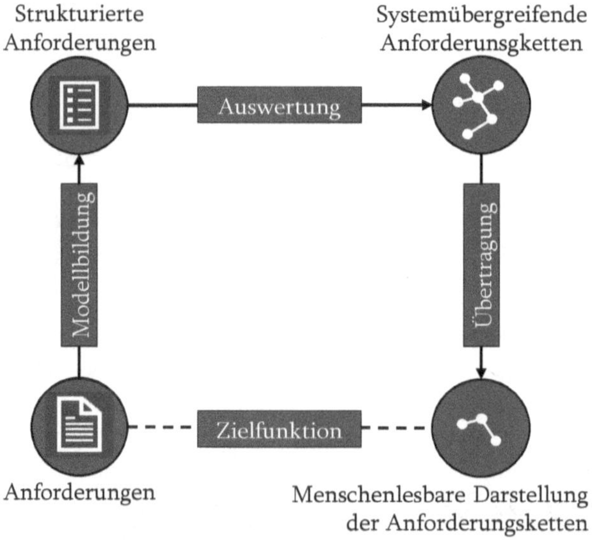

Abbildung 4-2: Ausgangs-, Zwischen, und Zielzustände der Methodik

Die in Kapitel 3 vorgestellten Ansätze zeigen, dass die Wissensrepräsentation wie sie in Kapitel 2.2.3 beschrieben ist, eine Voraussetzung für die Verarbeitung zur Analyse von natürlich sprachlichem Text ist. Hierdurch können beispielsweise hierarchische Beziehung, Definitionen und ähnliche teilweise domänen-spezifische semantische Beziehungen nutzbar gemacht werden. Außerdem ist es möglich, diese Wissensrepräsentation stetig zu erweitern. Auf dieser Basis, soll zusätzlich zu den bereits beschriebenen Quadranten und Zuständen eine Wissensrepräsentation in Form eines semantischen Speichers ergänzt werden. Dieser steht in Abhängigkeit von allen Zuständen und wird deshalb zentral verortet. Im Gegensatz zu den vier statischen Quadranten, handelt es sich beim semantischen Speicher jedoch um ein dynamisches Element des Ordnungsrahmens und wird deshalb den Zuständen zugeordnet.

Überlagerung der Strukturziele, Zustände und Übergänge

Die zuvor beschriebenen Strukturziele und Zustände werden in einer abschließenden Darstellung des Ordnungsrahmens überlagert. Hierbei wird zusätzlich die in Kapitel 2.2.1 eingeführte Unterscheidung zwischen Daten, Informationen und Wissen berücksichtigt. Dieser folgend werden Daten durch die Integration von Zusammenhängen zu Informationen. Im Anwendungsfall dieser Arbeit werden somit textuelle Anforderungsdaten durch eine Strukturierung auf die Informationsebene gehoben. Des Weiteren werden Informationen durch Einordnung und Interpretation zu Wissen. Somit erfolgt im Sinne des Anwendungsfalls die Übertragung auf die Wissensebene durch die Filterung und Visualisierung der vernetzten Anforderungsinformationen im Rahmen des Pragmatismus. Die abschließende Visualisierung des Ordnungsrahmens ist in Abbildung 4-3 dargestellt.

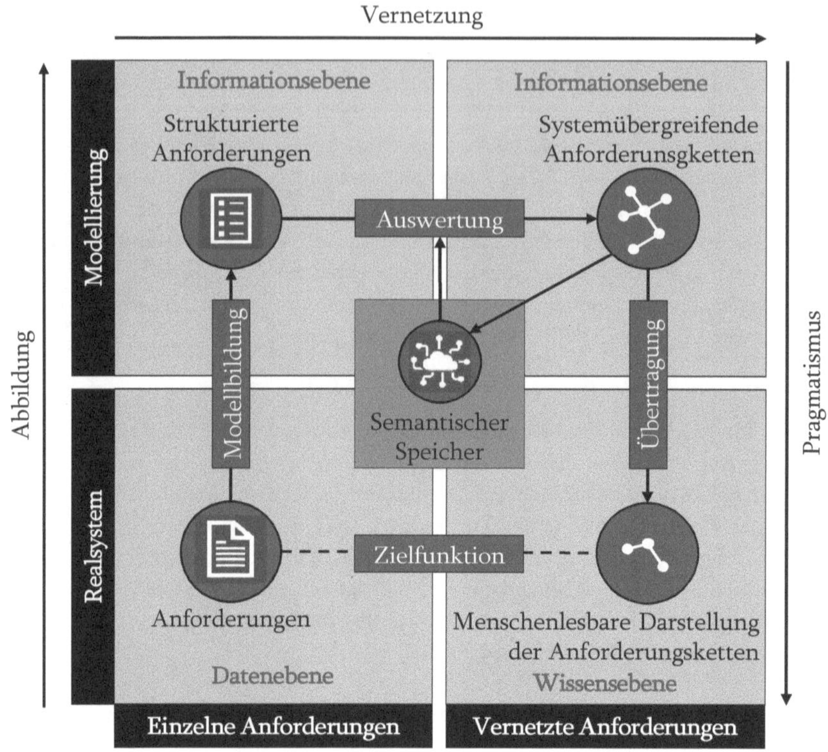

Abbildung 4-3: Strukturierung der Methodik im Ordnungsrahmen

4.2 Anforderung an die Methodik

Die in Kapitel 1.3 beschriebene und für diese Arbeit grundlegende Forschungsmethodologie DSR beschreibt nach PEFFERS ET AL. die Notwendigkeit der Formulierung einer qualitativen oder quantitativen Zielsetzung bzw. entsprechender Anforderungen an den zu entwickelnden Lösungsbeitrag.[340] In diesem Kapitel wird zwischen inhaltlichen und formellen Anforderungen unterschieden, die an die Methodik als zu entwickelnden Lösungsbeitrag gestellt werden. Diese werden wiederum forschungsleitend in der

[340] vgl. Peffers, K. et al. (2007) Design Science Research Methodology for Information Systems, S. 55.

Detaillierung der Methodik berücksichtigt und auch zur Validierung und kritischen Reflexion in Kapitel 6.4.2 herangezogen.

4.2.1 Inhaltliche Anforderungen

Die inhaltlichen Anforderungen an die zu entwickelnde Methodik ergeben sich aus den zuvor beschriebenen Erkenntnissen aus dem Rigor- und Relevance-Zyklus beziehungsweise der Motivation und Zielsetzung (Kapitel 1), dem Objektbereich (Kapitel 2) sowie den Herausforderungen der Praxis (Kapitel 3.1) und dem identifizierten Defizit der bestehenden Wissensbasis (Kapitel 3.5).

Die Entwicklung einer Methodik zur Anwendung von künstlicher Intelligenz zur Erzeugung semantischer Netze, mit Fokus auf der Darstellung von Abhängigkeiten natürlich sprachlich formulierter Anforderungstexte und Attribute, muss, unter Berücksichtigung dieser Vorarbeiten, den folgenden inhaltlichen Anforderungen gerecht werden.

In der Analyse der unternehmerischen Umwelt und Wissenschaftsgrundlagen wird beschrieben, dass systemübergreifende, durch Menschen durchgeführte iterative Analysen während der Anforderungsverwaltung notwendig sind. Diese dienen der Identifikation von Interdependenzen im Sinne der Vermeidung von Zielkonflikten während der Produktentwicklung. Gleichzeitig findet dieser Prozess nur mit geringer Prozesseffizienz statt, da eine menschliche Analyse von semi-strukturierten Texten die Grundlage der bisherigen Vorgehensweise ist. Daraus folgt die Zielsetzung einer **Unterstützung der Anforderungsanalyse durch eine Automatisierung**.

Eine primäre Herausforderung besteht hierbei jedoch im **Verständnis der natürlichen Sprache** selbst, die für die Formulierung von Anforderungen genutzt wird. Natürliche Sprache kann mehrdeutig und kontextabhängig sein. Die zu entwickelnde Methodik muss diese Eigenschaft berücksichtigen, um eine korrekte semantische Vernetzung zu ermöglichen. Die Identifikation und Extraktion der korrekten Bedeutung für die Repräsentation des Inhalts sowie der enthaltenen Konzepte durch Begriffe und Bezeichnungen muss als Herausforderung der Analyse von natürlich sprachlichem Text begriffen und entsprechende Methoden zur Bewältigung vorgehalten werden. Zusätzlich muss die Methodik dem Anspruch gerecht werden, hinsichtlich der verwendeten Sprache und Anforderungsattribute sowie deren Logik domänenspezifisch adaptiert werden zu können und gleichzeitig branchenunabhängig anwendbar zu sein.

Während der Analyse der bestehenden Wissensbasis konnte die Anforderung nach **Skalierbarkeit und Effizienz** für eine zu entwickelnde Methodik identifiziert werden.

Die Graphen-basierte Wissensrepräsentation zeigt sich als geeignet für die maschinelle und menschliche Anwendung, wobei die Erstellung semantischer Netze für umfangreiche Dokumentensammlungen als für Menschen nicht handhabbar und für die Maschinen-basierte Erstellung als rechenintensiv beschrieben wird. Es zeigt sich, dass regelbasierte Ansätze nicht geeignet sind. Aufgrund immenser bestehender und weiterwachsender Umfänge der Datensätze zu verwaltender Anforderungen, ist die Maschinen-basierte Erstellung von semantischen Netzen notwendig und muss durch geeignete Methoden skalierbar und effizient möglich sein.

Ein weiterer Aspekt in der Formulierung inhaltlicher Anforderungen sind die **Qualitätssicherung, Interpretierbarkeit und Transparenz.** Abgeleitet aus der Analyse bestehender Theorie in Gegenüberstellung mit dem Anspruch der Anwendbarkeit im Geschäftsumfeld kann deshalb die nachfolgende Anforderung formuliert werden. Um die Qualität der semantischen Netze hinsichtlich der **Korrektheit, Vollständigkeit und Nützlichkeit** zu sichern, müssen geeignete Methoden genutzt werden. Dabei muss die automatisierte Erstellung der semantischen Netze **für den Menschen als Nutzer nachvollziehbar und interpretierbar** sein.

4.2.2 Formale Anforderungen

Die Detaillierung des Lösungskonzeptes durch die Entwicklung entsprechender Artefakte im Sinne der DSR basiert auf einer Modellierung. Dazu wurde in Kapitel 2.2.1 nach STACHOWIAK bereits beschrieben, dass die drei konstituierenden Merkmale hierbei das Abbildungsmerkmal, das Verkürzungsmerkmal und das pragmatische Merkmal sind.[341] Korrespondierend dazu beschreibt PATZAK fünf Charakteristika für Modelle und deren Aufstellung.[342] Diese sind als formale Anforderungen dienlich, da die folgenden Ausführungen der Modell- und Systemtheorie nach STACHOWIAK und PATZAK folgen. Die Spezifikation der formalen Anforderungen berücksichtigt jedoch ergänzend die Ausführungen von AIER UND FISCHER. Demnach ist die Auswahl der Bewertungskriterien zum einen dem Verwendungszweck und der Umgebung angepasst zu wählen und zum anderen eine Eignung für die Artefaktentwicklung gemäß der DSR zu berücksichtigen.[343] Daraus ergibt sich die folgende Spezifikation der formalen An-

[341] vgl. Stachowiak, H. (1973) Allgemeine Modelltheorie, S. 131 - 132.

[342] vgl. Patzak, G. (1982) Systemtechnik - Planung komplexer innovativer Systeme, S. 309.

[343] vgl. Aier, S. et al. (2011) Criteria of progress, S. 142 - 144.

forderungen für die Entwicklung eines Informationssystems, die auf den zuvor benannten Autoren, PATZAK im Allgemeinen sowie AIER UND FISCHER im Besonderen beruht.[344]:

Das zu entwickelnde Artefakt muss **empirische Richtigkeit** aufweisen und folglich die für die Fragestellungen relevanten Systemelemente des Realsystems abbilden. Dies resultiert in einer hinreichenden **Genauigkeit und Nutzbarkeit sowie in einem zweckbezogen produktiven Erzeugnis**.

Die **interne Konsistenz** fordert, dass jedes Element des zu erzeugenden Artefakts in sich und für sich schlüssig ist. Über die **formal einwandfreien Elemente** hinsichtlich Form und Funktion ergibt sich ein konsistentes Gesamtsystem.

Ergänzend ist eine **externe Konsistenz** zu erreichen, indem die bestehende Wissensbasis bei der Entwicklung berücksichtigt wird. Dies gelingt durch eine **nachvollziehbare Wahl bestehender Theorien**.

Nach PATZAK besteht die Forderung nach einer **Handhabbarkeit** und möglichst **geringem Aufwand bei der Erzeugung sowie der Anwendung** des Ergebnisses selbst. Dazu ist der Umfang des Artefakts entsprechend zu wählen und gleichzeitig die Komplexität der Modellierung auf ein Minimum zu reduzieren ohne dabei die Nutzbarkeit zu gefährden.

Abschließend gilt, dass das zu entwickelnde Artefakt selbst einen Beitrag durch die Ergänzung der bestehenden Wissensbasis leisten muss. Demnach muss das Ergebnis **ergiebig für wissenschaftliche Aktivitäten** sein in Form von Untersuchungen respektive der Initiierung weiterer Forschungsaktivitäten.

4.3 Formale Beschreibung und Konzeptionierung der Methodik

Nachdem in den vorausgehenden Kapiteln zunächst ein Ordnungsrahmen sowie die inhaltlichen und formalen Anforderungen an die Methodik formuliert wurden, folgt im Weiteren eine modelltheoretische Einordung einzelner Teilmodelle der zu entwickelnden Methodik sowie die dazu korrespondierende phasenbasierte Konzeptionierung der Methodik. Geleitet wird die Konzeptionierung der Teilmodelle durch das

---

[344] vgl. Patzak, G. (1982) Systemtechnik - Planung komplexer innovativer Systeme, S. 309vgl. Aier, S. et al. (2011) Criteria of progress, 147 ff.

Ziel, hierdurch die in Teilforschungsfragen unterteilte Forschungsfrage beantworten zu können.

4.3.1 Konzeption des Beschreibungsmodells zur Definition des Zielsystems

In Kapitel 2.1.2 wird die Anforderungsverwaltung als notwendiger Bestandteil der Produktentstehung beschrieben. Hierbei wird bereits in der deskriptiven Studie der bestehenden Definitionen und Grundlagen deutlich, dass das Anforderungsmanagement selbst ein komplexer Prozess ist. Gleichzeitig wird im Rahmen der in Kapitel 2.3.1 wiedergegebenen grundlegenden Rahmenwerke für datenbasierte Prozesse hervorgehoben, dass eine Beschreibung der Aufgabe eine grundlegende Vorbereitung für die Auswahl adäquater datenbasierter Methoden und Modelle ist. Ergänzende Vorbereitungen sind auch ein Datenverständnis sowie die entsprechende Vorbereitung der Daten für die nachfolgende Verwendung. Gemäß diesen Grundlagen sowie dem in Kapitel 4.1 beschriebenen Ordnungsrahmen muss die semantische Vernetzung von natürlich sprachlichen Anforderungen im Kontext bestehender Modelle zur Beschreibung des Anforderungsmanagements verortet werden, um somit den Anwendungsfall beschreiben zu können. Folglich besteht der Bedarf, ein Beschreibungsmodell zur systematischen Beschreibung des Anwendungsfalls sowie zur Beschreibung des Aufbaus des Informationssystems und der Datenbasis zu entwickeln. Durch eine hinreichende Abstraktion ist zu gewährleisten, dass die Methodik branchenübergreifende Gültigkeit behält. Gleichzeitig ist das Modell durch eine klare Struktur und die Auswahl adäquater Methoden derart zu gestalten, dass es dem Anwender die Möglichkeit gibt, trotz der Abstraktion einen Übertrag in ein spezifisches Anwendungs- und Zielsystem zu ermöglichen. Konkret muss das zu entwickelnde Beschreibungsmodell die folgende Teilforschungsfrage beantworten:

Wie kann die relevante Umweltkomplexität für die Analyse semantischer Ähnlichkeit von natürlich sprachlich formulierten Anforderungen in der Produktentstehung beschrieben werden?

4.3.2 Konzeption des Gestaltungsmodells zur Vernetzung von Anforderungsinformationen

Ein zentrales Element der Lösungshypothese ist, dass bestehende Methoden zur Verarbeitung von natürlich sprachlichem Text genutzt werden können, um die semantische Abhängigkeit von Anforderungen zu analysieren. Dazu sind textuelle Datenfelder von Anforderungsdatensätzen zu nutzen und diese durch geeignete Methoden der Informationsmodellierung verwertbar zu machen. Hierzu ist ein Zwischenzustand zu erzeugen, der die Grundlage für die letzte Transition zu einer fallspezifischen Darstellung der semantischen Ähnlichkeit der textuellen Datenfelder bzw. Datensätze schafft, welche wiederum für den Menschen in der Anforderungsanalyse nutzbar gemacht werden kann. Unter Berücksichtigung des eingeführten Ordnungsrahmens ist somit die Erzeugung der Wissensrepräsentation in Form des semantischen Speichers sowie der Vorgang zur Vernetzung zu gestalten.

Forschungsleitend soll hierbei die Erzeugung einer Wissensbasis sein, die in Anlehnung an die von KNAUF dargestellte Referenzarchitektur eine projektspezifische Wissensbasis ermöglicht und die dazu notwendigen methodischen Schritte auf Basis aktuell verfügbarer Ansätze und Algorithmen erklärt.[345] Zusätzlich besteht der Anspruch, das Vorgehen selbst und auch die zu gestaltende Wissensbasis gemäß GÖRZ ET AL. zu beschreiben, sodass ein Verifizieren und Modifizieren auch unabhängig von einem konkreten System möglich ist.[346] Demnach ist das Gestaltungsmodell im Sinne einer modularen Aneinanderreihung von Methoden und Algorithmen zu entwickeln.

Ein weiteres konstituierendes Merkmal des zu entwickelnden Gestaltungsmodells besteht darin, dass die Informationsmodellierung in Form einer Wissensrepräsentation durch die Superposition von strukturierten Daten und prädikativem Wissen sowie des assoziativen Wissens ermöglicht werden soll. Gemäß der Arbeit von WEYER UND POHL kann durch die Integration unterschiedlicher Kontexte in einer integrierten Darstellung eine Informationsmodellierung erzeugt werden, die einen Mehrwert bei der kontextabhängigen Analyse von komplexen Systemen bildet, sodass auch dieser Ansatz verfolgt werden soll.[347] Zusätzlich muss das Gestaltungsmodell auch der in Kapitel 2.1 beschriebenen Herausforderung gerecht werden, dass die Anforderungsverwaltung als Teil des Anforderungsmanagements ein iterativer Prozess ist. Somit muss nicht nur ein initialer Aufbau, sondern auch eine Anpassung und Veränderung der Wissensbasis expliziter Teil des Gestaltungsmodells sein.[348]

Das zu entwickelnde Gestaltungsmodell soll unter Berücksichtigung des zuvor beschriebenen Grobkonzept die folgende Teilforschungsfrage beantworten:

[345] vgl. Knauf, R. (2012) Skript zur Lehrveranstaltung.

[346] vgl. Görz, G. et al. (2021) Handbuch der Künstlichen Intelligenz, S. 35.

[347] vgl. Weyer, T. et al. (2008) Referenzstrukturierung modellbasierter Kontextanalyse, S. 185.

[348] vgl. Meis, J.-F. (2017) Produktionsseitiges Anforderungsmanagement, S. 46.

Wie können natürlich sprachlich formulierte Anforderungsartefakte datenbasiert abgebildet und vernetzt werden, um diese effizient im Produktentstehungsprozess bezüglich möglicher semantischer Interdependenzen zu analysieren?

4.3.3 Konzeption des Erklärungsmodells zur Darstellung von identifizierten Interdependenzen

Das letzte Teilmodell dient dazu eine Erklärung im Sinne des Pragmatismus zu schaffen. Nachdem zuvor beschrieben wurde, wie eine Wissensbasis in Form einer Wissensrepräsentation in semantischen Netzen aufgebaut werden kann, gilt es anschließend zu erklären, wie diese verwendet werden kann. Hierzu ist auf Basis der bestehenden Erkenntnisse sowie adäquater Methoden, eine Erklärung zum Ermöglichen einer Operationalisierung zu geben. Die Erklärung soll dabei im Sinne einer Anwendung zur semantischen Suche erfolgen, anhand derer die Nutzung der Wissensrepräsentation zur Erzeugung geeigneter Graphen anwendungsorientiert in einer Aneinanderreihung von Methoden und Algorithmen abgebildet wird. Somit ist nicht nur eine Erklärung für die Erzeugung der Graphen-basierten Darstellung der semantischen Vernetzung zu entwickeln, sondern auch die Analyse durch den menschlichen Nutzer zu diskutieren.

Dieses Teilmodell der Methodik liefert somit eine Erklärung zur Transition durch Pragmatismus wie im Ordnungsrahmen beschrieben und soll die folgende Teilforschungsfrage beantworten:

Wie kann die Darstellung von vernetzten Anforderungen komplexitätsgerecht erfolgen und nutzbar gemacht werden?

4.4 Vorarbeiten des Autors im Sinne der Iteration nach DSR

Wie im Rahmen der Forschungskonzeption in Kapitel 1.3 beschrieben, wird die Forschungsmethodologie DSR für die Arbeit zu Grund gelegt. Die darin beschriebenen Iterationen werden jedoch nicht explizit in der vorliegenden Arbeit beschrieben. Besonders im Sinne des theoretischen Erkenntnisgewinns liegen jedoch multiple Vorarbeiten vor, die bereits vorab an unterschiedlichen Stellen im Peer-Review-Veröffentlichungsprozess geprüft und veröffentlicht wurden und federführend durch den Autor dieser Dissertation verfasst wurden. Hinzu kommt die Entwicklung eines Tools, dass forschungsbegleitend weiterentwickelt wurde, sodass theoretische Inhalte aus dem Rigor-Zyklus, aber auch Anforderungen und Feedback von Nutzern im Relevance-Zyklus eingebunden werden konnten. Die Nutzerrückmeldung konnte während unterschiedlicher Messen, sowie auch in der Zusammenarbeit mit Unternehmen unterschiedlicher Größe in Konsortialprojekten gewonnen werden und ist wiederum nicht nur in die Artefaktentwicklung, sondern auch in die bereits erwähnten Veröffentlichungen eingegangen. In Abbildung 4-4 sind die Vorarbeiten des Autors den Phasen des Forschungsprozesses zugeordnet abgebildet.

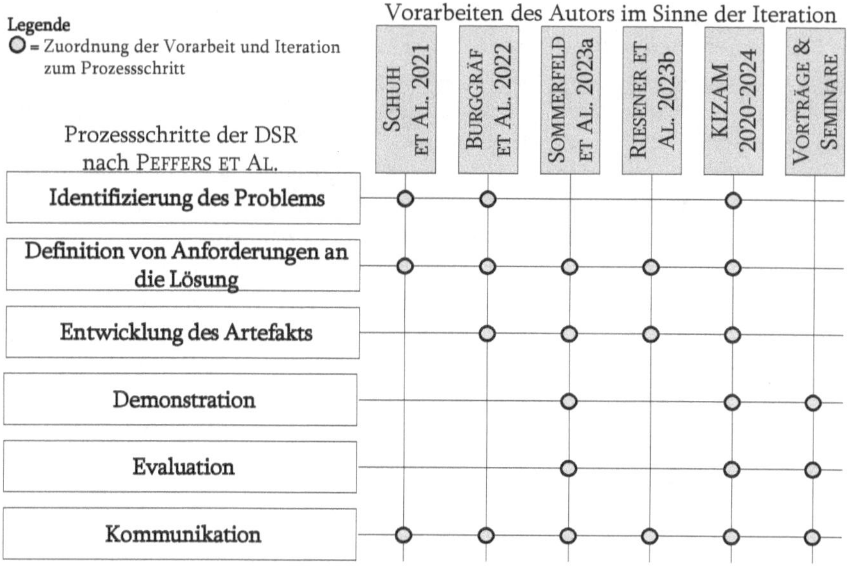

Abbildung 4-4: Vorarbeiten des Autors im Sinne der Iteration nach DSR[349, 350]

[349] vgl. Schuh, G. et al. (2021) Review of Data Based Methods, 359 ff.; vgl. Burggräf, P. et al. (2022) Use of AI for Dependencies Analysis, 225 ff.; vgl. Sommerfeld, T. et al. (2023a) Effizienz und Qualität im RE mit KI, 313 ff.; vgl. Riesener, M. et al. (2023b) Data Based Analysis, 891 ff.

[350] Der Autor war federführend beteiligt in der Konzeptionierung und Durchführung des öffentlich geförderten Konsortial-Forschungsprojektes „Künstliche Intelligenz im Ziel- und Anforderungsmanagement (KIZAM)", das auf Grundlage der Entscheidung des Deutschen Bundestages in den Jahren 2020-2024 durch das Bundesministerium für Wirtschaft und Klimaschutz gefördert wurde. In diesem Zeitraum leitete der Autor Seminare sowie Schulungen und besuchte Kongresse zur Kommunikation der Ergebnisse seiner Forschungsarbeit und für den wissenschaftlichen Austausch.

4.5 Zusammenfassung der Konzeption und Zwischenfazit

Im vorliegenden vierten Kapitel war es das Ziel, ein Konzept für eine Methodik zu entwickeln, das die Analyse der Interdependenzen von natürlich sprachlich formulierten Anforderungsartefakten ermöglicht. Dazu wurde in Kapitel 4.1 zunächst ein Ordnungsrahmen entwickelt. Dieser unterstützt die Konzeption der Methodik durch eine Struktur, in der ein phasenbasierter Ablauf dargestellt werden kann. Dazu werden der Ausgangs- und der avisierte Zielzustand sowie die Zwischenzustände überlagert, die auf Basis von modelltheoretische Annahmen eingeführten werden. Sowohl dazu als auch bei der nachfolgenden Formulierung der inhaltlichen und formalen Anforderungen sind die vorangegangenen Untersuchungen der bestehenden Wissensbasis und der Herausforderungen der Praxis zu Grunde gelegt worden. In Kapitel 4.3 sind dann Partialmodelle eingeführt worden, die auf den Darstellungen der Modelltheorie in Kapitel 2.2.1 basieren und entsprechend als Beschreibungs-, Gestaltungs- und Erklärungsmodell konzipiert werden. Jedes Teilmodell adressiert jeweils eine der Teilforschungsfragen, die komplementär zum Aufbau des Ordnungsrahmens sind aber auch die in Kapitel 1.2 formulierte Hauptforschungsfrage dieser Arbeit erschließen. Abbildung 4-5 fasst das Methodikkonzept zusammen und zeigt das avisierte Zielbild.

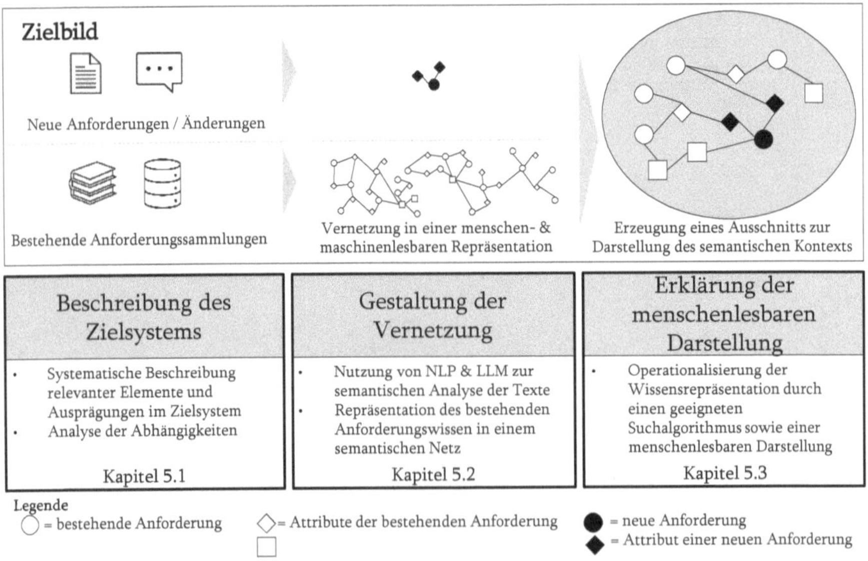

Abbildung 4-5: Zusammenfassende Darstellung des Methodikkonzepts

Abschließend wird im Kapitel 4.4 die Vorarbeit des Autors reflektiert und im Forschungsvorgehen verortet. Dies berücksichtigt die Forschungsmethodologie und wird als Iteration im Sinne der DSR angeführt. Es wird darauf verwiesen, dass Teile dieser Vorarbeiten in einem Peer-Review an unterschiedlichen Stellen veröffentlicht worden sind und die Erkenntnisse in eine Toolentwicklung im Sinne der Artefaktentwicklung eingebracht werden konnten. Die Erkenntnisse aus dieser Vorarbeit sowie weitere Forschungsaktivitäten sollen in den folgenden Kapiteln mittels einer Detaillierung in einen Ablauf umgesetzt werden, der gemäß der Konzeption unterschiedliche Methoden in Teilmodellen kombiniert. Es ist eine Detaillierung der Methodik zu beschreiben, gemäß derer eine Evaluationsumgebung aufgebaut werden kann. Die dazu notwendigen Inhalte sind im nachfolgenden Kapitel 5 beschrieben.

5 Detaillierung der Methodik

Im Kapitel 5 wird, aufbauend auf dem in Kapitel 4.1 beschriebenen Ordnungsrahmen, eine Methodik beschrieben, die das Entwicklungsartefakt im Sinne der DSR darstellt. Der begrifflichen Abgrenzung von ZEHNTER ET AL. folgend, umfasst eine Methodik eine Abfolge von Methoden, die der Erreichung eines übergreifenden Ziels dient. Das Ziel der Arbeit kann im Sinne des Rigor-Zyklus als Beantwortung der Forschungsfrage definiert werden, bzw. im Relevance-Zyklus als Beitrag zur Problemlösung zur Anwendung im Geschäftsumfeld. Nach ZEHNTER ET AL. sind die der Methodik untergeordneten Methoden die Beschreibung des Vorgehens durch Handlungsvorschriften zur Unterstützung des Nutzers.[351] Im folgenden Kapitel ist die Methodik anhand der drei zuvor entwickelten Teilmodelle in den Kapiteln 4.3.1, Kapitel 4.3.2 und Kapitel 4.3.3 beschrieben. Ein jedes Teilmodell wird dabei durch entsprechende Methoden in einem planmäßigen Vorgehen beschrieben, um Ergebnisse zu erzeugen, die in nachfolgenden Methodenschritten sowohl innerhalb eines Modells als auch Methodik-übergreifend genutzt werden können. Abbildung 5-1 zeigt diesen Aufbau schematisch. Durch diese Form der Detaillierung wird die Grundlage geschaffen, eine Evaluierungsumgebung zu gestalten, die genutzt werden kann, um das Forschungsergebnis zu demonstrieren.

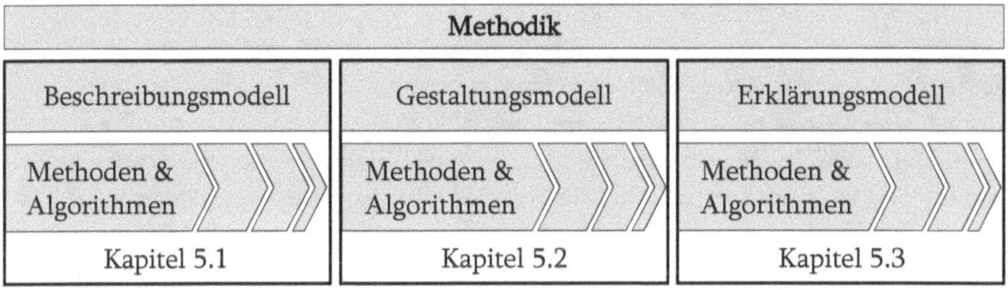

Abbildung 5-1: Modell- und methodenbasierter Aufbau der Methodik

5.1 Beschreibungsmodell des Zielsystems

Das erste Modell der Methodik adressiert als Beschreibungsmodell die Beantwortung der folgenden, zuvor formulierten Teilforschungsfrage:

---

[351] vgl. Zehnter, C. et al. (2012) Key-Performance-Analyse von Methoden, S. 13.

Wie kann die relevante Umweltkomplexität für die Analyse semantischer Ähnlichkeit von natürlich sprachlich formulierten Anforderungen in der Produktentstehung beschrieben werden?

Somit besteht das Ziel des Modells darin, ein Vorgehen zur Beschreibung des Einsatzfalls zu erzeugen. Hierbei ist ein ausreichender Abstraktionsgrad zu wählen, um eine Nachvollziehbarkeit zu gewährleisten und die Herausforderungen, welche die nachfolgende Gestaltung der Vernetzung und die Erklärung in weiteren Teilmodellen beeinflussen, verorten zu können. Durch eine systematische Beschreibung des Zielsystems wird die Grundlage für den Aufbau eines Relationenmodells geschaffen, sodass auch Abhängigkeiten nachvollziehbar gemacht werden können. Nachfolgend wird das entwickelte Vorgehen beschrieben.

Natürlich sprachlich formulierte Anforderungen sind aufgrund ihrer Vernetzung auf Basis der semantischen Abhängigkeit per se komplex, aber auch Teil eines komplexen Systems. In der Zusammenfassung relevanter Grundlagen in Kapitel 2 werden bereits unterschiedliche Systemelemente betrachtet und im Kontext definiert. Es fehlt jedoch eine systematische Strukturierung des Zielsystems, sodass im Folgenden auf Basis einer systemtheoretischen Betrachtung die unterschiedlichen Systemelemente zunächst identifiziert werden und dann anhand ihrer diskreten Ausprägungen beschrieben werden. Methodisch handelt es sich hierbei um einen morphologischen Kasten, der eine Exploration und systematische Strukturierung des Problemlösungsraums ermöglicht.[352] Der Nutzen dieser Methode besteht neben der strukturierten Darstellung der Systemelemente darin, dass die Beschreibung unkompliziert erweitert werden kann.[353] Diese Methode wird genutzt, um das grundlegende Beschreibungsmodell aufzustellen und ist somit richtungsweisend für die folgenden Teilmodelle. Gleichzeitig ist im Umfeld der datenbasierten Methoden und Informationssysteme eine stete Weiterentwicklung zu erwarten, sodass eine Anpassung und Weiterentwicklung dieses grundlegen-

[352] vgl. Kaufmann, T. (2021) Strategiewerkzeuge aus der Praxis, S. 164.

[353] vgl. Schawel, C. et al. (2018) Top 100 Management, S. 219.

den Modells dazu beiträgt, dass Teilaspekte der inhaltlichen und formalen Anforderungen erfüllt werden können.[354] Das Vorgehen folgt der schematischen Darstellung in Abbildung 5-2, wobei der dritte Schritt abweichend von der grundlegenden Methodik nicht als Matrix, sondern durch ein Relationenmodell in Kapitel 5.1.3 detailliert betrachtet wird. Dies entspricht den Grundlagen der Wissenstheorie, wie sie in Kapitel 2.2.1 beschrieben sind, wonach visuelle Informationen den Beschreibungsgrad schneller erhöhen können als eine textuelle Beschreibung.

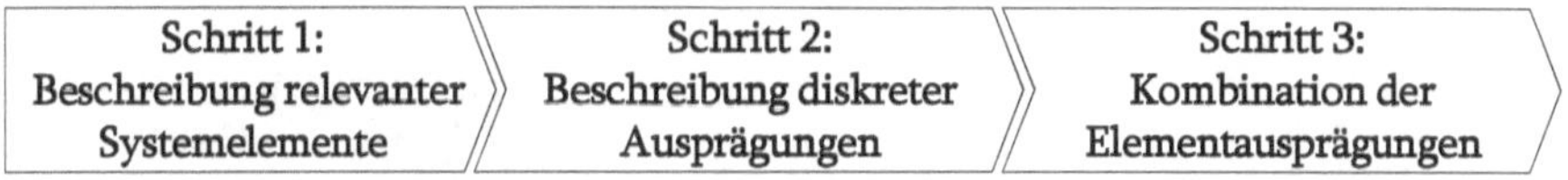

Abbildung 5-2: Vorgehen des Beschreibungsmodells[355]

5.1.1 Systemtheoretische Beschreibung relevanter Elemente des Zielsystems

Die systemtheoretische Beschreibung für die Vernetzung von Anforderungen wird im Folgenden strukturiert und zusammengeführt. Die Basis für die vorliegende Beschreibung stellen die Grundlagen nach VON BERTALANFFY, ROPOHL sowie PATZAK dar. Deren Definition folgend kann ein System über Systemelemente, Systemgrenzen, Relationen sowie eine Systemumgebung ausgedrückt werden.[356] PATZAK betont, dass die Definition des Ziels ein zentraler Bestandteil einer anwendungsorientierten Systemdefinition ist und somit entscheidend für die Relationen der Systemelemente im Systemkontext ist.[357] ROPOHL unterscheidet zwischen hierarchischen, strukturalen und funktionalen Konzepten für Systeme. Eine Überlagerung der Konzepte ist jedoch möglich und wird

---

[354] Gemäß den inhaltlichen Anforderungen in Kapitel 4.2.1 muss die entwickelte Methodik transparent und für den Menschen nachvollziehbar bleiben. Durch die grundlegende Abstraktion des Systemverständnisses im Beschreibungsmodell bleiben die Annahmen, die für die Entwicklung getroffen wurden, nachvollziehbar. Gleichzeitig berücksichtigt das Beschreibungsmodell als Grundlage der Methodik die formellen Kriterien, indem Schnittstellen für wissenschaftliche Aktivitäten geschaffen werden. Hierbei ist es möglich sowohl die gesamte Methodik im größeren Kontext zu verorten, oder aber auch einzelne Subsysteme oder Systemelemente zu ergänzen oder zu ersetzen.

[355] vgl. Schawel, C. et al. (2018) Top 100 Management, S. 219.

[356] vgl. von Bertalanffy, L. (1969) General System Theory, S. 54.

[357] vgl. Patzak, G. (1982) Systemtechnik - Planung komplexer innovativer Systeme, S. 19.

auch in der vorliegenden Übertragung genutzt, indem ein zunächst strukturales Konzept beschrieben wird, jedoch nachfolgend teilweise mittels der Ausprägungen entsprechende Komponenten in einem hierarchischen Konzept beschrieben werden.[358]

Das Ziel der Methodik und somit die Grundlage der Systemdefinition ist die Vernetzung von Anforderungen sowie die Operationalisierung des entstandenen Netzes im Anforderungsmanagement. Somit sind die konstituierenden Elemente des Systems und somit das Sachsystem die ***Anforderungen*** selbst sowie die entsprechenden ***Relationen***. Wie zuvor hervorgehoben muss dieses jedoch im Systemkontext betrachtet werden. Die Zielsetzung der vorliegenden Arbeit ist es nicht nur, die Anforderungen zu vernetzen, sondern auch eine Darstellung der Vernetzung zu schaffen, um eine Operationalisierung in der Produktentwicklung zu ermöglichen. ROPOHL spricht in diesem Kontext von einer soziotechnischen Integration, die einer Integration des Sachsystems in ein Handlungssystem entspricht.[359] Handlungssysteme sind Systeme, die Handlungen ausführen, also die Transformation von Situationen gemäß bestimmten Maximen bewirken. Diese Systeme können beispielsweise Menschen als Handlungsträger oder von Menschen geschaffene Informationssysteme sein. Handlungssysteme sind offene Systeme, die neben Funktionen und Strukturen auch eine Umgebung haben, mit der sie durch Austauschbeziehungen verbunden sind. Handlungssysteme können ihre Umgebung, sich selbst oder beides gleichzeitig verändern.[360] Das in dieser Arbeit betrachtete Handlungssystem ist sowohl mit Schnittstellen zum Sachsystem sowie mit Schnittstellen zum Systemkontext versehen und kann von beidem sowohl verändert werden als auch entgegengesetzt diese verändern. Dieses Handlungssystem bilden die notwendigen ***Algorithmen*** zur Erzeugung, die notwendigen Systemkomponenten des ***Wissensspeichers*** bzw. der ***Datenbanken***, zur Sicherung der erzeugten Vernetzung, die ***Benutzerschnittstelle*** sowie der ***Nutzer*** selbst. Notwendige Hardware für die Bereitstellung von Rechenleistung oder Speicherkapazitäten oder der Darstellung kann ebenfalls in dieser Beschreibung verortet werden. Es findet im Rahmen dieser Arbeit hierzu jedoch keine weitergehende Untersuchung statt, sodass Hardware als Systemelement der Systemumgebung zugeordnet wird.

Nach LAUDON ET AL. muss ebenfalls die Systemumgebung im Sinne der adressierten Organisation, der Abläufe und auch der zur Verfügung stehenden Technik berücksichtigt werden. Im Kontext des Zielsystems sind dies ***bestehende Software bzw. Systeme***

---

[358] vgl. Ropohl, G. (2009) Allgemeine Technologie, 75 ff.

[359] vgl. Ropohl, G. (2009) Allgemeine Technologie, S. 197.

[360] vgl. Dangelmaier, W. (2017) Sprachausdrücke, Logik, Schlüsse, 52 ff.

oder auch ***verfügbare (Sprach-)Modelle*** oder ***Technologien***.[361] Ein weiterer Aspekt der Systemumgebung ist die bestehende ***Regulatorik*** sowie die ***Organisation***, in der das Handlungssystem verortet ist.

Eine schematische Darstellung dieser Grundlagen und die Anwendung zur Definition des Systems dieser Arbeit findet sich in Abbildung 5-3. Die Grundlage für die vorausgehende Beschreibung und Definition ist in Kapitel 2 gegeben sowie in einer systematischen Literaturrecherche in Kapitel 3 erarbeitet worden. Das Vorgehen der systematischen Literaturrecherche selbst ist in Kapitel 3.3.1 beschrieben.

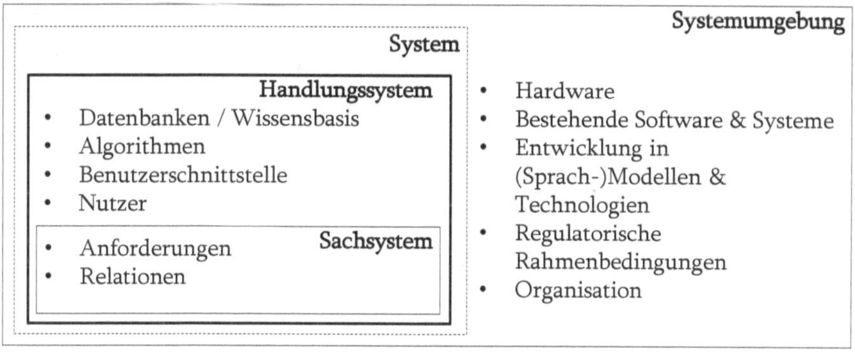

Abbildung 5-3: Systemkonzept einer datenbasierten semantischen Vernetzung

5.1.2 Beschreibung diskreter Ausprägungen

Nachdem vorausgehend eine schematische Darstellung des Systems erzeugt wurde, werden nachfolgend die diskreten Ausprägungen der Systemelemente im Kontext beschrieben. Für die in Kapitel 5.1.3 nachfolgende Modellierung und in Anlehnung an das zuvor eingeführt struktural hierarchische Systemkonzept nach ROPOHL wird dabei zwischen Subsystemen und Ausprägungen unterschieden.

Anforderungen

Das Systemelement "Anforderungen" steht im Zentrum des Sachsystems. Es ist der Fokus der KI-basierten Vernetzung von Anforderungen. Anforderungen sind präzise und klar definierte Bedingungen oder Fähigkeiten, die ein System oder eine Komponente

[361] vgl. Laudon, K. et al. (2016) Wirtschaftsinformatik, S. 19.

erfüllen muss, um den Bedürfnissen und Erwartungen der Stakeholder gerecht zu werden. Die Beschreibung und Darstellung von Anforderungen erfolgt durch verschiedene Subsysteme und Ausprägungen, die jeweils spezifische Aspekte und Inhalte der Anforderungen abdecken.[362]

Es wird nachfolgend zwischen den zwei Subsystemen ***Anforderungsdarstellung*** und ***Anforderungsattributen*** unterschieden. Folgende Ausprägungen sind für das Subsystem Anforderungsdarstellung enthalten, wobei im Sinne der Methodik nachfolgend nur Anforderungstexte berücksichtigt werden:

- Der ***Anforderungstext*** ist die grundlegende und häufigste Form der Darstellung von Anforderungen. Mittels der natürlich sprachlichen textuellen Beschreibung werden Erwartungen an das System oder einer Komponente detailliert. Der Text umfasst spezifische Bedingungen, Kriterien und Ziele, die erreicht werden sollen. Eine präzise und unmissverständliche Formulierung ist dabei essenziell.
- ***Visuelle Darstellungen*** wie Bilder und Zeichnungen ergänzen den Anforderungstext. Sie können komplexe Zusammenhänge und Strukturen illustrieren und somit die Wahrnehmung des Lesers beschleunigen. Beispiele hierfür sind technische Diagramme, Prozessflüsse, Benutzeroberflächen-Designs und Architekturskizzen.
- ***Tabellen*** sind eine weitere mögliche Ausprägung zur Darstellung von Anforderungen. Sie bieten eine übersichtliche und strukturierte Darstellung von Informationen, die in einer tabellarischen Form darstellbar sind und zu vergleichen sind. Tabellen können beispielsweise Listen von Anforderungen, Vergleichstabellen für Alternativen, Spezifikationen und Messwerte enthalten. Sie erleichtern die Analyse und das Reporting und unterstützen die konsistente Dokumentation von Anforderungen.

Anforderungsattribute sind als Subsystem der Anforderungsdarstellung nebengeordnet und ergänzen diese.

- Anforderungsattribute stellen zusätzliche Informationen und Kontext bereit. Zu den Anforderungsattributen zählen beispielsweise Priorität, Status, Verantwortlichkeiten, Erstellungsdatum und Versionierung. Diese Attribute ermöglichen eine strukturierte Verwaltung und Nachverfolgung der Anforde-

[362] vgl. Pohl, K. et al. (2015) Basiswissen Requirements Engineering, S. 3.

rungen über den gesamten Lebenszyklus eines Projekts. Sie erleichtern zudem die Klassifikation und Kategorisierung, was wiederum eine Vernetzung unterstützen kann.

Relationen

Relationen definieren die Vernetzung zwischen Anforderungen, sodass das abzubildende Netzwerk des Sachsystems entsteht. Einzelne Anforderungsinformationen erhalten durch Relationen einen Kontext, der für diverse Aufgaben der Anforderungsverwaltung relevant ist. Grundsätzlich kann hierbei zwischen **impliziten** und **expliziten** Relationen unterschieden werden. Implizite Relationen sind zwar vorhanden, aber in der Modellierung nicht enthalten, da diese für menschliche und maschinelle Analyse-Verfahren nicht verwertet werden können, bzw. erst expliziert einen Mehrwert darstellen.

Relationen zwischen Anforderungen können jedoch auch hinsichtlich der Semantik unterschieden werden. Diese werden nachfolgend als Ausprägungen beschrieben.

- **Hierarchische Beziehungen** repräsentieren eine strukturelle Abhängigkeit zwischen Anforderungen gemäß einer Hierarchie. Diese Art der Beziehung zeigt an, dass eine Anforderung (übergeordnete Anforderung) in mehrere detailliertere Anforderungen (untergeordnete Anforderungen) unterteilt ist. Hierarchische Strukturen sind besonders nützlich, um komplexe Anforderungen zu gliedern und in verständliche Einheiten zu zerlegen. Zum Zweck der vertikalen Nachverfolgbarkeit von Anforderungen sind vorab entsprechende Strukturen zu erzeugen. Beispielsweise kann eine Systemanforderung in verschiedene funktionale und nicht-funktionale Anforderungen für Systemkomponenten unterteilt werden.[363]
- **Abhängigkeiten** Abhängigkeitsbeziehungen beschreiben die Bedingungen, unter denen eine Anforderung von einer anderen beeinflusst oder bedingt wird. Solche Beziehungen können genutzt werden, um die Reihenfolge und Priorität der Umsetzung von Anforderungen zu planen. Abhängigkeiten können beispielsweise anzeigen, dass eine bestimmte Anforderung erst erfüllt werden kann, wenn eine andere Anforderung erfüllt ist oder dass ein Konflikt besteht, sodass nicht beide Anforderungen erfüllt werden können. Diese Art der Relation hilft, potenzielle Risiken und Engpässe frühzeitig zu identifizieren und ermöglicht eine proaktive Planung und Steuerung der Projektressourcen. POHL beschreibt eine Klassifizierung und Typisierung solcher

---

[363] vgl. Bühne, S. et al. (2015) Handbuch Requirements Management, 97 ff.

Abhängigkeiten, wobei evident wird, dass diese nicht überschneidungsfrei sind, sodass beispielsweise zwischen zwei Anforderungen mehr als eine Relation bestehen kann. Diese ist jedoch abhängig von der Perspektive der Interpretation mittels unterschiedlicher Klassen bzw. Typen zu beschreiben. Ein Beispiel hierfür ist ein Szenario, in dem eine Anforderung B eine Anforderung A ersetzt, sodass die Beziehung gemäß Pohl mit der Klasse „Evolution" und dem Typ „replaces" beschrieben werden könnte. Zusätzlich könnte Anforderung B der Anforderung A inhaltlich wiedersprechen, sodass die Beziehung zwischen den beiden Anforderungen gemäß der Klasse „Content" dem Typ „contradicts" zugeordnet werden könnte.[364]

- **Semantische Ähnlichkeit** bzw. semantische Ähnlichkeitsbeziehungen basieren auf der inhaltlichen und begrifflichen Nähe zwischen Anforderungen und somit der assoziativen Bedeutungsbeziehung. Diese Art der Relation ist nicht derart regelhaft und deterministisch wie eine hierarchische Relation oder eine explizite Benennung der Abhängigkeit. Dennoch ist die semantische Ähnlichkeit eine Ausprägung der Relation zwischen Anforderungen, welche die Bedeutung und den Kontext der Anforderungstexte berücksichtigen kann. Die semantische Ähnlichkeit kann dazu beitragen, redundante oder ähnliche Anforderungen zu erkennen und zu konsolidieren, was die Effizienz der Anforderungsverwaltung und die Konsistenz einer Spezifikation erhöht. Außerdem ermöglicht sie eine thematische Gruppierung von Anforderungen, die ähnliche Ziele oder Funktionen betreffen, wodurch eine strukturierte und zielgerichtete Analyse unterstützt wird.[365]

Datenbanken und Wissensbasis

Datenbanken dienen als zentraler Speicherort für die Repräsentation der Anforderungen und Relationen und somit als Wissensbasis.[366] Sie sind notwendig, um auch große Datenmengen zu handhaben und Zugänglichkeit zu gewähren.[367] Sie sind somit nicht

---

[364] vgl. Pohl, K. (2010) Requirements Engineering, 610 ff.

[365] vgl. Harms, I. et al. (2006) Information und Sprache, S. 140 - 141.

[366] Vortrainierte Sprachmodelle stellen ebenfalls eine Form der Wissensbasis dar, weil diese ebenfalls zur Definition der Parameter entsprechendes „Vorwissen" benötigen. Da sich im Rahmen der Iterationen des Forschungsvorhabens jedoch zeigte, dass öffentlich verfügbare Sprachmodelle performanter sind, als domänen-spezifisch adaptierte Modelle, werden verfügbare Sprachmodelle als Systemelement der Systemumgebung berücksichtigt. Dort ist kein Domänen-spezifisches Wissen und keine Domänen-spezifische Daten enthalten.

[367] vgl. Laudon, K. et al. (2018) Management information systems, 241 f.

Teil des Sachsystems, jedoch ein zentraler Bestandteil des Handlungssystems. Hierzu stehen unterschiedliche Technologien bzw. Ansätze zur Datenhaltung zur Verfügung.

- ***Relationale Datenbanken*** basieren auf dem relationalen Modell und verwenden Tabellen, um Daten in strukturierten Formaten zu speichern. Jede Tabelle besteht aus Zeilen und Spalten, wobei jede Zeile einen Datensatz und jede Spalte ein Attribut darstellt. Relationale Datenbanken sind besonders effektiv für transaktionale Anwendungen und bieten starke Konsistenzgarantien. Sie ermöglichen die Verwendung von Structured Query Language (SQL) für die Datenmanipulation und -abfrage. In einem System zur semantischen Vernetzung von Anforderungen können relationale Datenbanken verwendet werden, um strukturierte Daten wie Anforderungsattribute, Metadaten und einfache Beziehungen zu speichern.[368]
- ***Graphdatenbanken*** sind speziell für die Speicherung und Abfrage von vernetzten Datenstrukturen entwickelt. Sie repräsentieren Daten als Knoten und Kanten, was eine natürliche und effiziente Modellierung von komplexen Beziehungen ermöglicht.[369] Diese Datenbanken sind ideal für die semantische Vernetzung von Anforderungen, da sie es erlauben, die Beziehungen zwischen Anforderungen intuitiv und performant abzubilden. Mit Graphdatenbanken können semantische Ähnlichkeiten, hierarchische Strukturen und Abhängigkeiten zwischen Anforderungen effizient dargestellt und analysiert werden.
- ***Dokumentenbasierte Datenbanken*** speichern Daten in dokumentartigen Formaten. Diese Datenbanken sind besonders geeignet für die Handhabung von unstrukturierten oder semi-strukturierten Daten.[370] Sie bieten Flexibilität bei der Datenspeicherung und ermöglichen eine dynamische Schemaanpassung, was besonders nützlich ist, wenn Anforderungen unterschiedliche Strukturen und Inhalte aufweisen. Dokumentenbasierte Datenbanken können Anforderungstexte, detaillierte Beschreibungen, Bilder, Zeichnungen und andere Datenformate speichern, die in relationalen Datenbanken schwierig zu handhaben wären.

Algorithmen

[368] vgl. Studer, T. (2019) Relationale Datenbanken, 11 ff.

[369] vgl. Kaufmann, M. et al. (2023) SQL- & NoSQL-Datenbanken, 17 ff.

[370] vgl. Schicker, E. (2017) Datenbanken und SQL, S. 315.

Die Algorithmen sind gemäß dem Konzept der Methodik als Systemelement des Handlungssystems entscheidend für die Vernetzung der Anforderungen sowie die Operationalisierung im Sinne des Pragmatismus. Das bedeutet, dass mittels der Algorithmen die Analyse und Verarbeitung zur Vernetzung sowie die Effizienz der Wissensbereitstellung gesteuert wird. Es wird entsprechend zwischen folgenden Ausprägungen unterschieden.

- ***Algorithmen für die Vernetzung*** sind darauf ausgelegt, semantische Beziehungen zwischen verschiedenen Anforderungen zu identifizieren und herzustellen. Diese Algorithmen nutzen Techniken aus der maschinellen Sprachverarbeitung (NLP) und dem maschinellen Lernen, um die Bedeutung und den Kontext von Anforderungstexten zu analysieren. Hierbei kann zwischen wissensbasierten und korpusbasierten Ansätzen unterschieden werden. In den ***wissensbasierten Ansätzen*** liegt eine explizite Repräsentation des Wissens zugrunde, wobei Taxonomien eine weniger komplexe Form und Ontologien eine komplexe Form der Wissensrepräsentation darstellen. Mittels dieser Repräsentationen werden Beziehungen und Hierarchien analysiert und können explizit modelliert oder klassifiziert werden. ***Korpusbasierte Ansätze*** ermöglichen lediglich eine Clusterung sowie eine Analyse der semantischen Ähnlichkeit. Die Grundlagen hierzu sind in Kapitel 2.3 ausführlich beschrieben.
- ***Algorithmen für die Suche*** in der erzeugten Wissensbasis dienen dazu, effizient durch die Netzwerkstruktur von Anforderungen und Relationen zu navigieren und relevante Informationen zu finden. Hierdurch sind zielgerichtete Abfragen zu ermöglichen.

Benutzerschnittstelle

Die Benutzerschnittstelle bildet die Verbindung zwischen dem Nutzer und dem Sachsystem, indem sie sowohl die Eingabe von Daten und Befehlen als auch die Ausgabe und Darstellung von Informationen ermöglicht. Eine passend gestaltete Benutzerschnittstelle verbessert die Benutzerfreundlichkeit und Effizienz des Systems erheblich. Die verschiedenen Merkmalsausprägungen dieses Systemelements repräsentieren die Hauptkomponenten der Benutzerschnittstelle, die jeweils spezifische Funktionen und Interaktionen abdecken.

- Der ***Eingabebereich*** der Benutzerschnittstelle ermöglicht es den Nutzern, Daten und Anweisungen in das System einzugeben. Dieser Bereich umfasst verschiedene Werkzeuge und Mechanismen, die die Interaktion mit dem System erleichtern. Beispiele für den Eingabebereich sind Textfelder, Formulare oder Auswahllisten.

- Der ***Ausgabebereich*** der Benutzerschnittstelle zeigt die Ergebnisse der Verarbeitung und Analyse durch das System an. Dieser Bereich ist entscheidend für die Visualisierung der vernetzten Anforderungen. Beispiele für die mögliche Gestaltung des Ausgabebereichs sind Listen, visuelle Darstellungen oder Berichte.

Nutzer

Nutzer sind die zentralen Akteure, die mit dem System interagieren, Anforderungen erstellen, verwalten und analysieren. Die verschiedenen Merkmalsausprägungen dieses Systemelements repräsentieren unterschiedliche Rollen und Wissensstände der Nutzer, die jeweils spezifische Aufgaben und Verantwortlichkeiten innerhalb des Systems haben.

- Das ***Erfahrungswissen*** beschreibt das individuelle Wissen und die praktische Erfahrung der Nutzer zum Beispiel im Umgang mit Anforderungen, dem spezifischen Entwicklungsgegenstand sowie methodischem oder prozessualem Wissen. Dieses Erfahrungswissen kann einerseits nur schlecht allgemeingültig kategorisiert werden und stellt andererseits die Grundlage für die Interpretation der repräsentierten Anforderungen und Relationen dar. Umfangreiches Erfahrungswissen ermöglicht einen größeren Kontext für die Interpretation der dargestellten Informationen. Dennoch reduziert umfangreiches Erfahrungswissen den Mehrwert der dargestellten Informationen, wenn diese als Wissenselemente im vorhandenen Erfahrungswissen des Nutzers schon existieren und somit kein neues Wissen beim Nutzer entsteht.
- Die ***Rolle des Nutzers in der Organisation*** kann unterschiedlich sein und somit auch der Informationsbedarf.[371] Spezifisch im Kontext von Anforderungen sind die drei Rollen Anforderungsgeber, Anforderungsnehmer, Anforderungsverwalter eingeführt worden. Etwaige Aufgaben des Anforderungsgebers sind die die Bedarfsermittlung und Anforderungsdokumentation sowie die Stakeholder Kommunikation. Die Hauptaufgaben des Anforderungsnehmers bestehen in der Analyse der Anforderungen auf Umsetzbarkeit und

[371] vgl. Maalej, W. (2013) Managing Requirements Knowledge, S. 2.

Vollständigkeit, der Lösungsentwicklung und einer Bestätigung der Umsetzbarkeit der formulierten Anforderungen. Die Hauptaufgaben der Anforderungsverwaltung sind ist die Pflege und Nachverfolgung von Anforderungen.

Hardware

Hardware umfasst die physischen Ressourcen und Geräte, die für den Betrieb und die Leistungsfähigkeit des Systems notwendig sind. Verschiedene Hardwarekomponenten unterstützen unterschiedliche Aspekte der Datenverarbeitung, Speicherung und Anzeige. Als notwendigen und zu gestaltenden Teil der Systembeschreibung, müssten diese eigentlich dem System zugeordnet sein. Da jedoch Speichersysteme und Rechensysteme als Cloud-Speicher oder Cloud-Computing und somit als nahezu beliebig skalierbare Ressource zur Verfügung stehen, werden diese der Systemumgebung zugeordnet. Die Merkmalsausprägungen dieses Systemelements repräsentieren die spezifischen Hardwarekategorien, die jeweils spezielle Funktionen erfüllen.

- ***Speichersysteme*** sind essentielle Hardwarekomponenten, die zur Speicherung und Verwaltung von Daten in Datenbanken genutzt werden. Sie stellen sicher, dass große Mengen an Anforderungsdaten, Metadaten und Beziehungsmustern effizient und zuverlässig gespeichert werden können.
- ***Rechensysteme*** umfassen die Hardware, die zur Verarbeitung und Analyse der Daten im System verwendet wird. Diese Systeme müssen leistungsfähig genug sein, um die Algorithmen durchzuführen.
- Anzeigesysteme sind Hardwarekomponenten, die die visuelle Darstellung von Informationen ermöglichen. Sie sind entscheidend für die Interaktion der Nutzer mit dem System, da sie die Ergebnisse der Datenverarbeitung und Analyse visuell zugänglich machen.

(Entwicklung der) (Sprach-)Modelle und Technologien

Das Systemelement (Entwicklung der) (Sprach-)Modelle & Technologien ist essenziell für die Algorithmen sowie die kontinuierliche Verbesserung und Weiterentwicklung eines KI-basierten Systems zur Vernetzung von Anforderungen. Die fortwährenden Entwicklungen und Fortschritte ermöglichen es, neue Methoden zu integrieren, welche die Effizienz, die Genauigkeit sowie die Funktionalität des Systems steigern können. Die verschiedenen Merkmalsausprägungen dieses Systemelements repräsentieren unterschiedliche Aspekte der technologischen sowie methodischen Weiterentwicklung und bilden die Erkenntnisse der Grundlagenanalyse ab.

- ***Künstliche Intelligenz (KI) und die Fortschritte***, die hier in den letzten Jahren erzielt wurden sowie absehbar in den kommenden Jahren erzielt werden, machen datenbasierte Analysen von natürlich sprachlichem Text möglich. Somit kann ein weiterer Fortschritt bei der Verbesserung der Fähigkeit des Systems, Anforderungen zu analysieren und zu vernetzen, helfen. Diese Fortschritte umfassen verschiedene Techniken und Modelle, die speziell entwickelt werden, um die Verarbeitung natürlicher Sprache (NLP) und andere KI-Aufgaben zu optimieren, sodass eine Überprüfung hinsichtlich der Eignung für die datenbasierte Analyse von natürlich sprachlich formulierten Anforderungen notwendig ist.

- ***Formale Wissensrepräsentationen*** wie Ontologien können die Strukturierung und Organisation von Anforderungsinformationen unterstützen und sind elementar für wissensbasierte Algorithmen. Fortschritte in der Effizienz der Erzeugung oder die Verfügbarkeit entsprechend umfangreicher und domänen-spezifischer Ontologien können folglich zu einer Anpassung der einsetzbaren Algorithmen führen und sollten stetig evaluiert werden.
- ***Datenmodelle*** definieren die Struktur und Organisation der Daten im System und ermöglichen deren effektive Nutzung. Es gibt hierzu multiple Beiträge um mit geeigneten Datenmodellen die Interoperabilität und die Wiederverwendbarkeit der Datensätze zu erhöhen.

Regulatorische Rahmenbedingungen

Regulatorische Rahmenbedingungen stellen sicher, dass das System und seine Prozesse den gesetzlichen Vorgaben und branchenspezifischen Standards entsprechen. Die Einhaltung dieser Vorschriften ist entscheidend für die rechtliche Konformität, den Schutz personenbezogener Daten und die Qualitätssicherung. Die verschiedenen Merkmalsausprägungen dieses Systemelements repräsentieren spezifische regulatorische Anforderungen, die das System erfüllen muss.

- ***Datenschutz und gesetzliche Vorgaben*** stellen sicher, dass personenbezogene und sensible Daten geschützt und verantwortungsvoll verarbeitet werden. Dies umfasst nationale und internationale Gesetze, die den Umgang mit Daten regeln. Ein Beispiel für Datenschutz und gesetzliche Vorgaben im Kontext künstlicher Intelligenz ist zum Beispiel der AI-Act der EU.[372]
- ***Branchenspezifische und Unternehmens-spezifische Standards*** sind Normen und Richtlinien, die die Qualität, Sicherheit und Effizienz in verschiedenen Industrien oder Unternehmen gewährleisten. Diese Standards definieren Vorgaben und fördern die Standardisierung und Interoperabilität innerhalb der Branche. Beispiele für Branchen-Standards sind ISO 9001 im Qualitätsmanagement oder ISO 27001 für Informationssicherheit entsprechender Managementsysteme.[373] [374]

Bestehende Software und Systeme

Das System wird in einer Umgebung mit bestehenden Softwarelösungen und Systemen gestaltet. Diese bestehenden Softwarelösungen bieten spezialisierte Funktionen und Werkzeuge, die das Anforderungsmanagement unterstützen und optimieren, sodass Anforderungsdatensätze hierzu ebenfalls verfügbar sein müssen. Die verschiedenen Merkmalsausprägungen dieses Systemelements repräsentieren spezifische Arten von Software und Systemen, die einen Funktionsumfang bieten, der bei der Gestaltung des Sach- oder Handlungssystems zu berücksichtigen ist. Dieses Systemelement kann abhängig von unternehmensspezifischen Prozessen weitere Ausprägungen umfassen.

- Product Data Management (PDM) Systeme sind Softwarelösungen, die zur Verwaltung und Organisation von Produktdaten über den gesamten Lebens-

---

[372] vgl. Ehling, U. (2022) Responsible AI, S. 12.

[373] vgl. Deutsches Institut für Normung e.V. (2015) DIN EN ISO 9001:2015.

[374] vgl. International Standardization Organization (2023) ISO 27001.

zyklus eines Produkts verwendet werden. Diese Systeme spielen eine wesentliche Rolle bei der Verwaltung technischer Spezifikationen, Dokumentationen und Versionskontrollen.

- Anforderungsmanagementsysteme sind spezialisierte Softwarelösungen, die die Erfassung, Verwaltung, Analyse und Verfolgung von Anforderungen über den gesamten Projektlebenszyklus unterstützen. Diese Systeme sind essenziell für die systematische Handhabung von Anforderungen und deren Änderungen.

Organisation

Die Organisationsstruktur und -kultur beeinflussen maßgeblich, wie Anforderungen erhoben, verwaltet und umgesetzt werden. Eine effektive Organisation fördert die Zusammenarbeit, Sicherheit und Effizienz innerhalb des Systems. Die verschiedenen Merkmalsausprägungen dieses Systemelements repräsentieren spezifische Aspekte der organisatorischen Struktur und Kultur, die für den Betrieb des Systems entscheidend sind.

- Die ***Produktentwicklung*** kann im Rahmen unterschiedlicher (Entwicklungs-) Netzwerkstruktur stattfinden, die beschreiben in welcher Form Teams und Individuen durch ein Netzwerk von Beziehungen und Kommunikationskanälen verbunden sind. Die Gestaltung des Entwicklungsnetzwerks kann entscheidend sein für den Anspruch an Formalisierung, die verwendete Sprache, Datenformate etc. und muss somit bei der Systemgestaltung berücksichtigt werden.[375]
- Die ***Sicherheitskultur*** innerhalb einer Organisation beschreibt die gemeinsamen Werte, Überzeugungen und Verhaltensweisen, die die Bedeutung von Sicherheit und Risikomanagement betonen. Eine starke Sicherheitskultur ist entscheidend für den Schutz sensibler Daten und die Einhaltung von Sicherheitsstandards und hat somit auch Einfluss auf den Informationszugang eines Individuums. Somit bestimmt diese den möglichen Umfang des Sachsystems für den Nutzer.

5.1.3 Modellierung der Entitäten und Relationen im Zielsystem

Es besteht der Anspruch, eine datenbasierte Methodik für die Vernetzung von natürlich sprachlichen Anforderungen zu formulieren. Da es keinen einheitlichen Standard

---

[375] vgl. Kuhn, M. (2021) Gestaltung agiler Entwicklungsnetzwerke.

für den Prozess der Anforderungsverwaltung als Prozess für den Umgang mit den Anforderungsinformationen und den zugrundeliegenden Daten gibt, wird nachfolgend eine Modellierung eingeführt, die es ermöglicht, die vorliegenden bzw. notwendigen Informationen zur Beschreibung der Datengrundlage sowie des Zielsystems systematisch zu beschreiben.

Die methodische Grundlage stellt dabei das Entity Relationship Model (ERM) nach CHEN dar. Diese Modellierungsform basiert auf einer visuellen Darstellung von Entitäten und berücksichtigt dabei Möglichkeiten zur Abbildung von semantischen Informationen aus dem Anwendungskontext. Im Rahmen dieser Arbeit wird auf dem Entity Set Model (ESM) aufgebaut, welches eine einfachere Form des ERM ist. Hierzu werden Entitäten zu Entity Sets zugeordnet.[376] GOLL bezeichnet diese Entity Sets als Entitätstypen, was mit den genutzten systemtheoretischen Grundlagen nach DANGELMAIER korrespondiert.[377] Somit werden Systemelemente in Entity Sets dargestellt wobei die Ausprägungen den Entitäten entsprechen. Eine Unterscheidung zwischen Systemelement und Ausprägung ist per definitionem des ERM bzw. des ESM nicht möglich.[378] Aus diesem Grund wird in dieser Arbeit eine adaptierte Version des ESM verwendet. In dieser Adaption wird auch auf weitere Gestaltungsvorgaben des ESM, wie zum Beispiel die Gewichtung, verzichtet. Es wird eine Darstellungsform eingeführt, welche es ermöglicht, alle systemtheoretischen Komponenten aus Kapitel 5.1.2 zu verwenden. Systemelemente bilden jeweils eigene Tabellen, in welchen nicht nur Ausprägungen, sondern auch Subsysteme dargestellt werden können. Die Grundlagen der Darstellung sind in Abbildung 5-4 beschrieben. Eine Verbindung zwischen Systemelementen findet im ESM durch Relationen statt. Da Relationen immer eindeutig identifizierbar sein müssen, werden sie in den nachfolgenden Modellen immer mit einem beschreibenden Text versehen. Dazu werden Relationen durch beschriftete Pfeile dargestellt. Die Pfeilspitzen geben dabei die Wirkrichtung an. Zusätzlich ist es notwendig, Subsysteme als einzelne Systemkomponenten darstellen zu können, sollten sie weitere zugehörige Ausprägungen oder Subsysteme haben. Dazu wird das entsprechende Subsystem per gestricheltem Pfeil mit einem identisch benannten Systemelement verbunden. In Abbildung 5-4 werden die Notationsregeln des adaptierten Modells zusammengefasst. Hierbei gilt, dass eine Relationsbeschreibung auch in passiver Form möglich wäre, jedoch für die nachfolgende Modellierung eine aktive Form gewählt wird, wobei das die Pfeilspitze immer vom Subjekt ausgehend auf das Objekt zeigt.

---

376 vgl. Chen, P. (1976) The entity-relationship model, S. 9.

377 vgl. Goll, J. (2011) Datenorientierte Modellierung mit dem ERM, S. 266.

378 vgl. Chen, P. (1976) The entity-relationship model, S. 9 ff.

Auf Basis der zuvor beschriebenen Systemelemente wird nachfolgend ein Relationenmodell dargestellt. Dies wird schrittweise aufgebaut, um eine Lesbarkeit zu gewährleisten. Zunächst wird dazu das System bzw. das Sach- und Handlungssystem modelliert und daran anschließend die Systemumgebung und die Relationen zum System. Die Relationen sind nicht allgemeingültig vollständig, sondern fokussieren Relationen mit Relevanz für die nachfolgenden Gestaltungs- und Beschreibungsmodelle.

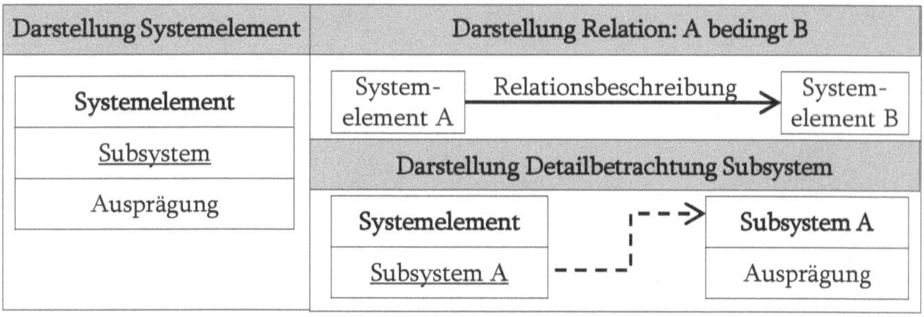

Abbildung 5-4: Gestaltungsregeln des Relationenmodells der vorliegenden Arbeit

Modellierung des Systems

Nachfolgend werden das Sachsystem und das Handlungssystem auf Basis der zuvor beschriebenen Details sowie der Gestaltungsregeln kurz erläutert und als Modell dargestellt.

Modellierung des Sachsystems

Innerhalb des Sachsystems, das in Abbildung 5-5 modelliert ist, wirken die zwei Systemelemente Anforderung und Relation zusammen. Relationen werden genutzt um die Vernetzungen zwischen einzelnen Anforderungen zu explizieren. Das Sachsystem ist in Abbildung 5-5 dargestellt. Relationen können zwischen allen Ausprägungen des Systemelements Anforderungen bestehen und dabei alle Ausprägungen des Systemelements Relationen annehmen. Weiterhin berücksichtigt die Modellierung, dass das Systemelement Anforderungen die Subsysteme Anforderungsdarstellung und Anforderungsattribute besitzt. Wobei hinsichtlich der Attribute die ID als Ausprägung hervorgehoben wird, da diese essenziell ist und alle weiteren Attribute beliebig nach einem Datenmodell gewählt werden können. Gemein ist diesen Attributen jedoch, dass sie als Wort oder Satz und somit als Ausdruck oder als Zahl gegeben sind.

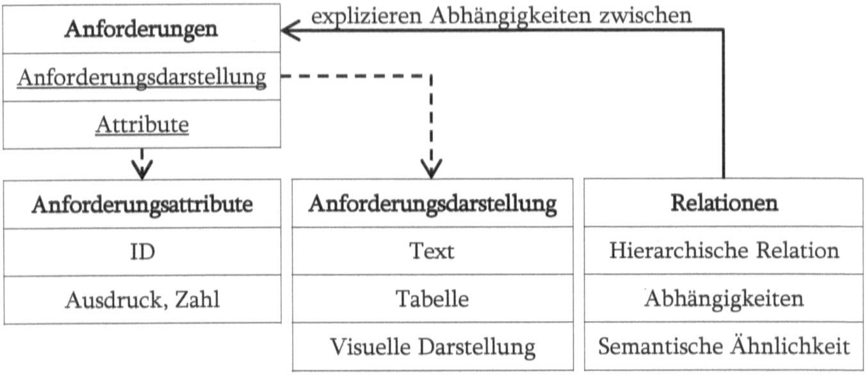

Abbildung 5-5: Modell des Sachsystems

Modellierung des Handlungssystems

Innerhalb des Handlungssystems, das in Abbildung 5-6 modelliert ist, existieren mehrere Relationen zwischen Systemelementen. Die Nutzer sind mit dem Systemelement Benutzerschnittstelle verbunden, welches sie benötigen, um mit den anderen Systemelementen zu interagieren. Dies unterstreicht die Relevanz der Benutzerschnittstelle, die in die beiden Subsysteme Eingabebereich und Ausgabebereich unterteilt wird.[379] Hierzu stehen die Subsysteme Eingabebereich und Ausgabebereich sowie das Subsystem Suchalgorithmen in Verbindung zueinander. Die Suchalgorithmen gehören zum Systemelement Algorithmen und greifen ebenso wie die Vernetzungsalgorithmen auf die notwendigen Datenbanken zu bzw. erzeugen hierin die Wissensbasis.

[379] vgl. Wiegerling, K. (2021) Mensch-Maschine-Schnittstelle, 295 ff.

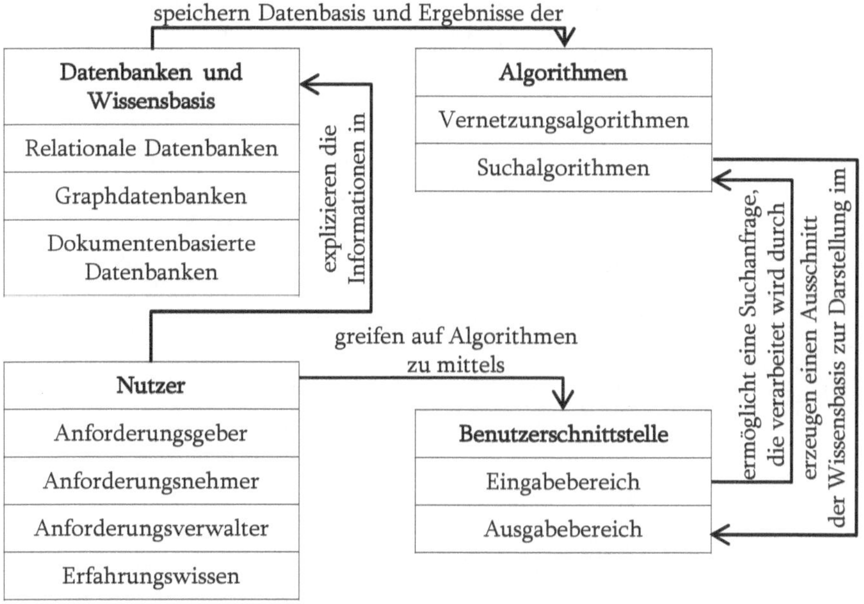

Abbildung 5-6: Modell des Handlungssystems

Modellierung der Systemumgebung

Die Systemumgebung, die in Abbildung 5-7 modelliert ist, stellt einen nahezu unbegrenzten Teil der Systembeschreibung dar. In Anlehnung an die Definition im Anforderungsmanagement, ist es bei der Modellierung das Ziel, den Systemkontext zu identifizieren und abzugrenzen. Der Systemkontext beinhaltet den nicht gestaltbaren Teil der Umgebung, der jedoch mit dem System interagiert.[380] Zum Systemkontext gehören die Systemelemente Hardware, regulatorische Rahmenbedingungen, bestehende Software und Systeme, Fortschritt in (Sprach-)Modellen und Technologien und Organisation. Das Systemelement Entwicklung in (Sprach-)Modellen und Technologien hat zwei Relationen innerhalb des Systemkontexts. Zum einen steigt mit Fortschritt in der KI und der Datenverarbeitung der Bedarf an die Leistungsfähigkeit der Hardware. Zum anderen ist es möglich, bestehende Software und Systeme durch technische Weiter-

[380] vgl. Pohl, K. et al. (2015) Basiswissen Requirements Engineering, 13 f.

entwicklungen zu optimieren und zu ersetzen. Eine weitere Relation ist die Verbindung zwischen regulatorischen Rahmenbedingungen und den Entwicklungen der (Sprach-)Modelle und Technologien. Der technische Fortschritt und die Möglichkeiten, müssen stets mit den regulatorischen Rahmenbedingungen abgeglichen werden, um eine Einsetzbarkeit zu überprüfen.

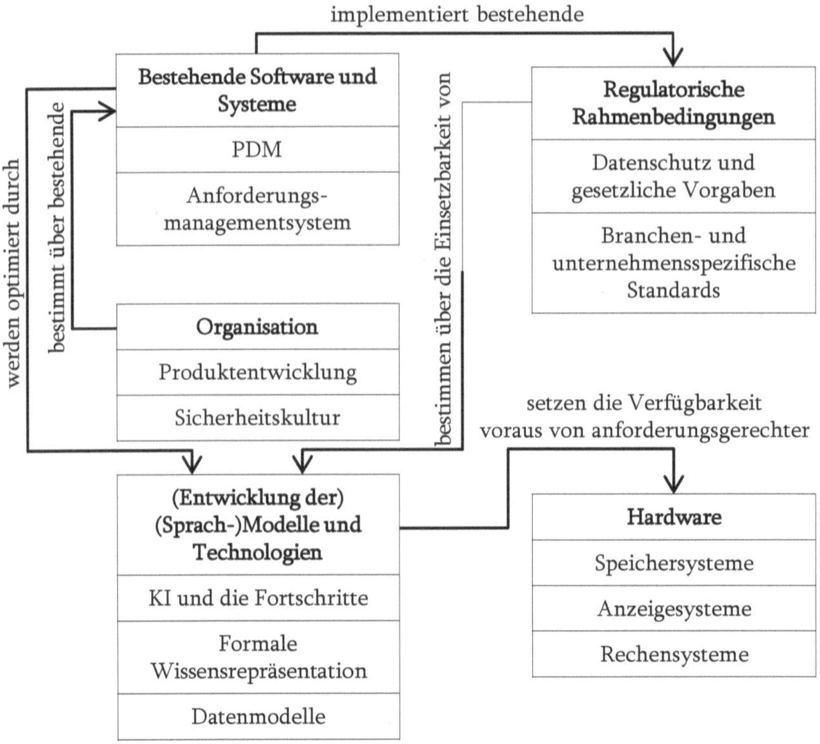

Abbildung 5-7: Modell der Systemumgebung

Modellierung der Relationen zwischen Systemkontext und Handlungssystem

Bei der Interaktion zwischen Handlungssystem und Systemumgebung, die in Abbildung 5-8 modelliert ist, wird die Systemgrenze überschritten. Zur besseren Übersicht sind in der Modellierung dieser Schnittstelle nur die Relationen dargestellt, welche die Systemgrenze kreuzen. Somit sind keine Relationen innerhalb der jeweiligen Ebenen modelliert, da diese schon in den Einzelmodellen berücksichtigt sind. Im Folgenden werden die Relationen detailliert.

Die Systemumgebung muss dem Handlungssystem entsprechende Hardware zur Verfügung stellen. Dies betrifft sowohl die entsprechenden Rechen- sowie Speichersysteme für die Umsetzung der Algorithmen als auch zur Realisierung der Datenbanken bzw. der Wissensbasis. Für die Gestaltung der Algorithmen wiederum müssen die regulatorischen Rahmenbedingungen berücksichtigt werden. Fortschritte bei der Entwicklung der technischen Grundlage ermöglicht eine evolutionäre bzw. revolutionäre Anpassung der Algorithmen. Die Nutzer des Systems werden durch das Systemelement Organisation festgelegt, da dies abhängig von den Abläufen und Prozessen der Einsatzumgebung ist. Indem verfügbare Anzeigesysteme bei der Gestaltung der Benutzerschnittstelle berücksichtigt werden, kann ein verteilter Zugriff ermöglicht werden.

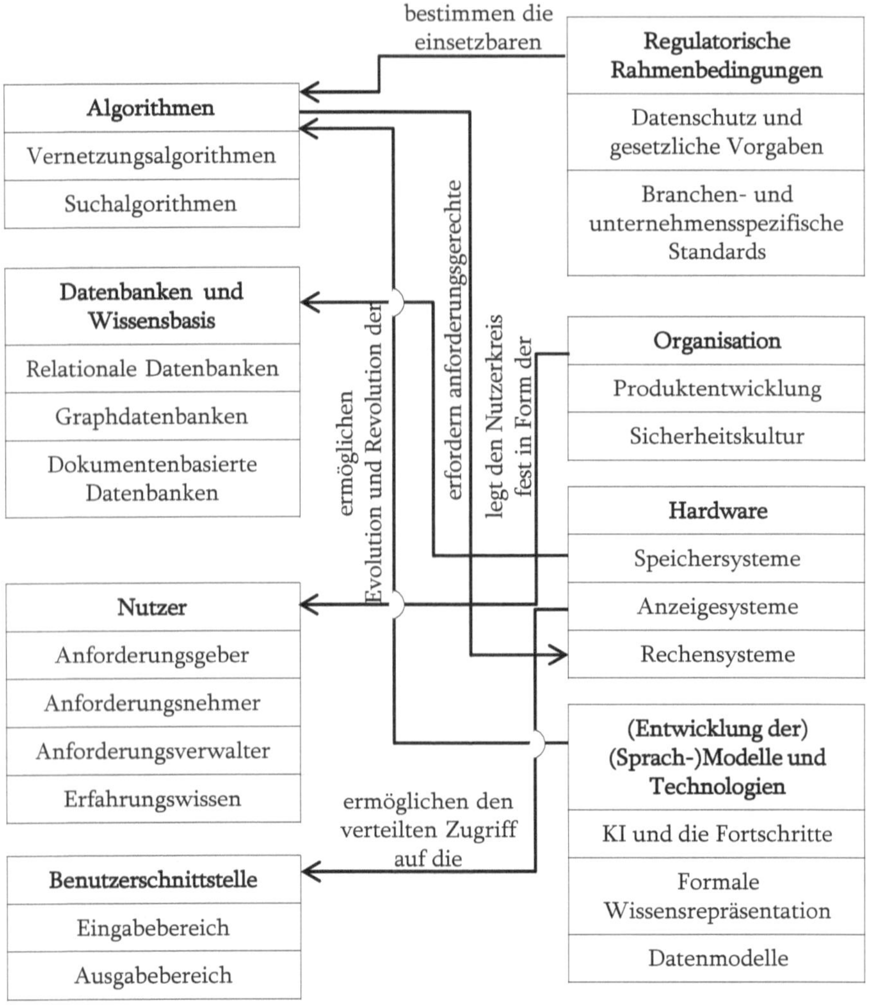

Abbildung 5-8: Relationen zwischen Systemumgebung und Handlungssystem

Modellierung der Relationen zwischen Handlungssystem und Sachsystem

Die Schnittstelle zwischen Handlungssystem und Sachsystem, die in Abbildung 5-9 modelliert ist, befindet sich innerhalb der Systemgrenzen. Sie ist nachfolgend nach denselben Regeln modelliert, wie die Schnittstelle zwischen Handlungssystem und Systemkontext.

Die Grundlage des Systems ist es, dass es Nutzer gibt, die zunächst Anforderungen explizieren und diese verwalten und verarbeiten wollen. Die so verfügbaren Anforderungen werden dann in einer Datenbank gespeichert. Dort werden ebenfalls die Relationen gespeichert, die mittels der Vernetzungsalgorithmen datenbasiert erzeugt wurden, sodass eine Wissensbasis entsteht.

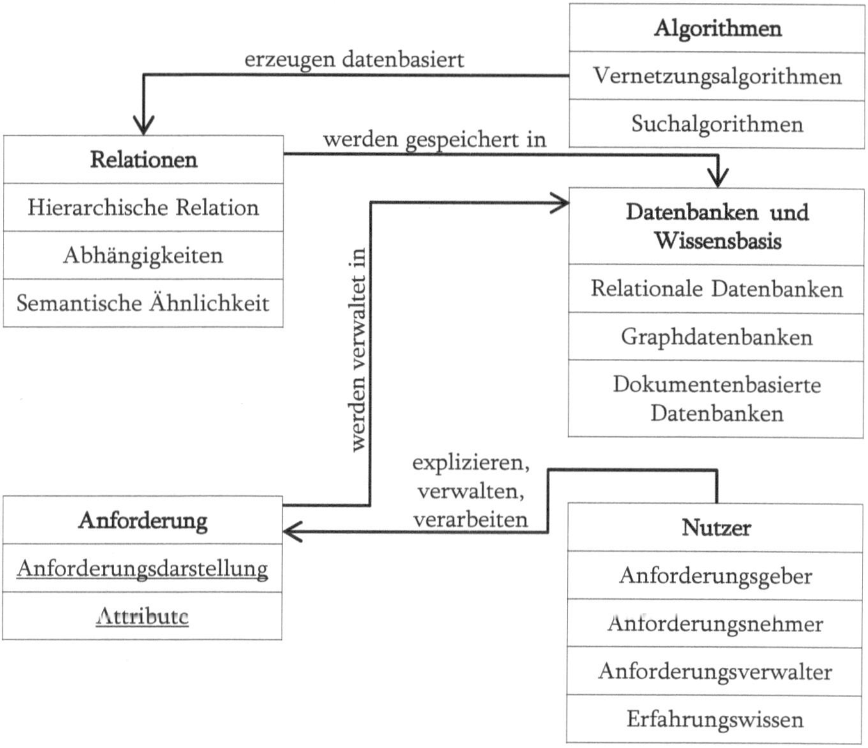

Abbildung 5-9: Relationen zwischen Sach- und Handlungssystem

5.2 Gestaltungsmodell zur Vernetzung der Anforderungsinformationen

In dem in Kapitel 4.1 beschriebenen Ordnungsrahmen zur Konzeptionierung der Methodik folgt auf die grundlegende Beschreibung des Zielsystems die Notwendigkeit eines Gestaltungsmodells. Dieses ist derart zu gestalten, dass damit die wie folgt lautende Teilforschungsfrage beantwortet werden kann: Wie können natürlich sprachlich formulierte Anforderungsartefakte datenbasiert abgebildet und vernetzt werden, um diese effizient im Produktentstehungsprozess bezüglich möglicher semantischer Interdependenzen zu analysieren. Eine isolierte Betrachtung der Vernetzung ist somit nur bedingt sinnvoll, da der Fokus dieser Arbeit nicht nur auf der Vernetzung von Anforderungen mittels KI liegt. Vielmehr soll der Vorgang der semantischen Vernetzung im Kontext der semantischen Suche als notwendigen Operator der Anforderungsverwaltung untersucht werden. Zum einen besteht das Ziel dieses Kapitels somit darin, die semantische Vernetzung von Anforderungen als methodischen Ablauf zu beschreiben, um somit den Aufbau einer Evaluationsumgebung nachvollziehbar zu machen. Zum anderen wird jedoch auch eine übergreifende Systemarchitektur und eine dazugehörige Ablaufmodellierung beschrieben, in der die Vernetzung verortet wird. Diese Systemarchitektur stellt ebenfalls die Basis für das in Kapitel 5.3 folgende Erklärungsmodell dar, das beschreibt, wie die Nutzung der semantisch vernetzen Anforderungen für die Erzeugung und Darstellung eines Suchergebnisses für die Anforderungsverwaltung erfolgen kann. Da die Evaluierungsumgebung für die Methodik eine entsprechende Softwareentwicklung voraussetzt, werden in den Kapiteln 5.2.1 und 5.2.2 die Basiskonzepte für die Statik, die Dynamik und die Logik der Entwicklung beschrieben. Diese werden dann über entsprechenden Basistechniken in Form von bestehenden Methoden und Werkzeugen in Form einer Evaluierungsumgebung implementiert. Einschränkend muss ergänzt werden, dass die nachfolgende Detaillierung den Betrieb nur schematisch beschreibt, da dieser primär im Kontext der Evaluierung demonstriert wird. Die Installation als Element der Softwareentwicklung, die extrem abhängig von individuellen Gegebenheiten der Installationsumgebung ist, wird aufgrund des geringen wissenschaftlichen Mehrwertes nachfolgend nicht detailliert.[381]

5.2.1 Systemarchitektur zur Operationalisierung der Methodik

Im Folgenden wird eine Systemarchitektur beschrieben, die dazu dient, die zuvor konzeptionierte Methodik zu operationalisieren. Die konstituierende Festlegung dieser

---

381 vgl. Balzert, H. (2011) Lehrbuch der Softwaretechnik, S. i.

Architektur erfolgt aus den Erkenntnissen aus den vorangegangenen Analysen in Kapitel 2 und den Grundlagen in Kapitel 3 sowie der Dynamik des Informations- und Datenaustausches sowie der Anbindung an bestehende Informationssysteme in einer Ablaufmodellierung.

Die Methodik zu datenbasierten semantischen Vernetzung von Anforderungen mittels künstlicher Intelligenz wird basierend auf bestehenden Referenzarchitekturen für wissensbasierte Systeme aufgebaut. Dabei gilt es, die in Kapitel 4.2 formulierten Anforderungen zu berücksichtigen. Somit besteht die Anforderung zur Lernfähigkeit. Dies liegt darin begründet, dass Domänen-spezifische Sprache in natürlich sprachlich formulierten Anforderungstexten sowie Anforderungsattributen und deren Logik verarbeitet werden müssen. Des Weiteren gilt es zu berücksichtigen, dass es sich um eine Datenmenge handelt, die menschlich nicht mehr handhabbar ist, sodass maschinelles Lernen genauso wie wissensbasierte Ansätze zum Einsatz kommen, um Skalierbarkeit und Effizienz zu gewährleisten. Des Weiteren besteht der Anspruch, das System für die Entscheidungsunterstützung einzusetzen. Somit muss eine Interpretation des Ergebnisses durch den menschlichen Anwender erfolgen können und gleichzeitig die erzeugte Entscheidungsgrundlage für den Anwender nachvollziehbar sein. Unter Berücksichtigung dieser Anforderungen kann das System auf Basis der Referenzarchitekturen für hybrid-kognitive und wissensbasierte Systeme aufgebaut werden. Gemäß der Referenzarchitektur beinhaltet das System eine Wissensbasis, eine Wissenserwerbskomponente und eine Dialogkomponente oder auch Benutzerschnittstelle sowie eine Inferenzkomponente bzw. eine Erklärungskomponente.[382] Die Verbindung der einzelnen Komponenten unterscheiden sich in den referenzierten Quellen, sodass diese in Abbildung 5-10 schematisch dargestellt werden als Wissenserwerb und Wissensbereitstellung.

[382] vgl. Mescheder, B. et al. (2012) Wettbewerbsvorteile durch Wissen, S. 72; vgl. Stahlknecht, P. et al. (2003) Einführung in die Wirtschaftsinformatik, S. 446.

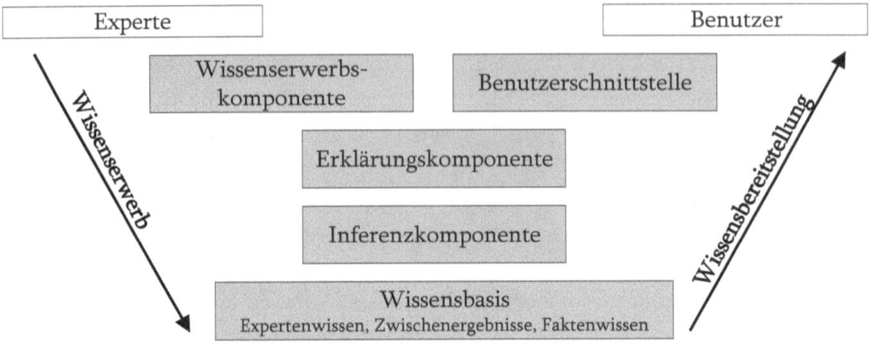

Abbildung 5-10: Referenzarchitektur für die Systemarchitektur der Methodik[383]

Die in Kapitel 5.1.3 aggregiert dargestellten Systemelemente des Beschreibungsmodells werden nachfolgend genutzt, um die Funktion der jeweiligen Komponenten zu beschreiben, sodass abschließend die Systemarchitektur für die Operationalisierung beschrieben und abgebildet werden kann.

Da das zu gestaltende System zur Vernetzung von Anforderungen sowie die entsprechende Darstellung, als Entscheidungsunterstützungssystem gestaltet wird, erfordert dies eine Anbindung an bestehende Informationssysteme. In einer schematischen Darstellung der Systeme wird an dieser Stelle ein bestehendes System für die Anforderungsverwaltung (engl. Requirements Management System (RMS)) vorausgesetzt. Es wird ebenfalls vereinfachend vorausgesetzt, dass die Zugriffsverwaltung im bestehenden RMS vorgenommen wird, sodass die Zugriffsverwaltung im Sinne des Datenschutzes nicht expliziter Bestandteil des zu gestaltenden Systems ist. Diesen vereinfachenden Annahmen folgend, wird die Architektur der Systeme als Infrastruktursicht wie in Abbildung 5-11 modelliert. Hinsichtlich der Kommunikation zwischen den beiden Systemen kann zwischen zwei unterschiedlichen Arten unterschieden werden. Unterschieden werden kann hierbei zwischen dem Wissenserwerb und der Nutzung.

Für den Wissenserwerb müssen die vorhandenen Datensätze für die Erstellung der Wissensbasis im Entscheidungsunterstützungssystem zur Verfügung gestellt werden. Hierbei gilt es zwei Formen der Bereitstellung zu unterscheiden. Zum einen ist die initiale Bereitstellung der Datensätze aus dem bestehenden System heraus zu betrach-

---

[383] i.A.a. Mescheder, B. et al. (2012) Wettbewerbsvorteile durch Wissen, S. 72.

ten. In der Abbildung 5-11 ist dies als Data Provisioning als unidirektionale Kommunikation modelliert. Eine weitere Kommunikation zwischen den Systemen wird im Fall eines Updates der verwalteten Anforderungen im RMS notwendig. Wie in Kapitel 2.1 beschrieben, werden Anforderungen und Spezifikationen im Laufe der Produktentstehung iterativ angepasst, sodass diese Anpassung auch in einem Entscheidungsunterstützungssystem abgebildet sein müssen. Die Zyklen dieser Anpassungen sind unternehmensspezifisch festgelegt, sodass an dieser Stelle keine Vorgaben zur Häufigkeit des Updates gemacht werden, die Überprüfung und Aktualisierung (engl. Update) hinsichtlich angepasster Anforderungen per se aber notwendig ist und dargestellt wird. Abweichend zur Data Provisioning muss hierbei jedoch berücksichtigt werden, dass zum Zeitpunkt eines Updates bereits Anforderungsdatensätze im Entscheidungsunterstützungssystem vorliegen, sodass eine bidirektionale Kommunikation notwendig wird. Somit wird zum einen durch das zu gestaltende System eine Anfrage (engl. Query) an das RMS gestellt, die einen Abgleich von zuvor bereitgestellten Anforderungsdatensätzen und deren Änderungsdatum enthält. Das Änderungsdatum muss dabei ID-spezifisch angeben, wann der jeweilige Anforderungsdatensatz angepasst wurde, um einen Abgleich mit den Anforderungsdatensätzen im RMS zu ermöglichen. Im Fall von angepassten Anforderungsdatensätzen erfolgt ein Abruf (engl. Retrieval) aus der Datenbank des RMS, um somit die angepassten Anforderungsdatensätze dem zu gestaltenden Entscheidungsunterstützungssystem zur Verfügung zu stellen. Die Kommunikation wird in Abbildung 5-11 mittels *Query_Update* und *Retrieval_Update* modelliert. Der Fokus des Gestaltungsmodells in den nachfolgenden Kapiteln 5.2.2 und 5.3.1 liegt auf dem Wissenserwerb und der damit ermöglichten Vernetzung von Anforderungsdatensätzen. Die Möglichkeit zum Update wird nicht hinsichtlich technischer Details beschrieben. Hierbei handelt es sich um eine Funktion, die einen Abgleich von Datensätzen in unterschiedlichen Systemen erfordert, und ist in der bestehenden Literatur schon umfangreich beschrieben. Während der Gestaltung des Systems wird berücksichtigt, dass jeder Datensatz weiterhin eine einzigartige Identifizierungsnummer (ID) trägt, was für den Abgleich von zentraler Bedeutung ist.[384]

Die Nutzung wird in Kapitel 5.3 detailliert beschrieben. Grundlegend im Sinne der Infrastruktursicht der Systemarchitektur ist jedoch, dass es nicht ausreicht die Vernetzung zu beschreiben, was den Fokus der bestehenden Ansätze darstellt[385], sondern dass auch die Auswertung der vernetzten Anforderungen bzw. die Bereitstellung eines

[384] vgl. Christen, P. (2012) Data matching, 3 ff.

[385] vgl. Kapitel 3.3.2

Analyseergebnisses (engl. Result) elementar für die Operationalisierung ist. In der Infrastruktursicht der Systemarchitektur kann diese Nutzung wie folgt modelliert werden. Da das bestehende RMS als führendes System nicht abgelöst werden soll, sondern lediglich einen zusätzlichen Service in Form der semantischen Suche erhalten soll, wird die Annahme verfasst, dass eine Suchanfrage aus dem bestehenden RMS gestellt werden kann. Diese Anfrage muss die Parameter der Suche beinhalten sowie den entsprechenden Suchraum definieren. Eine detaillierte Beschreibung des notwendigen Umfangs erfolgt in Kapitel 5.3. Das Entscheidungsunterstützungssystem verarbeitet diese Anfrage und erzeugt eine Ergebnisdarstellung (engl. Result). Diese kann an das RMS kommuniziert werden und dort für den Nutzer bereitgestellt werden. Es ist auch ein separater Service möglich, sodass das Ergebnis auch als Datei ausgeleitet und gespeichert werden kann und mittels eines beliebigen anderen Systems dem Nutzer verfügbar gemacht werden kann. Um jedoch unnötige Systemwechsel und Schnittstellen zu vermeiden, stellt die nachfolgend dargestellt Systemarchitektur eine effiziente Lösung dar. Die Erfahrungen des Autors zeigen auch, dass die in Anwendung befindlichen RMS, die Datenbank-basiert sind, eine derartige Kommunikation unterstützen.

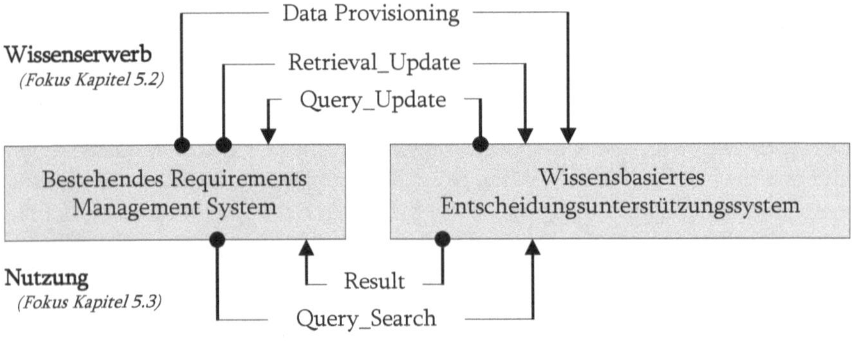

Abbildung 5-11: Infrastruktursicht der Systemarchitektur

Die Referenzarchitektur setzt voraus, dass es zwei aktive Rollen gibt, die auch der Kommunikation der Modellierung aus der Infrastruktursicht folgen. Einerseits gibt es Nutzer, die das Entscheidungsunterstützungssystem nutzen und andererseits Experten, die den Wissenserwerb ermöglichen. Hierbei wird abweichend vom Beschreibungsmodell nicht zwischen Anforderungsgebern, -nehmern und -verwaltern gesprochen, da das Entscheidungsunterstützungssystem keine dedizierte Ausrichtung auf eine dieser Funktion hat.

Mittels der Wissenserwerbskomponente findet eine Bereitstellung statt, die Input von beiden Rollen verarbeiten kann. Der Input des Nutzers besteht darin Nutzerinformationen bereitzustellen. Dies können Einschränkungen des Suchraums sein, sodass der Nutzer beispielsweise vorgibt, welche Anforderungsdatensätze für die semantische Suche herangezogen werden sollen. Dazu können beispielsweise Vorgaben für die zu berücksichtigenden ID oder Anforderungsattribute vorgenommen werden. Außerdem kann hierüber auch ein Nutzerfeedback verarbeitet werden, um den Mehrwert der bereitgestellten Entscheidungsunterstützung zu erfassen. Die Schnittstelle für den Nutzer ist dabei die Dialogkomponente, die mittels einer geeigneten Oberfläche die notwendigen Eingaben ermöglicht und den Transfer zur Lernkomponente ermöglicht. Eine Detaillierung dieser Komponente ist in Kapitel 5.3.2 gegeben.

Der Wissenserwerb, der durch die Experten ermöglicht wird, muss differenzierter betrachtet werden. Über einen Wissenseditor können automatisiert Anforderungsdatensätze aus dem bestehenden RMS bereitgestellt werden. Folglich wird hierbei durch den Experten lediglich die Bereitstellung von fallabhängigen Datensätzen ausgelöst, die wiederum unterschiedliche Wissenstypen wie zum Beispiel Domänen-Wissen und Engineering-Wissen in impliziter Form beinhalten und deklarativ repräsentiert werden können.

Bei der Analyse eines Anforderungsdatensatz fällt jedoch auf, dass zwei unterschiedlichen Datenfeldertypen vorliegen. Dies sind der Anforderungstext, der eine natürlich sprachlich formulierte Aussage ist, und die Attribute, die ebenfalls natürlich sprachlichen Ausdrücke aber auch Zahlenwerte beinhalten können. Besonders im Kontext der Attributierung durch den Menschen wie zum Beispiel hinsichtlich des Status oder bestimmter Eigenschaften einer Anforderung, wie zum Beispiel der Relevanz für funktionale Sicherheit, erfolgt die Wahl des Attributes gemäß vordefinierter Regeln. Das dafür notwendige Wissen kann, wie in Kapitel 2.2 beschrieben, als prädikatives Wissen bezeichnet, beispielsweise in Form von Regeln, Thesauri oder Taxonomien bereitgestellt werden. Diese wiederum sind domänenspezifisch und erfordern somit die Bereitstellung in einer geeigneten Repräsentation durch Experten. Die regelhaften Strukturen variieren dabei je nach Attribut. Nachfolgend wird jedoch die Verwertung solchen Wissens exemplarisch gezeigt.[386]

386 Vgl. Kapitel 5.2 für die methodische Detaillierung und Kapitel 6.3 für die Anwendung

Um den Anforderungstext mit wissensbasierten Methoden semantisch zu analysieren würden domänenspezifische Ontologien als notwendige Wissensrepräsentationen vorausgesetzt.[387] Die Analyse der bestehenden Ansätze in Kapitel 3 zeigt hierzu jedoch auf, dass die Erstellung solcher Ontologien komplex und ressourcen-intensiv ist und somit nicht für den Wissenserwerb des Entscheidungsunterstützungssystems vorausgesetzt werden kann. Jedoch wird in Kapitel 2.3 und Kapitel 3 beschrieben, wie maschinelles Lernen und korpusbasierte Methoden für die semantische Analyse von natürlich sprachlich formulierten Texten genutzt werden kann. In Kapitel 2.3.3 konnte hierbei besonders das große Potential von LLM für die Analyse von domänen-spezifischem Text hervorgehoben werden. Derartige Modelle sind je nach Domäne und Aufgabe jedoch noch trainierbar oder können mittels Finetuning (engl. Aufgabenspezifische Anpassung eines Modells) angepasst werden. Im Kontext des Anforderungsmanagements bedeutet dies, dass domänen-spezifische Sprache und Abkürzungen, die in Anforderungsdatensätzen verwendet werden, verarbeitet werden können. Hierfür kann beispielsweise die Bereitstellung von Glossaren oder Abkürzungsverzeichnissen eine signifikante Verbesserung der Ergebnisse ermöglichen.[388] Dieses Wissens muss, wenn verfügbar, ebenfalls in einer geeigneten Repräsentation durch die Experten zur Verfügung gestellt werden.

Sollten die Anforderungen nicht in Form von Datensätzen vorliegen, sondern ein oder mehrere Lastenhefte vorliegen, sind diese entsprechend in eine strukturierte Form zu überführen. Für den weiteren Verlauf wird davon ausgegangen, dass für den Wissenserwerb strukturierte Datensätze zur Verfügung stehen. Hierbei wird vorausgesetzt, dass jeder Anforderungsdatensatz aus einer ID, einem Anforderungstext und beliebig vielen Attributdatenfeldern besteht. Alle Datensätze, die für die Wissensbasis zur Verfügung gestellt werden, müssen jedoch die gleichen Attribute beinhalten. Die Überführung von bestehenden Textdokumenten in eine strukturierte Form beschreiben beispielsweise AHMED ET AL.. Auch wenn diese Beschreibung auf wissenschaftliche Beiträge abzielt, konnte das beschriebene Vorgehen genutzt werden, um Spezifikationen in Form von Lastenheften in strukturierte Datensätze zu überführen. Dies liegt darin begründet, dass die grundsätzliche Vorgehensweise, wonach das Dokument anhand der Typographie in entsprechende Datensätze unterteilt wird, bei der Strukturierung

[387] Vgl. Kapitel 2.3.3

[388] vgl. Lobo, E. et al. (08.09.2023) Matching Table Metadata, 5 ff.

von Lastenheften ebenso zur Anwendung kommen kann. Zusätzlich wird beschreiben wie auch übergreifend geltende Attribute zugewiesen werden.[389]

Die Inferenzkomponente ist ein weiterer Bestandteil der Systemarchitektur. Ausgehend von der beschriebenen Unterscheidung zwischen Wissenserwerb und Nutzung erfüllt die Inferenzkomponente zwei konsekutive Funktionen für den Aufbau der Wissensbasis in Form eines semantischen Netzes sowie zur Nutzung dieser. Mittels der Inferenzkomponente ist somit die Verarbeitung des zur Verfügung gestellten Wissens sowie der entsprechenden Datensätze zur semantischen Vernetzung der Anforderungsdatensätze in einer Graphdatenbank möglich. Gemäß den Erkenntnissen aus Kapitel 2.2.3 ist somit ein semantisches Netz zu erzeugen, das eine geeignete Repräsentation für die weitere maschinelle sowie menschliche Analyse darstellt und gleichzeitig die Flexibilität ermöglicht, die aufgrund der nicht-deterministischen semantischen Vernetzung von Anforderungen notwendig ist. Die semantische Ähnlichkeit der Anforderungsdatensätze wird dazu mittels geeigneter Methoden der korpusbasierten Ähnlichkeitsanalyse erzeugt. Diese umfasst jedoch nur den Anforderungstext, sodass der Aufbau des semantischen Netzes ebenfalls wissensbasierte Methoden nutzt, um die Anforderungsattribute beim Aufbau des semantischen Netzes zu nutzen. Das semantische Netz, das sowohl den Anforderungstext als auch Anforderungsattribute berücksichtigt, wird gemäß vorausgehender Veröffentlichungen des Autors in einer sinngemäßen englischen Übersetzung Semantic Requirements Net (SRN) genannt. Nachdem das SRN erzeugt wurde, kann es für die Analysen genutzt werden. Die Inferenzkomponente verarbeitet dazu die durch die Nutzer bereitgestellten Informationen der Suchanfrage durch eine semantische Ähnlichkeitsanalyse für die Suche nach semantisch ähnlichen Anforderungsdatensätzen innerhalb des bestehenden SRN. Dazu ist wiederum ein Suchalgorithmus notwendig, der in Kapitel 5.3.1 detaillierter beschrieben wird, da er bereits Teil der Nutzung ist.

Der Suchalgorithmus, der in der Inferenzkomponente beschrieben ist, wird jedoch im Kontext der Erklärungskomponente modelliert. Dies ist eine Folgerung aus der Analyse der Grundlagen und der bestehenden Ansätze für die semantische Vernetzung. Dabei ist evident, dass die Erzeugung semantischer Netze datenbasiert und KI-gestützt möglich ist, jedoch die menschliche Lesbarkeit der Repräsentation im Kontext von umfangreichen Datensätzen limitiert ist. Für die Vernetzung kommen, wie oberhalb beschrieben, nicht ausschließlich wissensbasiert, sondern auch korpusbasierte Methoden

[389] vgl. M. Ahmed et al. (2020) FLAG-PDFe: Features Oriented, 99458ff.vgl. Ramakrishnan, C. et al. (2012) Layout-aware text extraction, 1 ff.

für die Ähnlichkeitsanalyse zum Einsatz kommen. Dies berücksichtigt, dass die Validität der Vernetzung und somit die Qualität der Entscheidungsunterstützung, zwar hinreichend auf Basis der Kookkurrenz legitimiert werden kann, jedoch die Repräsentation basierend auf einem vektoriellen Abstand, für die menschliche Erklärbarkeit unangemessen ist. Die Funktion der Erklärungskomponente ist es somit einen Subgraphen des SRN zu erzeugen und somit ein menschlich interpretierbares Ergebnis zu erzeugen, dass eine Erklärbarkeit der Vernetzung ermöglicht. Der in dieser Arbeit verfolgte Ansatz hierzu besteht darin, den Anforderungstext und die darin enthaltenen Konzepte im der semantischen Analyse mittels geeigneter Begriffe zu repräsentieren. Abbildung 5-12 fasst die zuvor beschriebenen Inhalte zusammen und kontextualisiert die Architektur mit den Kapiteln der vorliegenden Arbeit.

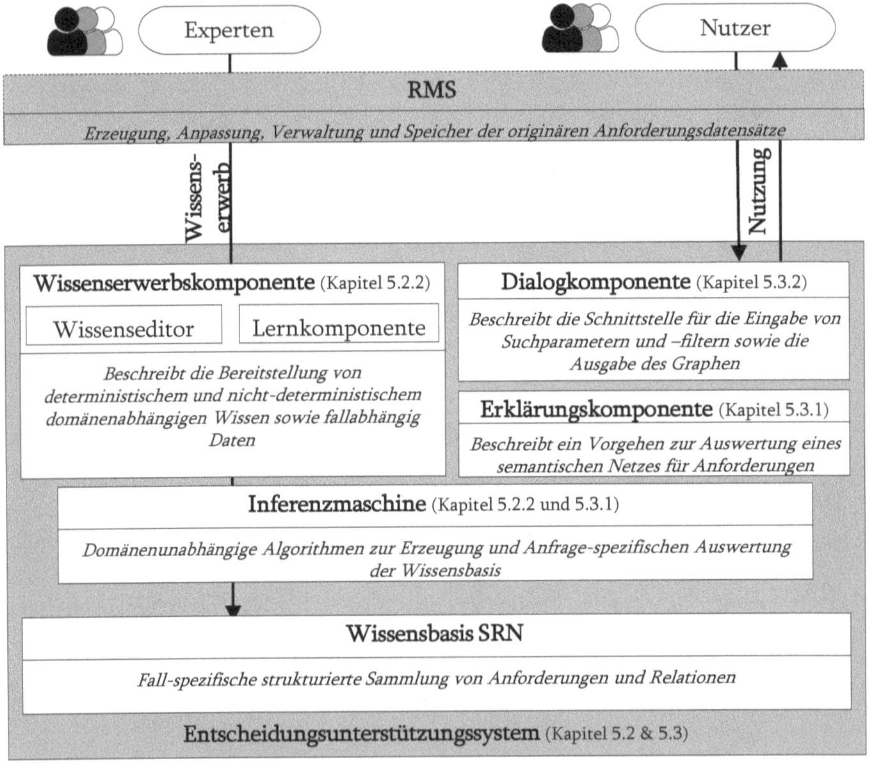

Abbildung 5-12: Systemarchitektur zur Operationalisierung der Methodik

5.2.2 Methodik zur Erstellung semantisch vernetzter Anforderungen im Semantic Requirements Net (SRN)

Im Folgenden wird das Vorgehen zur Vernetzung von Anforderungsdatensätzen beschrieben. Auf Basis des zur Verfügung gestellten Wissens und mit Hilfe der Methoden der maschinenbasierten semantischen Analyse kann das SRN in Form einer Graphdatenbank aufgebaut werden. Im Kontext dieser Arbeit wird die Open Source Graphdatenbank Neo4j genutzt, sodass folgende Beschreibungen die Funktionalitäten von Neo4j voraussetzen. Vergleichbare Graphdatenbanken haben zwar ähnliche Funktionalitäten, zeigen aber hinsichtlich relevanter Leistungs- und Effizienzmetriken schlechtere Ergebnisse. Somit wird Neo4j aus wissenschaftlichen Gründen sowie im Hinblick auf die industrielle Anwendbarkeit und Skalierbarkeit als geeignet betrachtet.[390]

Aufbau des initialen Graphen G_0

Es wird ein Vorgehen beschrieben, das mit der Erstellung eines initialen Graphen G_0 beginnt. Hierzu findet ein Übertrag der Datensätze in eine Graphdatenbank statt, wobei hierbei keine Veränderungen an den Datensätzen selbst vorgenommen werden. Mittels Dateiformaten wie zum Beispiel JSON oder YAML, können die Anforderungsdatensätze maschinenlesbar bereitgestellt werden. Diese Formate erlauben es ebenfalls Informationen zu hierarchischen Beziehungen maschinenlesbar verfügbar zu machen.[391] Relationale Datenbanken, die bei bestehenden RMS zum Einsatz kommen, organisieren die Daten in Tabellenform, ermöglichen aber häufig einen Export in den oben genannten Formaten. Sollte kein Export eines RMS in einem maschinenlesbaren Format zur Verfügung stehen, können auch bestehende Dokumentationen der Anforderungen wie zum Beispiel in bestehenden Lastenheften genutzt werden. Die Grundlagen der dafür notwendigen NLP-Methoden sind in Kapitel 2.3.2 beschrieben. In Abgrenzung zum Export in einem maschinenlesbaren Format, besteht hierbei jedoch die Gefahr, dass die Erfassung nicht fehlerlos vorgenommen werden kann. Denn obwohl es multiple Richtlinien und Normen zur Strukturierung und für die Qualitätssicherung von Anforderungen und Anforderungsdokumenten gibt, ist kein einheitliches Format für die erzeugten Anforderungsdokumente etabliert. Ein Export in einem maschinenlesbaren Format ist somit zu favorisieren. Die Voraussetzung, für die nachfolgend beschriebenen Methodenschritte, ist somit die Bereitstellung der bestehenden Anforderungsdatensätze, gemäß der folgenden Definition:

---

[390] vgl. Sandell, J. et al. (30.01.2024) Performance Comparison Analysis, S. 7766 - 7767.

[391] vgl. Eriksson, M. et al. (2011) Comparison between JSON, S. 16.

Ein Anforderungsdatensatz R kann als ein Tripel (ID, T, A) betrachtet werden, wobei:

ID die eindeutige Kennung der Anforderung ist

T der natürlich sprachlich formulierte Anforderungstext ist

A die Menge der Attribute der Anforderung ist

Der initial zu erstellende Graph G_0 kann als Menge dieser Anforderungsdatensätze dargestellt werden. Jeder Anforderungsdatensatz R in G_0 ist ein Knoten im Graph, was sich mathematisch wie folgt formulieren lässt:

$$G_0 = \{ R_i \mid R_i = (ID_i, T_i, A_i), i \in I \}$$

wobei I eine Indexmenge ist, die alle Anforderungen indiziert. Jedes A_i kann wieder als Menge von Attributen betrachtet werden, wobei gilt:

$$A_i = \{a_{i1}, a_{i2}, \dots , a_{ik_i} \}$$

und k_i die Anzahl der Attribute für die Anforderung R_i beschreibt.

Gemäß dieser Notation kann ein Graph beschrieben werden, in dem jeder Knoten ein Anforderungsdatensatz darstellt und alle Datenfelder erhalten bleiben. Die Anordnung und Positionierung im Raum ist beliebig.

Nach den dargestellten Grundlagen in Kapitel 2.2.3, besteht ein Graph jedoch aus Knoten und Kanten, wobei die Kanten die Beziehungen zwischen den Knoten und somit die Vernetzung repräsentieren. Die Menge der Kanten E vernetzt somit jeweils zwei Knoten *V* sodass folgendes gilt:

$$E = \{ (V_i, V_j) \mid V_i \text{ist verbunden mit } V_j \text{ durch eine Beziehung}\}$$

mit dem Ziel der Vernetzung, sodass ein Graph G_{SRN} entsteht, der dann als

$$G_{SRN} = (V, E)$$

mit V als Menge aller Knoten im Graph definiert werden kann.

Einführung Vernetzung

Das weitere Vorgehen zur Vernetzung wird auf Grundlage der Graphentheorie sowie der inhaltlichen Anforderungen an die Methodik gestaltet. Dazu wird zunächst berücksichtigt, dass gemäß der Graphentheorie eine Verbindung der Knoten direkt und indirekt realisiert werden kann. Hierzu werden zunächst grundlegende Annahmen beschrieben.

Eine direkte Verbindung zwischen zwei Knoten würde eine Verbindung zwischen zwei Anforderungsdatensätzen bedeuten. Auf Basis der bisherigen Erkenntnisse und der inhaltlichen Anforderung an die Methodik, dass die Vernetzung jedoch nachvollziehbar sein muss, ist eine differenzierte Betrachtung notwendig. Somit ist bei der Vernetzung zu unterscheiden, ob diese auf Basis des jeweiligen T_i oder auf Basis des jeweiligen A_i handelt, da beide Datenfeldkategorien Einfluss auf die Vernetzung haben können. Auch hierbei ergibt sich wiederum die Möglichkeit der direkten Verbindung sowie der indirekten Verbindung.

Unter der Annahme, dass in einem Netz alle Attribute und alle Anforderungstexte miteinander mittels Kanten untereinander vernetzt sind, würde sich relativ zu den verfügbaren Anforderungsdatensätzen eine exponentiell wachsende Anzahl der Kanten ergeben. Ein derartiges Vernetzungsszenario ist in Abbildung 5-13 für vier Anforderungsdatensätze dargestellt, wobei hier jeweils zwei Attribute pro Anforderungsdatensatz als Knoten dargestellt sind. Es ergeben hieraus bereit 18 direkte, ungerichtete Verbindungen. Die theoretische Obergrenze für die Anzahl der Kanten ergibt sich nach der Gauß'schen Summenformel, welche zur folgenden Beschreibung der Anzahl möglicher ungerichteter Kanten führt:

$$e_{G_0,Kanten,direkt} = \left(i * \frac{i-1}{2}\right) * k_i + i * \frac{i-1}{2}$$

Mithilfe dieser Formel zur theoretischen Obergrenze wird die Komplexität eines solchen direkt vernetzten Graphen beschreibbar. Die Anzahl der Anforderungsdatensätze liegt abhängig vom Entwicklungsprojekt im Bereich mehrerer Hundert oder Tausend Anforderungen, wobei diese jeweils mit einer beliebig großen Anzahl Attributen erweitert werden. Es wird evident, dass eine solche Vernetzung zur Wissensrepräsentation für vernetzte Anforderungsdatensätze nicht skalierbar ist und somit nicht den Anforderungen an die Methodik gerecht wird. Da zum einen umfangreiche Speicher- und Rechenkapazitäten für die maschinelle Analyse vorgehalten werden müssten und zum anderen auch die menschliche Analyse einer solchen Repräsentation nicht möglich wäre. Die direkte Verbindung stellt somit keine praktikable Vernetzung dar.

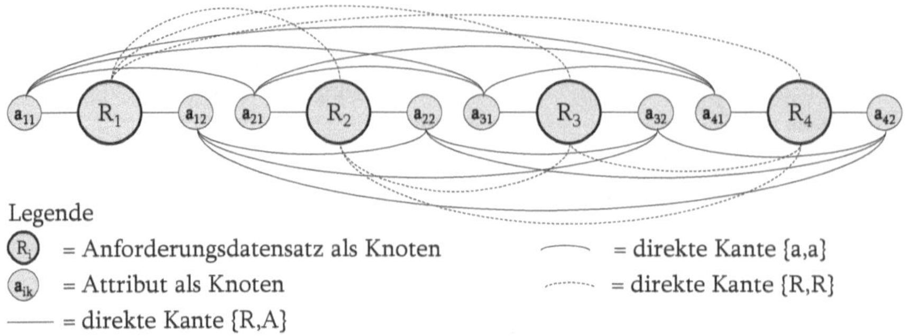

Abbildung 5-13: Schematische Darstellung direkter Verbindungen

Im Folgenden wird die Vernetzung der R mittels indirekter Verbindungen erfolgen, die das Beziehungswissen in unterschiedliche Sichten anwendungsbezogen darstellen. Exemplarisch stellt Abbildung 5-14 diese indirekte Verbindung ebenfalls für vier Anforderungsdatensätze mit jeweils zwei Attributen dar. Dabei werden die Attribute jeweils nicht direkt miteinander verbunden, sondern mittels Kanten den entsprechenden Klassen CL zugeordnet. Die Darstellung folgt der Annahme, dass eine Zuordnung der Attribute a_{ik_i} jeweils nur zu einer Klasse $cl_{k_i m_j}$ möglich ist. m_j ist die Anzahl der möglichen Klassen pro Attribut des selben k. Es ist jedoch für eine hohe Anzahl Anforderungsdatensätze anzunehmen, dass gilt:

$$m \ll i$$

und somit die Anzahl der Klassen, welche für die Attribute des gleichen k existieren deutlich kleiner ist als die Anzahl der zu repräsentierenden Anforderungsdatensätze. Die Anzahl der Kanten, die für eine indirekte Verbindung mittels dieser Cluster notwendig ist, ergibt sich somit nach der Anzahl der Attribute:

$$e_{G_0,Kanten,indirekt} = \sum\nolimits_{i=1}^{n} \sum\nolimits_{j=1}^{k} |A_{ik}|$$

Der in Abbildung 5-14 dargestellte Graph visualisiert vier Anforderungen mit jeweils zwei Attributen. Im Vergleich zu Abbildung 5-13 kann gezeigt werden, dass es sich hierbei um ein lineares Wachstum der direkten sowie der indirekten Verbindungen handelt und nicht um ein exponentielles Wachstum in Abhängigkeit der Anzahl der verfügbaren Anforderungsdatensätze. Indem auf den Kanten Zahlen angetragen sind, wird nachvollziehbar, dass die indirekten Verbindungen mittels der direkten Verbindungen nachgebildet werden können. Hierbei ergeben sich teilweise alternative Möglichkeiten wie zum Beispiel im Fall der indirekten Verbindung 1 bzw. 1′, die zwischen den gleichen R besteht.

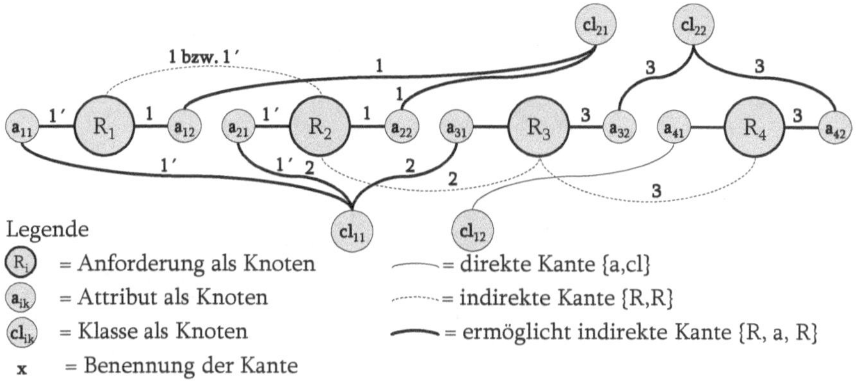

Abbildung 5-14: Indirekte Verbindung von Knoten

Einführung Knowledge Layer und Concept Map Layer

Die Erzeugung der indirekten Verbindungen zur Vernetzung wird in unterschiedlichen Layern dargestellt und folgt dem Layer-Pattern (engl. Schichten-Muster) für Softwarearchitekturen.[392] Dabei wird unterschieden zwischen einem Knowledge-Layer (KL) (engl. Wissens-Layer) und einem Concept-Map-Layer (CML) (engl. Konzept-Netz-Layer). Diese Unterscheidung berücksichtigt, dass für die Vernetzung von Anforderungsdatensätzen bzw. den entsprechenden Datenfeldern für den Anforderungstext und die Attribute unterschiedliches Wissen zum Einsatz kommen kann. Diese Unterscheidung wird nachfolgend zunächst kurz zusammenfassend beschrieben und in den folgenden Abschnitten detailliert. Durch den Aufbau mittels Layern, können die Ergebnisse in dem zu erzeugenden SRN überlagert dargestellt und parallel erzeugt werden und auch unabhängig voneinander adaptiert werden. Gleichzeitig besteht jedoch auch die Möglichkeit die Ergebnisse des KL in den Algorithmen des CML zu verwerten.

Das Ziel des CML ist es ein Vorgehen für die semantische Ähnlichkeitsanalyse des Anforderungstextes zu beschreiben. Mittels bestehender Methoden zur semantischen

[392] vgl. Balzert, H. (2011) Lehrbuch der Softwaretechnik, 61 ff.

Ähnlichkeitsanalyse werden die Anforderungstexte hinsichtlich der enthaltenen Konzepte analysiert, um die enthaltenen Konzepte gemäß einem semantischen Netz zu identifizieren und mit geeigneten Begriffen als Knoten im Graph zu repräsentieren und mit den jeweiligen Anforderungsdatensätzen zu verbinden. Durch diese Form der Repräsentation werden die Konzepte der Anforderungen für die folgende Nutzung verwertbar und schaffen gleichzeitig eine menschliche Nachvollziehbarkeit der datenbasierten semantischen Ähnlichkeitsanalyse von natürlich sprachlichem Text. Eine schematische Darstellung des Zielbildes des CML ist in Abbildung 5-15 gegeben.

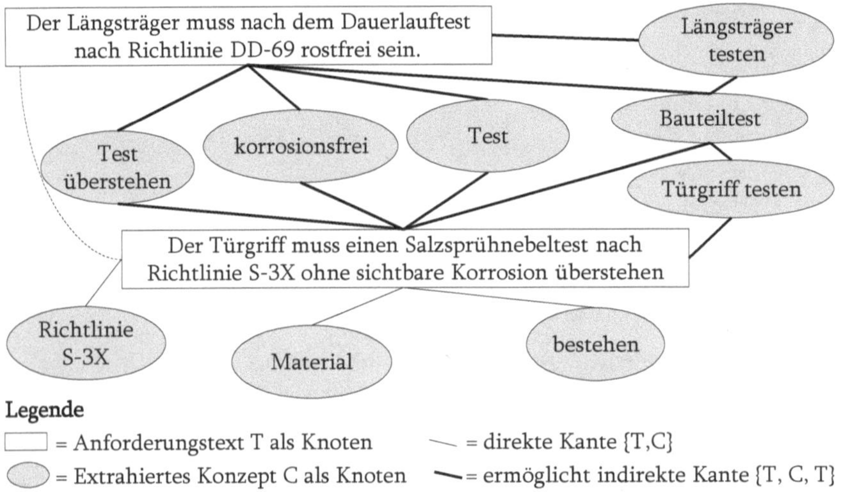

Abbildung 5-15: Vernetzung von Anforderungstexten mittels Konzepten

Der KL hingegen hat die Aufgabe das bestehende explizite Wissen zur verwendeten Domänen-spezifischen Sprache beispielsweise aus Glossaren für die maschinenbasierte Analyse verfügbar zu machen. Ebenso soll Wissen, das in hierarchischer Form beispielsweise in Taxonomien abgebildet werden kann, verwertet werden. Somit ist es möglich die Anforderungsdatensätze auch gemäß diesem Wissen zu vernetzen und die Repräsentation semantisch anzureichern. Über diese Anreicherung wird nicht nur das implizite Wissen der Anforderungstexte für die semantische Vernetzung genutzt, sondern auch die Attribute können für die semantische Vernetzung operationalisiert werden. Eine schematische Darstellung der Verwertung von diesem Wissen im SRN ist in Abbildung 5-16 dargestellt.

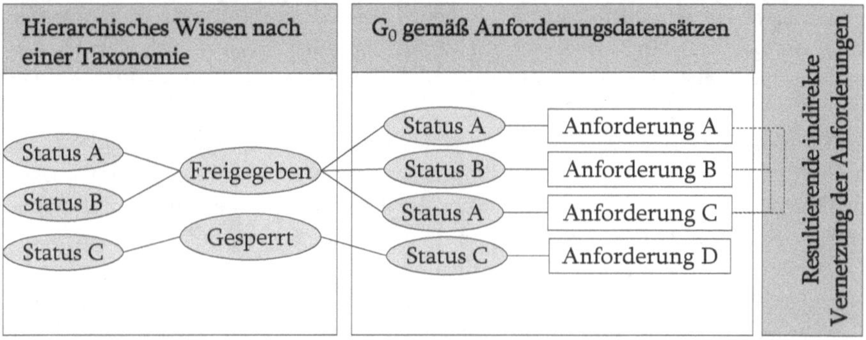

Abbildung 5-16: Schema der Verwertung zur Wissensverarbeitung gemäß des KL

Erstellung des Concept-Map-Layer

Mittels einer semantischen Analyse werden im CML die Konzepte aus den Anforderungen extrahiert und mittels Begriffen in Form von Knoten im Graph repräsentiert. Die semantische Vernetzung der Anforderungstext findet dann gemäß korpusbasierten Methoden zur Ähnlichkeitsanalyse statt. Die Verbindung zur Repräsentation der semantischen Ähnlichkeit der Anforderungen wird im Graphen dann mittels indirekter Verbindungen über die Begriffe realisiert. Zusätzlich werden Regularisierungsmethoden beschrieben, die genutzt werden um den Graph zu bereinigen und somit eine menschliche Nachvollziehbarkeit zu gewährleisten. Im Folgenden werden die Algorithmen, die in dieser Schicht verwendet werden, im Detail erläutert und im Ablauf beschrieben.

Extraktion der Konzepte

Die semantische Anreicherung des initialen Graphen G_0 beginnt mit der Anreicherung durch die Konzepte C, die aus den Anforderungstexten extrahiert werden. Gemäß den Grundlagen sowie der Untersuchungen aktueller Ansätze in Kapitel 3 können für diesen Methodenschritt der Named Entity Recognition verfügbare LLM eingesetzt werden. Diese Modelle haben sich insbesondere bei der Analyse von domänen-spezifischen Texten als leistungsfähiger erwiesen, als bis dato existierende NER-Methoden.[393] Dennoch soll an dieser Stelle auf den Knowledge Layer verwiesen werden, der beinhaltet, dass Abkürzungen und Akronyme und andere Domänen-spezifische Begriffe mittels verfügbarer Glossare oder Verzeichnisse in ihre ausführliche und somit besser

[393] vgl. Wang, S. et al. (20.04.2023) GPT-NER: Named Entity, S. 11.

verständliche Form überführt werden sollten, sodass den nachfolgenden semantischen Analysen nicht nur die Kurzformen zur Verfügung stehen. Es zeigt sich, dass Sprachmodelle durch diese Unterstützung eine signifikant bessere Leistung erbringen. Der Einsatz von LLM für diesen Methodenschritt umfasst die Erstellung eines zielführenden Prompts. Mittels eines solchen Prompt, kann die Effizienz und die Genauigkeit für die Extraktion der Konzepte deutlich verbessert werden. Der Prompt als natürlich sprachlich formulierte Eingabe entspricht der Formulierung der durchzuführenden Aufgabe für das LLM sowie einer Beschreibung für die Entities im Allgemeinen, der Beschreibung von besonderen Randbedingungen, wie zum Beispiel möglicher Grenzwerte, und entsprechenden Beispielen für extrahierte Entities.[394] Die Entities entsprechen dann den zu extrahierenden Konzepten. Dieses Vorgehen basiert somit auf einem Lernen mittels Few-Shot Learning. Aus der bestehenden Literatur kann abgeleitet werden, dass der Prompt durch eine entsprechend domänen-spezifische Adaption zu besseren Ergebnissen führt. Somit sollte bei der Datenbereitstellung durch die Experten Beispiele für hilfreiche Konzepte im Text mit angefragt werden. Für die Entwicklung der Methodik wird der Prompt nach SHAO aufgebaut und besteht aus den oben beschriebenen Bestandteilen.

Der Output des LLM wird verwertet, indem die aus den Anforderungstexten extrahierten Konzepte als Knoten in der Graphdatenbank ergänzt werden. Es gibt dabei in diesem Methodenschritt explizit keine Beschränkung hinsichtlich der Anzahl möglicher Konzepte pro Anforderung, da lediglich ein Zwischenzustand erzeugt wird. Die menschliche Nachvollziehbarkeit des Graphen, die durch eine zu große Anzahl zusätzlicher Knoten leiden würde wird insofern an dieser Stelle als nachrangig betrachtet, um die Extraktion nicht hinsichtlich der semantischen Reichhaltigkeit der Konzepte zu beschränken. Der angereicherte Graph, der die Konzepte als Knoten beinhaltet, wird als Graph $G_{Concepts}$ bezeichnet. In $G_{Concepts}$ sind Kanten $E_{Concepts}$ enthalten, welche die Beziehung „Konzept ist enthalten in Anforderungstext des Anforderungsdatensatzes“ repräsentiert.

Pseudocode erlaubt es die Logik und die Struktur der Softwärelösung auf einer abstrakten Ebene darzustellen, ohne dass für das Verständnis spezifische Programmiersprachkenntnisse erforderlich sind. Die Inhalte der vorliegenden Arbeit adressieren die Schnittstelle zwischen Experten des Anforderungsmanagements und der Datenverarbeitung. Da bei ersteren keine Programmierkenntnisse vorausgesetzt werden können, wird Pseudocode genutzt, um die zugrundeliegenden Algorithmen und deren Funktionsweise darzustellen. Darüber hinaus ermöglicht die Verwendung von Pseudocode

---

[394] vgl. Shao, W. et al. (27.10.2023) Astronomical Knowledge Entity, S. 4.

eine flexible Darstellung, die über die Syntaxregeln dedizierter Programmiersprachen hinausgeht. Somit kann die beschriebene Methodik individuell modifiziert werden und auch einzelne Bestandteile der Methodik diskutiert werden, ohne Restriktionen durch technische Details der programmiertechnischen Umsetzung. Gleichzeitig bietet der folgende Pseudocode die Möglichkeit etwaige Risiken durch Fehlinterpretation der natürlich sprachlichen Beschreibung im Fließtext zu minimieren.[395]

Algorithm 1: Concept Extraction

```
// Input:
// - G_0: Initial graph
// - T: Requirements texts
// Output:
// - G_Concepts: Graph enriched with extracted concepts
function enrich_graph_with_concepts(G_0, T):
  // Initialize the enriched graph as a copy of the initial graph
  G_Concepts = copy(G_0)
  // Extract concepts from T using LLM
  Concepts = extract_concepts_with_llm(T)
  // Add extracted concepts as nodes to the graph
  for concept in Concepts:
    G_Concepts.add_node(concept.id, concept.attributes)
  // Add edges with relation "concept is included in requirement text"
  for concept in Concepts:
    for requirement in concept.t:
      G_Concepts.add_edge(concept.id, requirement.id, "included_in")
  return G_Concepts
// Function to extract concepts using LLM
function extract_concepts_with_llm(T):
  Concepts = []
  for t in T:
    // Create prompt for the LLM
    prompt = create_prompt(requirement)
    // Extract concepts using the LLM
    extracted_concepts = LLM.extract_concepts(prompt)
    Concepts.extend(extracted_concepts)
```

[395] vgl. Roy, G. (2006) Designing and explaining, S. 2.

```
  return Concepts
// Function to create a prompt for the LLM
function create_prompt(requirement):
  prompt = "Extract the key concepts from the following requirement text:\n"
  prompt += requirement.text + "\n"
  return prompt
// Example usage of the concept extraction and enrichment function
G_0 = load_initial_graph("path_to_initial_graph")
T = [
// Examplary list of T
  {id: 1, text: "The system must have a user login feature."},
  {id: 2, text: "Users should be able to reset their passwords."},
  {id: 3, text: "Admin users must be able to manage user accounts."}
    ]
G_Concepts = enrich_graph_with_concepts(G_0, T)
```

Vektorisierung der Texte (T, C, S)

Im Folgenden wird auf dem zuvor erstellten $G_{Concepts}$ aufgebaut, der sowohl die Anforderungsdatensätze R inklusive der Anforderungstexte T als auch die extrahierten Konzepte C beinhaltet. Die Vektorisierung der Texte stellt die Grundlage für die spätere Analyse dar, die auf den korpusbasierten Methoden der Ähnlichkeitsanalyse basieren. Die erzeugten Embeddings der Anforderungstexte und Konzepte werden als zusätzliche Informationen zu den Konzepten bzw. den Anforderungen ergänzt und somit auch in der Graphdatenbank abgespeichert. Im Fall der Konzepte werden nur einzelne Worte vektorisiert. Im Fall der Anforderungstext müssen jedoch ein oder mehrere ganze Sätze vektorisiert werden, um die entsprechende Satzsemantik berücksichtigen zu können. Hieraus ergeben sich unterschiedliche Ansprüche an die Leistungsfähigkeit des verwendeten Sprachmodells. Für die nachfolgende Evaluierung in Kapitel 6 sind beispielsweise die Konzepte mittels des kompakten Sprachmodells MiniLM vektorisiert worden und die Anforderungstexte mittels des leistungsstärkeren Sprachmodells Ada-2.

Sollten strukturelle Informationen zur Hierarchie bzw. der Organisation von Anforderungen bspw. in Kapiteln oder Ordnern vorliegen, können die Text der entsprechenden Strukturebenen auch mittels entsprechender Sprachmodelle und Prompts zusammengefasst und vektorisiert werden, sodass diese ebenfalls für semantische Ähnlichkeitsanalysen zur Verfügung stehen.

Algorithm 2: Embedding of Texts in $G_{Concepts}$

```
// Input:
// - G_Concepts: Graph with requirements and extracted concepts
// - MiniLM: Language model for concept vectorization
// - Ada-2: Language model for requirement text vectorization
// Output:
// - G_Embedded: Graph with embeddings added to requirements and concepts
function vectorize_and_store_embeddings(G_Concepts, MiniLM, Ada-2):
 // Initialize the embedded graph as a copy of the concepts graph
 G_Embedded = copy(G_Concepts)
 // Vectorize and store embeddings for concepts
 for concept in G_Embedded.concepts:
  embedding = MiniLM.vectorize(concept.text)
  G_Embedded.update_node(concept.id, {"embedding": embedding})
 // Vectorize and store embeddings for requirement texts
 for requirement in G_Embedded.requirements:
  embedding = Ada-2.vectorize(requirement.text)
  G_Embedded.update_node(requirement.id, {"embedding": embedding})
 // Optionally vectorize and store embeddings for structural information
 for structure in G_Embedded.structures:
  embedding = Ada-2.vectorize(structure.text)
  G_Embedded.update_node(structure.id, {"embedding": embedding})
 return G_Embedded
// Function to vectorize text using a specified language model
function vectorize_text(text, language_model):
 embedding = language_model.vectorize(text)
 return embedding
// Example usage of the vectorization and embedding storage function
G_Concepts = load_graph("path_to_concept_graph")
MiniLM = load_language_model("path_to_MiniLM")
Ada-2 = load_language_model("path_to_Ada-2")
G_Embedded = vectorize_and_store_embeddings(G_Concepts, MiniLM, Ada-2)
```

Concept Regularization

Regularization (engl. Regularisierung) ist der Sammelbegriff für die Verbesserung der Vorhersagegenauigkeit und der Modellinterpretierbarkeit mit dem Anspruch die Generalisierbarkeit des Modells zu erhöhen.[396] Dabei können für die Regularization verschiedene Ansatzpunkte gewählt werden. Beispielsweise können Methoden genutzt werden, welche die Vorverarbeitung der Daten beeinflussen, sodass von „Regularization via Data" gesprochen werden kann.[397] Dies wird in der vorliegenden Arbeit beispielsweise im KL aufgriffen, indem beschrieben wird, wie Glossare und Verzeichnisse genutzt werden können, um Domänen-spezifische Ausdrücke für die Verarbeitung in der maschinellen, semantischen Ähnlichkeitsanalyse zu optimieren. Weitere Methoden bestehen jedoch auch für die Optimierung von Netzwerken und Architekturen, die im Folgenden genutzte werden um den erstellten Graphen $G_{Concepts}$ hinsichtlich der Lesbarkeit zu optimieren. Die Optimierung wird dabei auf von vordefinierten Kriterien erzeugt und adressiert die Einschränkung der Lesbarkeit durch das Vorhandensein von einer Vielzahl ähnlicher Konzepte bzw. entsprechender Knoten und die damit einhergehende hohe Anzahl möglicher Verbindungen in Form von Kanten im Graph. Durch die Implementierung von Regeln, manipuliert der Regularisierungsprozess den ursprünglichen Graphen systematisch in eine menschlich besser lesbare Struktur und erhöht gleichzeitig die Nutzbarkeit für folgende Prozesse. Hierbei werden jedoch die Anforderungen nicht manipuliert, sondern nur die künstliche geschaffenen Konzept-Knoten reduziert. Die wichtigsten Schritte bei der Regularisierung des Graphens sind die Folgenden, die zunächst beschrieben und dann mittels Pseudocode formuliert werden.

Merging Similar Concepts: Konzepte die eine hohe Ähnlichkeit zueinander aufweisen, repräsentieren somit redundante Informationen. Beispielsweise kann ein möglicher Output der Concept Extratraction sein, dass ein Konzept als Singular und als Plural oder mittels Synonymen als zwei oder mehrere Knoten im Graph enthalten ist. Auf Basis einer Analyse der semantischen Ähnlichkeit dieser Begriffe, die sich mittels der entsprechenden Embeddings überprüfen lässt, sollten diese Konzept-Knoten zusammengeführt werden, um die Kohärenz des Graphen zu erhöhen.

Die Analyse der semantischen Ähnlichkeit der Konzepte basiert auf den Ergebnissen einer Abstandsmetrik, wie beispielsweise Cosine Similarity. Hierbei kann ein Grenzwert gesetzt werden, der definiert, dass zwei Konzeptknoten auf ein Konzept reduziert

[396] vgl. Kukačka, J. et al. (29.10.2017) Regularization for Deep, S. 1.

[397] vgl. Kukačka, J. et al. (29.10.2017) Regularization for Deep, S. 2 - 6.

werden, wenn der Abstand der Embeddings in einem n-dimensionalen Raum kleiner als der gesetzte Grenzwert ist. Der Grenzwert sei sim_{Merge}. Die Ermittlung eines solchen Grenzwertes ist bereits umfangreich in der bestehenden Literatur auch im Kontext von Domänen-spezifischen Texten oder Anforderungstexten diskutiert worden. Hierzu wird die Ähnlichkeit der Embeddings über die Kalkulation des Abstandes in einem n-dimensionalen Raum auf ein Skalar reduziert und normiert, sodass Werte im Bereich [0,1] möglich sind. Ein möglicher Startwert gemäß der bestehenden Literatur liegt bei 0,5.[398] Je höher der Wert gewählt wird, desto feiner ist kann die Differenzierung der Konzepte sein. Gleichzeitig geht damit jedoch auch eine reduzierte Übersichtlichkeit einher, wenn beispielsweise einzelne Konzepte wie oben beschrieben mittels Synonymen oder als Singular und Plural abgebildet werden, wenn sim_{Merge} zu hoch gewählt wird. Insgesamt ist hierbei festzuhalten, dass der Ähnlichkeitswert vom verwendeten Modell zur Erstellung der Embeddings abhängt und auch Domänen-spezifisch angepasst werden muss, sodass kein pauschaler Wert angegeben werden kann.[399] Gleichzeitig entstehen auf diesem Weg Sammlungen von Begriffen, die für eine stichprobenartige Kontrolle des Ergebnisses der Vernetzung der Konzepte genutzt werden können. Durch diesen empirischen Ansatz, kann der Grenzwert der Abstandsmetrik sim_{Merge} festgelegt werden. Es folgt die Formulierung mittels Pseudocode.

Pruning Overly Connected Nodes: Konzept-Knoten die mit einer Vielzahl unterschiedlicher Anforderungs-Knoten verbunden sind, können die Repräsentation im Graphen verdichten und die Lesbarkeit des Graphen verschlechtern. Die Überprüfung und Begrenzung der Anzahl der Verbindungen eines Konzept-Knotens C mittels eines Grenzwertes trägt dazu bei, dass die Übersichtlichkeit des Graphen gewahrt werden kann und gleichzeitig die Rechenleistung beim Zugriff auf den Graphen reduziert werden kann. Hierzu wird ein Parameter k_{Prune} festgelegt, der als ganzzahlige Zahl angibt, mit wie vielen Anforderungsknoten R ein Konzeptknoten C in Verbindung stehen darf. Dieser Wert muss abhängig von der Größe des Graphen und somit ebenfalls empirisch definiert werden. Steht ein Konzept-Knoten mit mehr als k_{Prune} Knoten in Verbindung, ist das Konzept derart generisch, dass es keinen Erkenntnisgewinn für den Nutzer liefert, sodass der Konzeptknoten entfernt wird.

Algorithm 3: Graph Regularization

```
// Input:
```

[398] vgl. Das, S. et al. (2021) Sentence Embedding Models, S. 7vgl. Sonbol, R. et al. (2020) Towards a Semantic, S. 5vgl. Younas, M. et al. (2020) Extraction of non-functional, S. 7392.

[399] vgl. Elekes, Á. et al. (2020) Toward meaningful notions, S. 127.

```
// - $G_{Embedded}$: Graph with embeddings added to requirements and concepts
// - $sim_{Merge}$: Similarity threshold for merging concepts (e.g., 0.5)
// - $k_{Prune}$: Maximum number of connections allowed for a concept node
// Output:
// - $G_{SRN}$: Regularized and simplified graph
function regularize_and_transform_graph($G_{Embedded}$, $sim_{Merge}$, $k_{Prune}$):
 // Initialize the regularized graph as a copy of the embedded graph
 $G_{SRN}$ = copy($G_{Embedded}$)
 // Step 1: Merging Similar Concepts
 merge_similar_concepts($G_{SRN}$, $sim_{Merge}$)
 // Step 2: Pruning Overly Connected Nodes
 prune_overly_connected_nodes($G_{SRN}$, $k_{Prune}$)
 return $G_{SRN}$
// Function to merge similar concepts
function merge_similar_concepts(G, $sim_{Merge}$):
 for concept1 in G.concepts:
  for concept2 in G.concepts:
   if concept1.id != concept2.id:
    similarity = cosine_similarity(concept1.embedding, concept2.embedding)
    if similarity >= $sim_{Merge}$:
     merge_nodes(G, concept1.id, concept2.id)
 return
// Function to calculate cosine similarity between two vectors
function cosine_similarity(vec1, vec2):
 dot_product = dot(vec1, vec2)
 magnitude1 = magnitude(vec1)
 magnitude2 = magnitude(vec2)
 similarity = dot_product / (magnitude1 * magnitude2)
 return similarity
// Function to merge two nodes
function merge_nodes(G, node1_id, node2_id):
 for edge in G.edges(node2_id):
  if not G.has_edge(node1_id, edge.target):
   G.add_edge(node1_id, edge.target, edge.type)
 G.remove_node(node2_id)
 return
// Function to prune overly connected nodes
```

```
function prune_overly_connected_nodes(G, k_Prune):
  for concept in G.concepts:
    if len(G.edges(concept.id)) > k_Prune:
      G.remove_node(concept.id)
  return
// Example usage of the regularization and transformation function
G_Embedded = load_graph("path_to_embedded_graph")
sim_Merge = 0.5
k_Prune = 10
G_SRN = regularize_and_transform_graph(G_Embedded, sim_Merge, k_Prune)
```

Algorithmus 2 sowie Algorithmus 3 enthalten Methodenschritte, die in der bestehenden Literatur als Graph Reduction bzw. entsprechenden Unterkategorien Graph Sparsification (Algorithmus 2) oder Graph Coarsening (Algorithmus 3) bezeichnet werden.[400] Gemein ist beiden Algorithmen jedoch, dass die Anforderungsdatensätze selbst unberührt bleiben und durch das Vorgehen nicht manipuliert werden, sondern lediglich die Anreicherung durch die Analyseergebnisse entsprechend gefiltert wird. Algorithmus 2 beschreibt somit ein Vorgehen, bei dem keine Informationen die in Knoten enthalten sind entfallen, sondern lediglich die Anzahl der Kanten reduziert wird. Die Struktur des Graphen bleibt dabei unberührt. Algorithmus 3 beschreibt ein Vorgehen, bei dem eine Informationskompression stattfindet. Dazu kommt es, da die Anzahl der Knoten derart reduziert wird, dass eine gute Näherung der vorherigen Struktur erhalten bleibt. Damit geht ebenfalls eine Reduzierung der Anzahl der Kanten einher. Die Näherung findet somit in einem möglichen Zielkonflikt statt, der darin besteht einerseits die Informationen zu verdichten und die Lesbarkeit zu verbessern und andererseits keine strukturgebenden Informationen zu verlieren.[401] Einen Überblick über wissenschaftliche Ergebnisse und Methoden findet sich bei HASHEMI ET AL..[402]

Erstellung des Knowledge Layer

Wie bereits bei der Erstellung des initialen Graphen G_0 beschrieben, können mittels maschinenlesbarer Formate wie YAML oder JSON nicht nur Anforderungsdatensätze für die Verwendung in einem semantischen Netz verfügbar gemacht werden, sondern

---

[400] vgl. Hashemi, M. et al. (29.01.2024) A Comprehensive Survey, S. 3.

[401] vgl. Chen, J. et al. (2022) Graph coarsening: from, 191 ff.

[402] vgl. Hashemi, M. et al. (29.01.2024) A Comprehensive Survey, S. 7.

auch bestehende Hierarchien und somit Wissen über Strukturen für diese datenbasierte Methodik maschinenlesbar verfügbar gemacht werden. Das Wissen muss somit nicht auf Basis der zuvor beschriebenen KI-basierten Methoden extrahiert bzw. expliziert werden, sondern dient dazu die Wissensrepräsentation zu strukturieren. Ein weiterer Bestandteil des KL ist die Verwendung von Abkürzungsverzeichnissen oder Glossaren, welche das beschriebene Vorgehen des CML unterstützen. Nachfolgend wird das Vorgehen detaillierter beschrieben.

Integration maschinenlesbarer Hierarchien mittels gerichteter, direkter Kanten

Anforderungsdatensätze beinhalten häufig multiple Attribute, die jedoch durch Experten gepflegt werden. Werden die Anforderungen in RMS verwaltet, sind diese Attribute in Form von Datenfelder verfügbar und können bei einem Export der Anforderungsdatensätze zur Verfügung gestellt werden. Die Attribute folgen im Regelfall einer Taxonomie. In bestehenden RMS werden die möglichen Inhalte der Attribute durch die Bereitstellung einer eingeschränkten Vorauswahl gemäß der Taxonomie eingeschränkt, um konsistente Anforderungsdatensätze zu ermöglichen. Die Taxonomien selber werden auf Basis von Unternehmens-internen Vorgaben erstellt bzw. auch nach Unternehmens-externen Vorgaben und Empfehlungen.

Ein Beispiel für Unternehmens-interne Vorgaben ist die Taxonomie zum Status einer Anforderung, wie sie in Abbildung 6-4 dargestellt ist. Daraus geht hervor, dass es unterschiedliche Ebenen gibt. Ein Anforderungsdatensatz kann somit die Einträge der zweiten bzw. dritten Ebenen enthalten. Wobei die Regeln und Bedingungen für die Zuweisung eines Attributs Unternehmens-intern erfolgt. Die Festlegung des Attributs für den jeweiligen Datensatz erfolgt durch den Experten, bzw. teilweise auch systemseitig, gemäß den entsprechenden Regeln und Bedingungen. Ein Beispiel für eine Taxonomie, die durch Unternehmens-externe Vorgaben entsteht, ist die Attributierung gemäß der ISO 26262:2018. Hierin wird ein Vorgehensmodell beschrieben, gemäß dessen die Anforderungen nach unterschiedlichen Sicherheits-Level zu attributieren sind. Die Regeln bzw. Bedingungen hierfür sind durch die Norm vorgegeben.[403] Die Attributierung mittels KI wird häufig als Klassifizierungs-Aufgabe beschrieben und ist bereits Bestandteil der Forschung, ist jedoch noch nicht als in der industriellen Anwendung validiert.[404] Da die Attribute bzw. die zugrunde liegenden Taxonomien jedoch eine Möglichkeit bieten die Anforderungen indirekt miteinander zu verbinden,

---

[403] vgl. International Standardization Organization (2018) ISO 26262.

[404] vgl. Sonbol, R. et al. (2022) The Use of NLP-Based Text Representation, S. 62821 - 62822.

und somit das darin enthaltene Wissen im Graphen repräsentiert werden soll, werden gerichtete Kanten im Graphen etabliert, die derartiges Wissen abbilden können.

Dazu müssen die Hierarchien in maschinenlesbarer Form verfügbar gemacht werden. Dabei gelte, dass die strukturierenden Elemente einer jeden Ebene einer Hierarchie als Knoten (S) im Graph etabliert werden. Die Zuweisung eines Elements der Ebene n zu einem Element der darunter liegenden Ebene n-1 wird somit im Graphen durch eine gerichtete Kante gespeichert. Dabei kann unterschieden werden zwischen:

- Parent/Child-Beziehung: Es wird eine gerichtete Kante erzeugt, die zwischen zwei Knoten der Menge S besteht, sodass gilt ($S \times S$), wobei S_{n-1} dem Knoten der Ebene n einer Taxonomie entspricht zu dem eine oder mehrere Kanten hinführen und S_n einem Knoten der Ebene n-1 entspricht von dem eine Kante wegführt.
- Assigned-To-Beziehung: Es wird eine gerichtete Kante erzeugt, die zwischen einem Knoten der Menge S und einem Knoten der Menge R besteht, sodass gilt ($S \times R$).

Algorithm 4: Graph Enrichment with Hierarchies and Directed Edges

// **Input:**
// - G_0: Initial graph
// - Requirements: All R in G_0
// - Hierarchies: List of hierarchies in YAML or JSON format
// Output:
// - $G_{Hierarchical}$: Graph enriched with hierarchical structure and directed edges
function enrich_graph_with_hierarchies(G_0, Requirements, Hierarchies):
 // Initialize the hierarchical graph as a copy of the initial graph
 $G_{Hierarchical}$ = copy(G_0)
 // Add requirement datasets to the graph
 for requirement in Requirements:
  $G_{Hierarchical}$.add_node(requirement.id, requirement.attributes)
 // Add hierarchical structure to the graph
 for hierarchy in Hierarchies:
  add_hierarchy_to_graph($G_{Hierarchical}$, hierarchy)
 return $G_{Hierarchical}$
// Function to add hierarchical structure to the graph
function add_hierarchy_to_graph(G, hierarchy):

```
// Add nodes and directed edges for the hierarchical structure
for level in hierarchy.levels:
 for node in level.nodes:
  G.add_node(node.id, node.attributes)
  if node.parent_id is not None:
   G.add_edge(node.parent_id, node.id, "parent_child")
  for requirement_id in node.assigned_requirements:
   G.add_edge(node.id, requirement_id, "assigned_to")
 return
// Example usage of the enrichment function
G_0 = load_initial_graph("path_to_initial_graph")
Requirements = load_requirements("path_to_requirements")
Hierarchies = load_hierarchies("path_to_hierarchies")
G_Hierarchical = enrich_graph_with_hierarchies(G_0, Requirements, Hierarchies)
```

Substitution Domänen-spezifischer Sprache

In Kapitel 2.3.3 wird beschrieben, dass es bereits eine Vielzahl verfügbarer Sprachmodelle gibt, die eine maschinelle Verarbeitung von Sprache ermöglichen. Dennoch besteht die Herausforderung, dass für die Formulierung von Anforderungen Domänen-spezifische natürliche Sprache mit entsprechend Domänen-spezifischen Ausdrücken zur Verwendung kommt. Die Extraktion der Konzepte und Repräsentation im Graphen erfordert jedoch, eine semantische Analyse und ein anschließendes Embedding der Konzepte, sodass es zu einer Fehlerfortpflanzung kommt, wenn Domänen-spezifische Ausdrücke nicht korrekt erkannt werden können. Im Kontext der Extraktion der Konzepte ist bereits beschrieben, dass die Verwendung von LLM für diesen Methodenschritt auch bei Domänen-spezifischer Sprache als besonders geeignet erscheint, jedoch auch hier Limitationen bestehen, da Domänen-spezifisches Vokabular oder Abkürzungen nicht korrekt verarbeitet werden. Eine Analyse der zur Verfügung stehenden Dokumente in der Anforderungsverwaltung zeigt jedoch, dass bestehenden Anforderungssammlungen entsprechende Glossare oder Abkürzungsverzeichnisse vorangestellt werden, um eine Konvention für die Anforderungsnehmer vorzuhalten. Somit wird durch die Experten Wissen über eine Zuweisung von Abkürzungen wie zum Beispiel Akronymen, die von Sprachmodelle häufig nicht korrekt verarbeitet werden können, und entsprechenden Bedeutungen zur Verfügung gestellt. Aufgrund der geringen Komplexität der Aufgabe wird auf die Darstellung des Pseudocodes verzichtet.

Zusammenfassende Darstellung des Ablaufs zur Erstellung der Wissensbasis G_{SRN}

Abschließend wird der Ablauf zur Gestaltung der Vernetzung von Anforderungen in Abbildung 5-17 dargestellt. Hierbei beginnt der Ablauf nach der Initialisierung des Graphen G_0 und endet mit der Bereitstellung der Wissensbasis G_{SRN}. Die dazwischenliegenden Layer CML und KL sind parallel dargestellt, da diese nicht notwendigerweise nacheinander Ablaufen und der KL den CML unterstützt, hierfür jedoch keine zwingende Voraussetzung ist. Die Operationalisierung dieser Wissensbasis erfolgt nachfolgend in Kapitel 5.3.1.

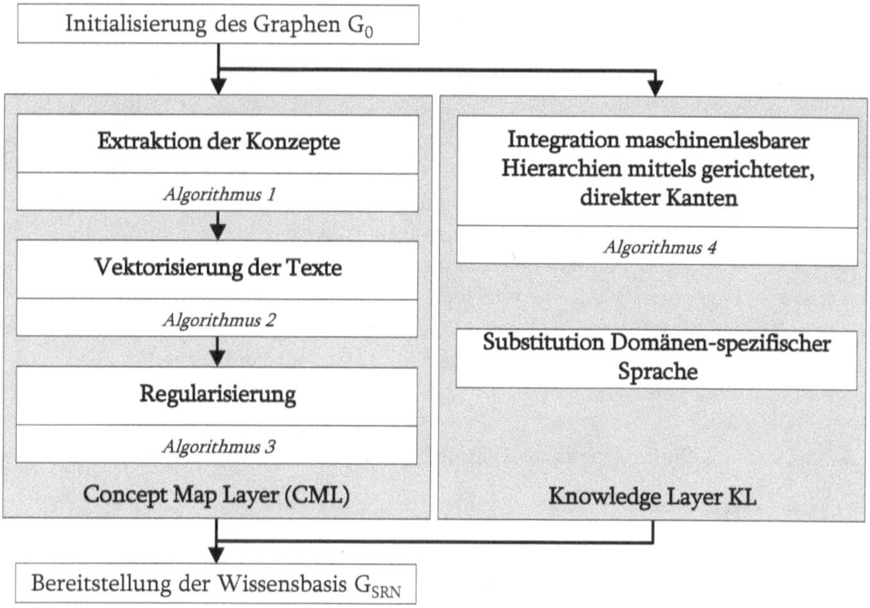

Abbildung 5-17: Ablaufmodellierung der semantischen Vernetzung in G_{SRN}

5.3 Erklärungsmodell zur Darstellung von Interdependenzen

Nachdem im vorausgegangenen Kapitel 5.2 im Sinne eines Gestaltungsmodells die Vernetzung von Anforderungsdatensätzen beschrieben ist, folgt in diesem Kapitel die Detaillierung eines Erklärungsmodells. Dieses ist derart zu gestalten, dass damit die folgende Teilforschungsfrage beantwortet werden kann: Wie kann die Darstellung von Anforderungsketten komplexitätsgerecht erfolgen und nutzbar gemacht werden? Eine Kritik bei der Verwendung von graphischen Wissensrepräsentationen ist, dass diese in der Erstellung aufwendig sind und bei hinreichender Anzahl der Kanten oder Knoten die Übersichtlichkeit und Verwendbarkeit des Graphen eingeschränkt wird.[405] Mittels des vorausgehenden Kapitels ist ein Vorgehen zur datenbasierten und maschinell-unterstützten Erstellung solcher Graphen gestaltet, womit primär die Erstellung des SRN als Wissensbasis adressiert und der kritisierte Aufwand reduziert wird. Die folgende Modellierung fokussiert darauf aufbauend die Erklärung der Nutzung des SRN. Gemäß der eingeführten Architektur werden somit die Inferenzmaschine und Erklärungskomponente gestaltet, um eine Operationalisierung des Wissens zu ermöglichen, um übersichtliche und handhabbare Graphen bereitzustellen und somit dem zweiten Teil der Kritik zu begegnen. Um die Anwendbarkeit der Methodik im Sinne eines Artefaktes gemäß der Forschungsmethodologie DSR zu ermöglichen, wird anschließend die Dialogkomponente beschrieben. Gemäß diesem Ablauf wird das Kapitel in zwei Kapitel 5.3.1 und 5.3.2 unterteilt.

5.3.1 Methodik für die Operationalisierung von SRN für semantische Suchen

Die Voraussetzung ist die erfolgreiche Erstellung eines SRN als Wissensbasis und zur Repräsentation des Wissens der Anforderungsdatensätze. Das komplexe Netz aus Knoten und Kanten zur Repräsentation von Anforderungstexten, Strukturelementen und Konzepten sowie deren Beziehungen zueinander, muss mittels einer effizienten Abfrage eine Darstellung erzeugen, die dem Nutzer als Entscheidungsunterstützung dienen kann. Das Ziel ist es somit dem Nutzer einen Erkenntnisgewinn im Kontext einer Suchanfrage zu ermöglichen, indem kontextualisierte Informationen aus der Wissensbasis bereitgestellt werden. Dieses Vorhaben erfordert einen differenzierten Ansatz, um die Komplexität des SRN zu handhaben und sicherzustellen, dass die große Menge an Informationen sowohl zugänglich als auch hinsichtlich der relevanten Informationen gefiltert ist.[406] Zu diesem Zweck wird eine zweistufige Methode eingeführt. Dabei

[405] vgl. Bühne, S. et al. (2015) Handbuch Requirements Management, S. 111 - 112.

[406] vgl. Nelson, D. et al. (2013) How activation, entanglement, 798 ff.

wird zunächst eine Filterung des Suchraums als Einschränkung des in Betracht kommenden Teils der SRN vorgenommen. Anschließend wird ein Subgraph extrahiert, der das Ergebnis der semantischen Suche zeigt, indem die relevanten Knoten im Kontext der Suchanfrage dargestellt werden. Dieses Vorgehen rationalisiert die menschliche Suche innerhalb der verfügbaren Anforderungsdatensätze. Durch die Filterung und Visualisierung dieser Subgraphen wird eine Darstellung der Anforderungsdatensätze erzeugt, die direkt auf den Informationsbedarf des Benutzers eingeht und ein tieferes Verständnis der vorhandenen Anforderungen ermöglicht. Nachfolgend werden die Methodenschritte einzeln beschrieben und abschließend als Ablauf dargestellt.

Filterung des Suchraums

Die Grundlage für eine effiziente semantische Suche ist eine geeignete Reduzierung des Suchraums, sodass der Graph G_{SRN} auf einen $G_{SRN,filtered}$ reduziert wird. Dazu müssen durch den Nutzer geeignete Filter für die Suchraum kommuniziert werden. Bei diesen Parametern handelt es sich um Bedingungen, die festlegen welche Anforderungsdatensätze in die Suche miteinbezogen werden sollen. Diese Bedingungen wiederum können die unterschiedlichen Datenfelder eines Anforderungsdatensatzes adressieren und berücksichtigen den Aufbau des SRN. Abhängig vom Wissen des Nutzers über die Inhalte des SRN kann somit eine Eingrenzung des Suchraums erfolgen. Dazu wird zwischen zwei unterschiedlichen Methoden zur Filterung unterschieden, die auch miteinander kombiniert werden können:

- **Attribut-Filter:** Die einfachste Form der Filterung des Suchraums, ist durch die Inklusion oder Exklusion gemäß den verfügbaren Datenfeldern neben dem Anforderungstext zu erreichen. Ein Beispiel für die Inklusion ist es, dass der Nutzer explizit die zu berücksichtigenden Anforderungsdatensätze anhand spezifischer ID festlegt. Ein Beispiel für die Exklusion wäre es, wenn durch den Nutzer festgelegt würde, dass Anforderungen, die einen spezifischen Status wie beispielsweise „in Prüfung" tragen, bei der semantischen Suche nicht berücksichtigt werden sollen.
- **Struktur-Filter:** Während des Aufbaus des SRN ist Wissen über die Strukturierung von Anforderungsdatensätzen mittels der Hierarchien der Attribute in die Wissensbasis integriert worden. Die dazu erzeugten Kanten und Knoten können ebenfalls für die Filterung des Suchraums genutzt werden, indem beispielsweise nach diesen Strukturelementen und den verbundenen Knoten gefiltert wird. Ein Beispiel hierfür ist die Filterung nach einer Strukturebene n-1 eines Systems, sodass Anforderungsdatensätze inkludiert werden können, die hinsichtlich dieses Attributs einer darunterliegenden Strukturebene

n-i zugeordnet sind. Diese Filterung kann durch die Bereitstellung der hierarchischen Darstellung in einer Nutzerschnittstelle unterstützt werden.

Das zuvor beschriebene Vorgehen für die Filterung des Suchraums ist nachfolgend mittels Pseudocode beschrieben.

Algorithm 5: Search Space Filtering

```
// Input:
// - G_SRN
// - Filter: List of filter conditions from the user e.g. attribute a to be included
// Output:
// - G_SRN,Filtered: Filtered graph of the SRN
function filter_search_space(G_SRN, Filter):
 // Initialize the filtered graph as a copy of the original graph
 G_SRN,Filtered = copy(G_SRN)
 // Apply attribute filters
 for condition in Filter:
  if condition.type == "inclusion":
   // Inclusion: Only keep requirement datasets that have specific attributs
   G_SRN,filtered = filter_inclusion(G_SRN,Filtered, condition.a)
  elif condition.type == "exclusion":
   // Exclusion: Remove requirement datasets that have specific attributes
   G_SRN_filtered = filter_exclusion(G_SRN,Filtered, condition.a)
 // Apply structural filters
 for condition in Filter:
  if condition.type == "structural":
   // Structural filter: Filter based on structural elements and connected nodes
   G_SRN,Filtered = filter_structural(
   G_SRN,Filtered, condition.hierarchy_level)
 return G_SRN_filtered
// Function to include requirement datasets based on specific IDs
function filter_inclusion(G, ids):
 for node in G.nodes:
  if node.id not in ids:
   G.remove_node(node)
 return G
// Function to exclude requirement datasets based on specific status values
```

```
function filter_exclusion(G, status):
 for node in G.nodes:
  if node.status == status:
   G.remove_node(node)
 return G
// Function to filter based on structural elements and connected nodes
function filter_structural(G, hierarchy_level):
 for node in G.nodes:
  if node.hierarchy_level > hierarchy_level:
   G.remove_node(node)
 return G
// Example usage of the filter function
G_SRN = load_graph("path_to_graph_data")
Filter = [
 {type: "inclusion", ids: [1, 2, 3]},
 {type: "exclusion", status: "under review"},
 {type: "structural", hierarchy_level: 2}
]
G_SRN,Filtered = filter_search_space(G_SRN, Filter)
```

Formulierung einer Such-Abfrage durch den Nutzer

Abhängig von der Größe des reduzierten Suchraums $G_{SRN,filtered}$, die durch die enthaltenen Datensätze ausgedrückt werden kann, ist eine weitere Reduzierung des Graphen notwendig, um eine menschliche Lesbarkeit zu gewährleisten. Eine weitere Eingabe des Nutzers kann somit eine spezifische Abfrage darstellen, die genutzt wird, um sogenannte Anker im Graphen zu definieren und die Bereitstellung der semantisch ähnlichen Knoten zu ermöglichen. Im Umgang mit Datenbanken hat sich hierzu der Begriff Query als englische Übersetzung für den Begriff Abfrage auch im deutschen Sprachgebrauch etabliert. Die darauf basierend erstellten Anker stellen die Ausgangspunkte für die Darstellung eines Subgraphen dar, der die Ergebnisse einer semantischen Suche repräsentiert. Die Anker werden in Form von Knoten im Graphen verortet und besonders hervorgehoben. Die dazu notwendige Abfrage kann wie folgt vorgenommen werden:

- **Abfrage mittels Suchtext**: Es wird ein Ausdruck für Themen in Form von Worten für Themen oder Sätzen für Anforderungen, durch den Nutzer zur

Verfügung gestellt. Diese Eingabe wird hinsichtlich der semantischen Ähnlichkeit zu den Anforderungstexten der Anforderungsdatensätze analysiert und im Graph mittels Knoten repräsentiert. Gemäß nachfolgend beschriebener Suchalgorithmen kann darauf basierend ein Graph mit geringerer Größe und besserer menschlicher Lesbarkeit erstellt werden.

- **Abfrage mittels spezifischer Anforderungs-ID**: Es kann mittels der Nennung einer oder mehrerer ID eine oder mehrere spezifische Anforderungen hervorgehoben werden. Aus der Nennung der solitären ID ergibt sich jedoch keine Reduzierung der Größe des Graphen, sodass die Nennung der ID im Fall von großen Graphen mit einem Suchtext zu kombinieren ist.

Somit ergibt sich die Definition für eine Anfrage Q, die IDs Q_{ID} und den Suchtext Q_{Text} beinhalten kann, wie folgt:

$$Q = (Q_{ID}, Q_{Text})$$

Verarbeitung der Abfrage

Die Verarbeitung der Abfrage kann gemäß den Bestandteilen beschrieben werden, sodass eine Unterscheidung im Vorgehen gemacht wird. Die Verarbeitung der Anfrage findet dabei in Abhängigkeit dazu statt, ob die Anfrage eine oder mehrere ID beinhaltet oder ob ein Suchtext verarbeitet wird. Bei der Verarbeitung des Suchtextes wird wiederum unterschieden, ob die Anfrage Worte oder Sätze beinhaltet. Nachfolgend wird dieses Vorgehen beschrieben.

Verarbeitung der Q_{ID}

Die Verarbeitung einer oder mehrerer ID, die in einer Query enthalten sind, erfolgt unmittelbar und eindeutig. Durch eine Überprüfung ob die ID als Knoten in der vorliegenden Graphdatenbank enthalten sind, folgt im Fall eines Vorhandenseins das Hervorheben des verbundenen Anforderungsdatensatzes, sodass diese Knoten als Anker $R_{ID,Anchor}$ definiert und für die Repräsentation eines Subgraphen genutzt werden können. Sollte in der Query eine ID enthalten sein, die nicht Bestandteil des vorliegenden Graphen ist, muss dem Nutzer eine entsprechende Fehlermeldung angezeigt werden. Dieses Vorgehen kann wie folgt mittels Pseudocode formuliert werden:

Algorithm 6: Query ID Anchoring

// **Input:**
// - Q: Query containing one or more Q_IDs
// - $G_{SRN,Filtered}$: Filtered graph of the SRN
// **Output:**

```
// - Highlighted Anchornodes in the filtered graph G_{SRN,Filtered}
function process_query(Q, G_{SRN,Filtered}):
 // Process each Q_{ID} in the query
 for Q_{ID} in Q.ids:
  if Q_{ID} in G_{SRN,Filtered}.nodes:
   // Highlight the node and define it as an anchor R_{ID,Anchor}
   highlight_node(G_{SRN,Filtered}, Q_{ID})
  else:
   // Display an error message to the user
   display_error("Queried ID " + Q_{ID} + " not found in the graph.")
function highlight_node(graph, node_id):
 // Highlight the node in the graph
 R_{ID,Anchor} = graph.get_node(node_id)
 node.highlighted = true
 // Define the node as an anchor
 node.anchor = true
function display_error(message):
 // Display an error message to the user
 print(message)
// Example usage
Q = {
 ids: ["ID1", "ID2", "ID3"]
}
G_{SRN,Filtered} = load_graph("path_to_filtered_graph_data")
process_query(Q, G_{SRN,Filtered})
```

Verarbeitung von Q_{Text}

Die Verarbeitung von Abfragen mittels Suchtext ist komplexer, sodass nachfolgend das Vorgehen hierzu beschrieben wird. Zunächst wird dazu unterschieden, ob die Abfrage einzelne Worte oder ganze Sätze beinhaltet. In der Anwendung zeigt sich, dass semantische Suchen teilweise Themen-basiert vorgenommen werden, sodass die Abfrage die Themen in Form einzelner Begriffe und somit Worte beinhaltet. Eine weitere Möglichkeit, die besonders im Kontext des Tracings relevant ist, ist die Suche nach relevanten Anforderungen im Abgleich zu einer bestehenden Anforderung oder einer neu zu formulierenden Anforderung, sodass ganze Sätze bzw. Anforderungstexte in Q_{Text}

berücksichtigt werden. Im Weiteren wird ein Vorgehen beschrieben, dass für die Analyse von Worten die Wortsemantik und für die Analyse von Sätzen die Satzsemantik berücksichtigt.

Vorverarbeitung von Q_{Text} bestehend aus einem oder mehreren Sätzen

Für die Verarbeitung einer Abfrage, die einen natürlich sprachlich formulierten Satz wie beispielsweise eine bestehende Anforderung oder eine neu formulierte Anforderung beinhaltet, kommen unterschiedliche Methodenschritte zum Einsatz, die nachfolgend beschrieben werden. Zunächst werden die Konzepte aus den Sätzen extrahiert und mittels Begriffen repräsentiert. Hierzu kommt wie bereits im Schritt der Extraktion der Konzepte im Aufbau des SRN ein LLM zum Einsatz, das mittels eines geeigneten Prompts instruiert wird. Die extrahierten Konzepte $Q_{Concepts}$ bzw. die repräsentierenden Begriffe können stehen somit für eine weitere Verarbeitung zur Verfügung.

Zusätzlich zu diesem Vorgehen wird jedoch auch ein Embedding des Q_{Text} in Form einer Vektorisierung des gesamten Satzes erzeugt. Dieses zu erzeugende Embedding sei $Q_{Embedding}$. Hierzu wird ein LLM verwendet, wie beispielsweise Ada-2 vom Anbieter OpenAI. Das Embedding kann genutzt werden, um mit einer Ähnlichkeits-Analyse die Knoten mit der höchsten semantischen Ähnlichkeit im Graphen zu identifizieren. Dabei können sowohl T als Bestandteile der Anforderungsdatensätze sowie Strukturknoten für die Repräsentation von Kapiteln berücksichtigt werden. Das Vorgehen hierzu ist in Algorithmus 2 beschrieben, sodass Algorithmus 7 zunächst nur die zuvor beschriebene Vorverarbeitung eines Q_{Text} in Form eines Satzes beschreibt.

Algorithm 7: Query Sentence Preprocessing

// **Input:**
// - Q_{Text}: Query containing a natural language sentence
// - LLM_ConceptExtraction:
// Pre-trained language model for concept extraction (e.g., GPT-4.0)
// - LLM_Embedding:
// Pre-trained language model for generating embeddings (e.g., Ada-2)
// **Output:**
// - $Q_{Concepts}$: Extracted concepts from the sentence
// - $Q_{Embedding}$: Embedding of the entire sentence
function process_sentence_query(
Q_{Text}, LLM_ConceptExtraction, LLM_Embedding):
 // Step 1: Extract concepts from the sentence
 $Q_{Concepts}$ = extract_concepts(Q_{Text}, LLM_ConceptExtraction)

```
  // Step 2: Generate embedding for the entire sentence
  Q_Embedding = generate_embedding(Q_Text, LLM_Embedding)
  return Q_Concepts, Q_Embedding
function extract_concepts(sentence, model):
  // Use the language model to extract concepts from the sentence
  prompt = "Extract key concepts from the following sentence: " + sentence
  response = model.generate(prompt)
  concepts = parse_response(response)
  return concepts
function generate_embedding(sentence, model):
  // Use the language model to generate an embedding for the sentence
  embedding = model.embed(sentence)
  return embedding
function parse_response(response):
  // Parse the response from the language model to extract concepts
  concepts = response.split(", ")
  return concepts
// Example usage
Q_Text = "Design a system that can handle up to 1000 simultaneous users."
LLM_ConceptExtraction = load_model("GPT-4.0")
LLM_Embedding = load_model("Ada-2")
Q_Concepts, Q_Embedding =
process_sentence_query(Q_Text, LLM_ConceptExtraction, LLM_Embedding)
// Output the results
print("Extracted Concepts: ", Q_Concepts)
print("Sentence Embedding: ", Q_Embedding)
```

Semantische Analyse für Suchbegriffe und Konzepte

Für die Verarbeitung eines Suchtexts Q_{Text}, der lose Wörter in Form einzelner Suchbegriffe beinhaltet sowie für die Verarbeitung der zuvor extrahierten Konzepte $Q_{Concepts}$ aus Q_{Text} in Form eines Satzes, wird auf ein Sprachmodell zurückgegriffen. Dazu werden die zu repräsentierenden Begriffe der Query bzw. Konzepte als Knoten im Graphen $G_{SRN,Filtered}$ ergänzt und hervorgehoben. Dabei wird wie folgt unterschieden. Im Fall, dass die Begriffe schon als Konzeptknoten existieren, werden diese lediglich hervorgehoben und als Anker C_{Anchor} verwendet. Sollten die Begriffe noch nicht in Form von Konzeptknoten existieren, werden diese ergänzt. Dazu ist folgendes Vorgehen geeignet. Mittels eines Sprachmodells, wie beispielsweise MiniLM, kann jedem Wort ein Vektor in einem n-dimensionalen Raum zugeordnet werden. Dieser Vektor wird dann mit den Konzeptknoten innerhalb des Graphen $G_{SRN,Filtered}$ verglichen. Hierzu kann die Cosine Similarity als Metrik für die Ähnlichkeit verwendet werden. Unter Nutzung des kNN wird eine definierte Anzahl von Konzeptknoten identifiziert, die gemäß Ihres Embeddings die höchste semantische Ähnlichkeit zu den Wörtern der Query haben. Die Auswahl des Parameter k_{Anchor} ist dynamisch und spezifisch für die Query festzulegen, da eine Abhängigkeit mit dem Maß der Übereinstimmung besteht. Beinhaltet die Query beispielsweise einen Begriff oder ein Konzept, das bereits als Konzeptknoten im Graph enthalten ist, führt dies zu dem höchst möglichen Maß der Übereinstimmung, was einem normierten Wert der Cosine Similarity von 1 entspricht. Im Graphen wird die Query somit mit bestehenden Knoten repräsentiert, sodass folglich $k_{Anchor} = 0$ gewählt werden kann und die bestehenden Konzeptknoten als Ankerknoten C_{Anchor} definiert und hervorgehoben werden können. Gibt es keine genaue Entsprechung zum Begriff oder Konzept einer Query in Form eines Konzeptknoten, ist ein $k_{Anchor} \geq 1$ zu wählen. Demnach wird ein Begriff der Query in Form eines Knoten ergänzt und die k_{Anchor} ähnlichsten Konzeptknoten mit diesem Knoten verbunden, sodass diese Knoten die Anker darstellen und hervorgehoben werden. Die Steigerung von k_{Anchor} im Verhältnis zu einem sinkenden Maß der Übereinstimmung ist empirisch zu bestimmen oder kann durch den Nutzer pro Abfrage festgelegt werden. Die derart ermittelten C_{Anchor} helfen dabei zu verstehen, wie die datenbasierte semantische Analyse der Anfrage im Netz der bestehenden Anforderungen maschinell verortet wird und ermöglicht gleichzeitig eine menschliche Lesbarkeit dieser Kategorisierung und Interpretation.

Neben den ermittelten C_{Anchor} kann kNN auch genutzt werden, um nicht nur die Anker zu definieren, sondern auch um die Größe des zu erstellenden Subgraphen zu beeinflussen. Dazu kann mittels eines Parameters $k_{Concepts}$ definiert werden, dass die $k_{Concepts}$ nächstgelegenden Konzeptknoten, definiert als $C_{Nearest}$, als Bestandteil des anzuzeigenden Subgraphen festgelegt werden. Dabei gilt, dass mit einem steigenden $k_{Concepts}$ die semantische Ähnlichkeit gemäß des Embeddings für die angezeigten Konzeptknoten $C_{Nearest}$ sinkt. Da es jedoch keine definierten Grenzwerte für die Validität der Cosine Similarity im Kontext einer semantischen Analyse gibt, ist $k_{Concepts}$

pro Suchanfrage zu definieren und sollte somit mittels einer Benutzerschnittstelle kommuniziert werden können.[407]

Die zuvor beschriebene Methode zur Identifizierung der semantischen Analyse auf Basis der Konzepte wird nachfolgend in Form von Pseudocode wiedergegeben:

Algorithm 8: Semantic Matching on Concepts' terms

```
// Input:
// - Q_Concepts: Loose words from Q_Text
// or previously extracted concepts as terms
// - G_SRN,Filtered: Filtered graph of the SRN
// - language_model: Pre-trained language model (e.g., MiniLM)
// - kNN: Function for k-nearest neighbors search
// - k_Anchor: Parameter defining number of anchors in the subgraph
// - k_Concepts: Parameter defining the number of concepts in the subgraph
// Output:
// - Highlighted and added nodes in the filtered graph G_SRN,Filtered
function process_search_terms(
Q_Concepts, G_SRN,Filtered, language_model, kNN, k_Anchor, k_Concepts):
 // Assume Q_Concepts can be loose words or previously extracted concepts
 terms = Q_Concepts.split(" ")
 // Process each term in terms
 for term in terms:
  if term in G_SRN,Filtered.concept_nodes:
   highlight_node(G_SRN,Filtered, term)
   C_Anchor = [term]
  else:
   vector = language_model.embed(term)
   similar_nodes = kNN_search(G_SRN,Filtered, vector, k_Anchor)
   new_node = add_node(G_SRN,Filtered, term)
   connect_to_similar_nodes(G_SRN,Filtered, new_node, similar_nodes)
   highlight_node(G_SRN,Filtered, new_node)
   C_Anchor = similar_nodes
 // Define the size of the subgraph using k_Concepts
 for term in terms:
```

407 $k_{Concepts}$ wird nachfolgend als Teil eines Hyperparameters $k_{Graph\ Size}$ berücksichtigt, um die Komplexität in der Anwendung zu reduzieren.

```
   vector = language_model.embed(term)
   C_Nearest = kNN_search(G_SRN,Filtered, vector, k_Concepts)
   add_to_subgraph(G_SRN,Filtered, C_Nearest)
  return G_SRN,Filtered
function highlight_node(graph, node_id):
  // Highlight the node in the graph
  node = graph.get_node(node_id)
  node.highlighted = true
function add_node(graph, concept):
  // Add a new node to the graph
  new_node = Node(concept)
  graph.add_node(new_node)
  return new_node
function connect_to_similar_nodes(graph, new_node, similar_nodes):
  // Connect the new node to its similar nodes
  for node in similar_nodes:
   graph.add_edge(new_node, node)
function kNN_search(graph, vector, k):
  // Find k-nearest neighbors in the graph based on cosine similarity
  return kNN(graph, vector, k)
function add_to_subgraph(graph, nodes):
  // Add nodes to the subgraph
  for node in nodes:
   node.in_subgraph = true
// Example usage
Q_Concepts = "simultaneous; users requirements; concepts"
G_SRN,Filtered = load_graph("path_to_filtered_graph_data")
language_model = load_language_model("MiniLM")
kNN = load_kNN_function()
k_Anchor = determine_k_anchor(Q_Concepts)
k_Concepts = get_k_concepts_from_user()
G_SRN,Filtered = process_search_terms(
Q_Concepts, G_SRN,Filtered, language_model, kNN, k_Anchor, k_Concepts)
// Output the results
print("Updated Graph: ", G_SRN,Filtered)
```

Semantische Analyse für Suchtext in Form natürlich sprachlicher Sätze

Eine Suchanfrage kann einen Q_{Text} in Form von natürlich sprachlich formulierten Sätzen enthalten. Zu deren Vorverarbeitung wird in Algorithmus 7 die Vektorisierung beschrieben. Das derart erzeugte $Q_{Embedding}$ kann genutzt werden, um semantisch ähnliche Anforderungstext T im Graphen $G_{SRN,Filtered}$ zu finden. Dazu werden mittels eines kNN-Algorithmus die gemäß ihres Embeddings ähnlichsten Anforderungstexte ermittelt. Durch den Nutzer ist dazu mittels des Parameters k_{Req} zu definieren, welches Anzahl entsprechend gefunden werden soll. Wie zuvor beschrieben ist das k abhängig vom Niveau der Cosine Similarity zu wählen und bestimmt auch über die Größe des Graphen, sodass k_{Req} durch den Nutzer pro Suchanfrage definiert werden sollte. Die somit identifizierten k_{Req} Anforderungen werden als $R_{Nearest}$ definiert. Die empirische Entwicklung eines Verhältnisses zu $k_{Concepts}$ ist möglich und erhöht die Nutzerfreundlichkeit, da folglich nur ein Parameter durch den Nutzer festzulegen ist. Hierzu ist nachfolgende der Hyperparameter $k_{Graph\ Size}$ eingeführt.

Das Vorgehen kann mittels des nachfolgenden Pseudocode beschrieben werden.

Algorithm 9: Semantic Matching on Requirements' Text

// **Input:**
// - $Q_{Embedding}$: Pre-generated embedding for the query sentence
// - $G_{SRN,Filtered}$: Filtered graph of the SRN
// - kNN: Function for k-nearest neighbors search
// - k_{Req}: Parameter defining the number of requirement in the subgraph
// **Output:**
// - Highlighted nodes in the filtered graph $G_{SRN,Filtered}$
function process_sentence_search($Q_{Embedding}$, $G_{SRN,Filtered}$, kNN, k_Req):
  // Step 1: Find k_{Req} most similar requirement texts in the graph
  $R_{Nearest}$ = kNN_search($G_{SRN,Filtered}$, $Q_{Embedding}$, k_{Req})
  // Step 2: Highlight the similar requirement texts in the graph
  highlight_nodes($G_{SRN,Filtered}$, similar_requirements)
  return $G_{SRN,Filtered}$
function kNN_search(graph, vector, k):
  // Find k-nearest neighbors in the graph based on cosine similarity
  return kNN(graph, vector, k)
function highlight_nodes(graph, nodes):

```
// Highlight multiple nodes in the graph
for node in nodes:
  node.highlighted = true
// Example usage
Q_Embedding = load_precomputed_embedding("path_to_embedding_data")
G_SRN,Filtered = load_graph("path_to_filtered_graph_data")
kNN = load_kNN_function()
k_Req = get_k_req_from_user()
G_SRN,Filtered = process_sentence_search(Q_Embedding, G_SRN,Filtered, kNN, k_Req)
// Output the results
print("Updated Graph: ", G_SRN,Filtered)
```

Semantische Analyse für Suchtext und Textsammlungen

Neben dem semantischen Vergleich von Anforderungstexten und Q_{Text}, die in Form eines Satzes formulierten sind, können derartige Vergleiche auch mit Textsammlungen, wie zum Beispiel die bereits beschriebenen Zusammenfassungen, vorgenommen werden. Wie beim Aufbau des SRN bereits beschrieben, kann es Struktur-Knoten geben, die Hierarchien aus Dokumenten wie zum Beispiel Kapitel oder Anforderungssammlungen abbilden, sodass die direkt verbundenen Texte eines Strukturknotens genutzt werden können, um diese in eine Zusammenfassung Sum_{Text} zu überführen. Diese Zusammenfassungen können dann ebenfalls in ein Embedding überführt und somit für Ähnlichkeitsanalysen genutzt werden. Für den Aufbau eines Subgraphen kann somit, im Fall des Vorhandenseins von Struktur-Knoten, ebenfalls eine Anzahl $k_{Structural}$ durch den Nutzer vorgegeben werden. Der Parameter $k_{Structural}$ definiert dabei die Anzahl der Knoten $S_{Nearest}$, die für den Aufbau eines Subgraphen genutzt werden sollen. Dies geschieht in Abhängigkeit der Cosine Similarity, welche die Ähnlichkeit von Q_{Text} und Sum_{Text} auf Basis der erzeugten Embeddings $Q_{Embedding}$ und $Sum_{Text,Embedded}$ quantifiziert. Die Auswahl und Darstellung derartiger Struktur-Knoten kann die Lesbarkeit des erzeugten Subgraphen erhöhen und bietet die Möglichkeit dem Nutzer eine schnellere Verortung der Inhalte zu ermöglichen. Das Vorgehen ist nachfolgend als Pseudocode beschrieben.

Algorithm 10 Semantic Matching on Textual Summaries

```
// Input:
// - Q_Embedding: Pre-generated embedding for the query sentence
// - Sum_Text,Embedded:
```

```
// Dictionary of summaries and embeddings for structural nodes
// - $G_{SRN,Filtered}$: Filtered graph of the SRN
// - kNN: Function for k-nearest neighbors search
// - $k_{Structural}$: Parameter defining the number of structural nodes in the
// subgraph
// Output:
// - Highlighted nodes in the filtered graph $G_{SRN,Filtered}$
function process_structural_nodes(
$Q_{Embedding}$, $Sum_{Text,Embedded}$, $G_{SRN,Filtered}$, kNN, $k_{Structural}$):
 // Process each structural node summary embedding
 for node_id, Sum_Embedding in Sum_Texts.items():
  // Step 1: Find $k_{Structural}$ most similar structural nodes based on
  the similarity between $Q_{Embedding}$ and $Sum_{Text,Embedded}$
  $S_{Nearest}$ = kNN_search(
  $G_{SRN,Filtered}$, $Sum_{Text,Embedded}$, $k_{Structural}$)
  // Step 2: Highlight the similar structural nodes in the graph
  highlight_nodes($G_{SRN,Filtered}$, similar_structural_nodes)
 return $G_{SRN,Filtered}$
function kNN_search(graph, vector, k):
 // Find k-nearest neighbors in the graph based on cosine similarity
 return kNN(graph, vector, k)
function highlight_nodes(graph, nodes):
 // Highlight multiple nodes in the graph
 for node in nodes:
  node.highlighted = true
// Example usage
$Q_{Embedding}$ = load_precomputed_embedding("path_to_embedding_data")
$Sum_{Text,Embedded}$ =
load_precomputed_summaries("path_to_summaries_data")
G_(SRN, Filtered) = load_graph("path_to_filtered_graph_data")
kNN = load_kNN_function()
$k_{Structural}$ = get_k_structural_from_user()
$G_{SRN,Filtered}$ = process_structural_nodes(
$Q_{Embedding}$, $Sum_{Text,Embedded}$, $G_{SRN,Filtered}$, kNN, $k_{Structural}$)
// Output the results
print("Updated Graph: ", $G_{SRN,Filtered}$)
```

Erzeugen eines Subgraphen $G_{Queried}$ und die Erweiterung zu $G_{SRN,Result}$

Auf Basis der vorausgehenden Methodenschritte können in $G_{SRN,Filtered}$ die Knoten festgelegt werden, die für eine vernetzte Darstellung der Abhängigkeiten genutzt werden. Somit ist die Menge der Knoten $C_{Nearest}$, $R_{Nearest}$ und $S_{Nearest}$ bekannt. Gemäß der zu Beginn dargelegten Definition besteht ein Graph jedoch aus Knoten und Kanten. Nachdem zuvor Wert auf die Extraktion der Knoten gelegt wird, folgt die Extraktion der relevanten Kanten, um einen Graphen $G_{SRN,Queried}$ zu erzeugen. Dafür findet eine Analyse der vorhandenen Kanten in $G_{SRN,Filtered}$ statt. Alle Kanten, die in $G_{SRN,Filtered}$ bestehen und zwischen einem C, das einem $C_{Nearest}$ entspricht, und einem Knoten R, der einem $R_{Nearest}$ entspricht, bestehen, werden in $G_{SRN,Queried}$ angezeigt. Ebenso werden die Kanten zwischen den $R_{Nearest}$ und den $S_{Nearest}$ übernommen. Sollten $S_{Nearest}$ von unterschiedlichen Ebenen betroffen sein, müssen auch die Kanten zwischen den $S_{Nearest}$ unterschiedlicher Ebenen übernommen werden. Mittels dieses Vorgehens entsteht ein Subgraph $G_{SRN,Queried}$ des G_{SRN}. Dieser ist zu ergänzen indem die Knoten, die zuvor als C_{Anchor} identifiziert sind, hervorgehoben werden bzw. die Kanten zwischen den hinzugefügten Konzeptknoten $Q_{Concepts}$ und den dazu nächstgelegenen Knoten ergänzt werden. Sollte die Query IDs beinhalten und entsprechende ID identifiziert sein, sind diese ebenfalls als Anker hervorzuheben.

Algorithm 11 Creating and Enhancing Subgraph

// **Input:**
// - $G_{SRN,Filtered}$: Filtered graph SRN
// - $C_{Nearest}$: Set of nearest concept nodes
// - $R_{Nearest}$: Set of nearest requirement nodes
// - $S_{Nearest}$: Set of nearest structural nodes
// - C_{Anchor}: Set of anchor concept nodes
// - $Q_{Concepts}$: Set of query concept nodes and their nearest nodes
// - Q_{IDs}: Set of query IDs and their corresponding requirement IDs (R_{IDs})
// **Output:**
// - $G_{SRN,Result}$: Extended graph of the SRN
function create_and_extend_subgraph(
$G_{SRN,Filtered}$, $C_{Nearest}$, $R_{Nearest}$, $S_{Nearest}$, C_{Anchor}, $Q_{Concepts}$, Q_{IDs}):
  // Initialize the subgraph $G_{Queried}$
  $G_{Queried}$ = Graph()
  // Step 1: Add nodes $C_{Nearest}$, $R_{Nearest}$, and $S_{Nearest}$ to $G_{Queried}$
  for node in $C_{Nearest}$:

```
    G_Queried.add_node(node)
  for node in R_Nearest:
    G_Queried.add_node(node)
  for node in S_Nearest:
    G_Queried.add_node(node)
  // Step 2: Add edges between C_Nearest and R_Nearest in G_SRN,Filtered
  for edge in G_SRN,Filtered.edges:
    if edge.start in C_Nearest and edge.end in R_Nearest:
      G_Queried.add_edge(edge)
    if edge.start in R_Nearest and edge.end in S_Nearest:
      G_Queried.add_edge(edge)
    if edge.start in S_Nearest and edge.end in S_Nearest:
      G_Queried.add_edge(edge)
  // Step 3: Highlight C_Anchor nodes and add corresponding edges
  for node in C_Anchor:
    highlight_node(G_Queried, node)
  // Step 4: Add Q_Concepts and their nearest nodes,
  // and add corresponding edges
  for concept, nearest_nodes in Q_Concepts.items():
    G_Queried.add_node(concept)
    for nearest_node in nearest_nodes:
      G_Queried.add_edge(concept, nearest_node)
  // Step 5: Highlight R_IDs as anchors if Q_IDs are present
  for Q_ID in Q_IDs:
    ID = get_corresponding_ID(Q_ID)
    if ID in G_Queried.nodes:
      highlight_node(G_Queried, ID)
  // Step 6: Extend G_Queried to create G_SRN,Result
  G_SRN,Result = extend_graph(G_Queried)
  return G_SRN,Result
function highlight_node(graph, node_id):
  // Highlight the node in the graph
  node = graph.get_node(node_id)
  node.highlighted = true
function get_corresponding_ID(Q_ID):
  // Retrieve the corresponding ID for a given Q_ID
  // This function depends on how the mapping between Q_IDs and ID is stored
```

  return mapping[Q_{ID}]
function extend_graph(subgraph):
  // Extend the subgraph to create the final result graph
  // This function can be customized to include additional logic for extending
  // the graph
  return subgraph
// Example usage
$G_{SRN,Filtered}$ = load_graph("path_to_filtered_graph_data")
$C_{Nearest}$ = load_nearest_concept_nodes("path_to_c_nearest_data")
$R_{Nearest}$ = load_nearest_requirement_nodes("path_to_r_nearest_data")
$S_{Nearest}$ = load_nearest_structural_nodes("path_to_s_nearest_data")
C_{Anchor} = load_anchor_nodes("path_to_anchor_nodes_data")
$Q_{Concepts}$ = load_query_concepts("path_to_query_concepts_data")
Q_{IDs} = load_query_ids("path_to_query_ids_data")
$G_{SRN,Result}$ = create_and_extend_subgraph(
$G_{SRN,Filtered}$, $C_{Nearest}$, $R_{Nearest}$, $S_{Nearest}$, C_{Anchor}, $Q_{Concepts}$, Q_{IDs})
// Output the results
print("Updated Graph: ", $G_{SRN,Result}$)

Zusammenfassende Darstellung des Ablaufs

Abschließend wird der Ablauf der Algorithmen im Erklärungsmodell in Abbildung 5-18 dargestellt. Die Graphen bzw. Ergebnisse der Algorithmen 8 bis 11 werden hierbei durch schematische Skizzen dargestellt und zeigen auf, dass das Ergebnis der Vernetzung bzw. die Darstellung eines relevanten Ausschnitts des SRN auf der semantischen Ähnlichkeitsanalyse unterschiedlicher Elemente beruhen, die abschließend überlagert werden. Mittels diesem Ablauf und den gewählten Methoden ist es möglich in dem semantischen Netz zu navigieren, indem die semantische Ähnlichkeit menschenlesbar im Graphen durch entsprechende Knoten repräsentiert wird.

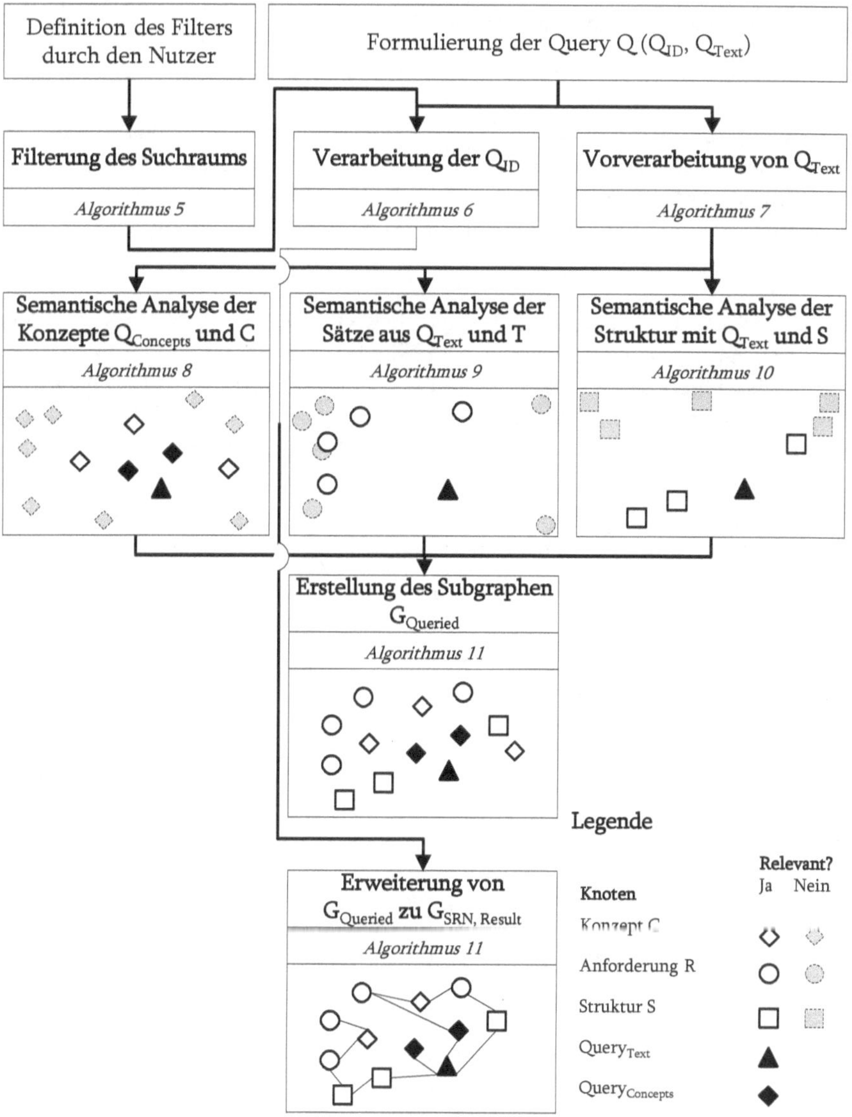

Abbildung 5-18: Methodenschritte des Erklärungsmodells

5.3.2 Gestaltung der Dialogkomponente

Gemäß der gewählten Systemarchitektur ist dem Nutzer eine Dialogkomponente bereitzustellen. Hierzu ist eine interaktive Benutzeroberfläche zu gestalten, welche die notwendigen Eingaben für das beschriebene Vorgehen zur Operationalisierung ermöglicht. Neben diesen Eingaben dient die Benutzeroberfläche auch dazu die Ergebnisdarstellung zur Verfügung zu stellen, sodass die Dialogkomponente mittels zwei Registerkarten für den Eingabebereich und die Ergebnisdarstellung beschrieben wird.

Beschreibung des Eingabebereichs

Der Eingabebereich kann grundsätzlich in mehrere Bereiche eingeteilt werden, indem zwischen den Eingabefeldern für den Suchtext und mögliche hervorzuhebende Anker-ID sowie den Filter- und Suchparametern unterschieden wird. Sämtliche Felder werden durch eine prägnante Benennung des Feldes benannt und ggf. mit entsprechenden Ausfüllhinweisen versehen. Die Darstellung einer möglichen Benutzeroberfläche gemäß der nachfolgenden Beschreibung findet sich in Abbildung 5-19. Die dunkelgrau dargestellten Bereiche sind aus Darstellungsgründen verkürzt. Die vollständige Abbildung des Eingabebereichs der Benutzerschnittstelle liegt in Anhang A 3 vor.

Die Eingabe des Suchtextes erfolgt über ein Eingabefeld, das die Eingabe von Freitext ermöglicht. Dabei gilt, dass Suchbegriffe mittels eines Semikolons zu trennen sind. Zur Unterstützung der Analyse der Satzsemantik können weitere Freitext-Felder hinzugefügt werden, sodass die Eingabe satzweise pro Eingabefeld erfolgen kann. Sollte jedoch eine Suchanfrage aus mehr als einem Satz bestehen, können diese auch zusammenhängend in einem Eingabefeld eingetragen werden, um auf diese Art die semantische Analyse zu unterstützen. Die Eingabe einer ID, die im Kontext der Analyse besonders wichtig ist und in der Ergebnisdarstellung als Anker repräsentiert werden soll, kann ebenfalls an dieser Stelle erfolgen. Da der Aufbau der ID Unternehmens- oder System-spezifisch ist, sind entsprechende Ausfüllhinweise zur korrekten Eingabe vorgesehen.

Weitere Bereiche der Eingabe sind vorgesehen für die Definition der Filter- und Suchparameter. Hierbei sind zuerst die Filterkriterien durch den Nutzer zu definieren, durch die der Suchraum reduziert wird und die Suche somit effizienter gestaltet werden kann. Durch einen Schieberegler ist pro Filterbedingung festzulegen, ob ein Filter für eine Inklusion oder eine Exklusion vorgesehen ist. Dabei kann das Wissen des Nutzers angewendet werden, indem dem Nutzer in einer Auswahlliste die Attribute der Anforderungsdatensätze sowie mögliche Ausprägungen bereitgestellt werden. Dieser Logik folgend kann festgelegt werden, dass Anforderungsdatensätze, die eine bestimmte Ausprägung eines Merkmals tragen, in der zu erstellenden Darstellung der

Interdependenzen der Anforderungsdatensätze inkludiert oder exkludiert werden sollen. Zwei Sonderfälle stellen hierbei Filter für Taxonomie-basierte Attribute und die ID-basiere Filterung dar. Im Fall von Taxonomie-basierten Attributen, muss dem Nutzer die entsprechende Hierarchie zur Verfügung gestellt werden, sodass für alle Nutzer unabhängig vom Vorwissen der hierarchische Aufbau der Ebenen bekannt ist. Dazu ist für derartige Attribute eine Vorschau Darstellung der Hierarchie vorgesehen. Für den Fall der ID-basierten Filterung ist vorgesehen, dass große Mengen möglicher IDs eingegeben werden müssen, wenn beispielsweise eine bestehende vordefinierte Sammlung durchsucht werden soll. Dies ist möglich, wenn zum Beispiel eine bestehende Spezifikation durchsucht werden soll, die mehrere hundert Anforderungsdatensätze umfassen kann. Dazu ist es gemäß einem entsprechenden Eingabehinweis möglich, mehrere ID mittels der Trennung durch ein Semikolon einzutragen.

Neben den Filtern, die die Effizienz der Erzeugung der Darstellung erhöhen, sind auch Suchparameter durch den Nutzer festzulegen. Diese Parameter bestimmen die Darstellung des Graphen sowie die Größe. Mittels des Parameters „Number of Anchors" wird festgelegt, wie viele Konzepte nach der Extraktion aus dem Suchtext als Anker hervorgehoben werden. Die weiteren zuvor beschriebenen Parameter $k_{Concepts}$, k_{Req}, $k_{Structural}$ werden zur Vereinfachung der Bedienbarkeit aggregiert und in einen Hyperparameter $k_{Graph\ Size}$ zusammengefasst. Dieser ist als Schieberegler implementiert. Eine erweiterte Darstellung der einzelnen Parameter wäre möglich, ist jedoch nicht sachdienlich und wird gemäß der Evaluierung als zu komplex durch den Nutzer empfunden.

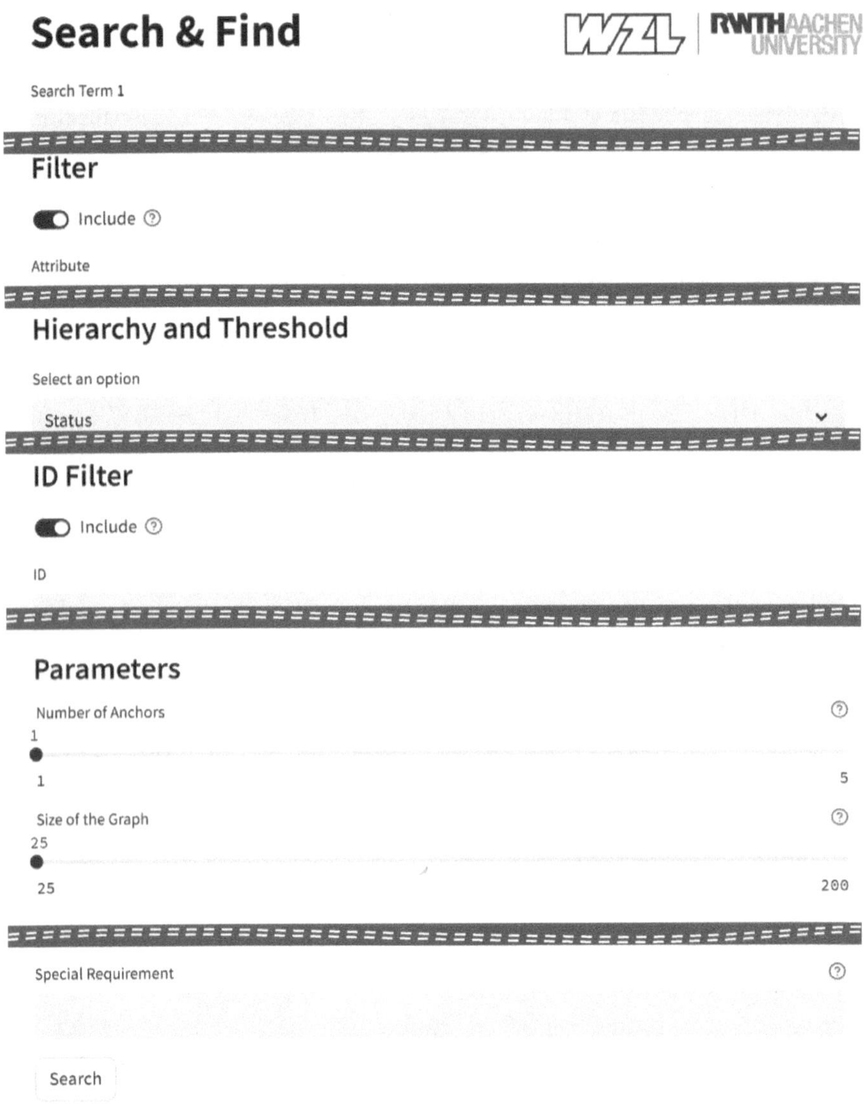

Abbildung 5-19: Eingabebereich der Benutzerschnittstelle (verkürzt)

Beschreibung des Ausgabebereichs

Der Ausgabebereich der Dialogkomponente dient dazu den erzeugten Graphen anzuzeigen, um somit die semantische Analyse in einer menschenlesbaren Form zu repräsentieren. Die menschliche Wahrnehmung und das Lernen durch die kontextualisierte Bereitstellung von Informationen ist in Kapitel 2.2.1 ist beschrieben. Demnach kann die Menge des problemspezifischen Wissens durch Hinzufügen zusätzlicher Wissenselemente ermöglicht wird. Dazu ist beschrieben, dass unterschiedliche Kanäle gewählt werden können wie zum Beispiel ein visueller Kanal oder ein textueller Kanal. Durch die Wissensrepräsentation in Form eines Graphen, der die natürlich sprachlichen Texte und Attribute mittels Knoten und die Abhängigkeiten mittels Kanten repräsentiert, werden diese beiden Kanäle genutzt. Die primäre Wahrnehmung findet folglich basierend auf dem visuellen Kanal statt. Die Auslegung des Ausgabebereichs ist derart gestaltet, dass die Wahrnehmungs- und kognitiven Prozesse des Nutzers unterstützt werden. Die Kognition ist dabei der Überbegriff für Vorgänge, welche „sich auf die die Aufnahme, Verarbeitung und Speicherung von Informationen beziehen“.[408] Nach HÄNSEL kann der dazu notwendige Wahrnehmungsprozess in drei Stufen unterteilt werden. Da die Prozesse des Wahrnehmenden und damit die Top-Down-Verarbeitung nicht gesteuert werden können, erfolgt der Aufbau der des Ausgabebereichs unter Berücksichtigung der bekannten Theorie zur Bottom-up-Verarbeitung. Die grundlegende Theorie und der Ablauf der Bottom-up-Verarbeitung ist in Abbildung 5-20 schematisch zusammengefasst. Der Anspruch für die Gestaltung des Ausgabebereichs besteht somit darin, eine effiziente und effektive Informationsverarbeitung zu ermöglichen. Die nachfolgende detaillierte Beschreibung erfolgt anhand der Systematisierung der Stufen der Wahrnehmung.

[408] vgl. Hänsel, F. et al. (2016) Kognition, S. 24.

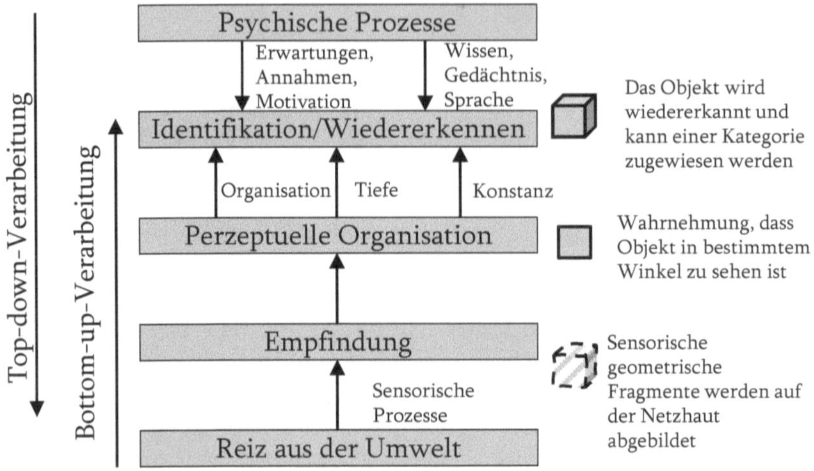

Abbildung 5-20: Stufenbasierte Systematik des Wahrnehmungsprozesses[409]

Gestaltungsmaßnahmen zur Optimierung der Empfindung

Dem Nutzer wird in einer Registerkarte ein Graph angezeigt um somit ein Reiz geboten, sodass dieser zunächst mittels sensorischer Prozesse visuell aufgenommen wird.

- **Visuelle Klarheit und Unterscheidbarkeit**: Graphen basieren auf den klar unterscheidbaren Elementen Kanten und Knoten. Indem kontrastreiche und unterschiedliche Farben für die unterschiedlichen Arten von Knoten verwendet werden, sind Anforderungen, Konzepte sowie weitere Attribute oder Strukturelemente, die mittels Knoten repräsentiert werden klar voneinander zu unterscheiden.
  Anker-Knoten werden dabei durch eine entsprechende Einfärbung hervorgehoben, sodass die Bestandteile der durch den Nutzer formulierten Anfrage im Graphen schnell erkannt werden können.
- **Minimalistische Darstellung:** Grundsätzlich entscheidet der Nutzer, durch eine Festlegung der maximalen Größe des Graphen im Eingabebereich, über die Menge der bereitgestellten Informationen. Indem jedoch Anforderungsdatensätze in zusammenfassenden Knoten repräsentiert werden und diese

[409] i.A.a. Hänsel, F. et al. (2016) Kognition, S. 28.

wiederum als Beschriftung nur die ID tragen kann eine minimalistische Darstellung erzeugt werden. Konzeptknoten tragen ebenfalls ausschließlich die repräsentierten Begriffe als Beschriftung. Ebenso werden Knoten für Attribute nur durch einzelne Werte der Attribute beschriftet. Knoten die Strukturelemente wie beispielsweise Kapitel oder Unterkapitel darstellen, können mittels einer Beschriftung durch die Kapitelüberschrift eindeutig und dennoch reduziert dargestellt werden.
Die Beziehungen die zwischen den möglichen Knoten-Paaren bestehen wie zum Beispiel zwischen einem Anforderungsknoten und einem Konzeptknoten, sind nicht komplex. Das bedeutet, dass im Unterschied zu einem Knowledge-Graph und anderen Ontologie-basierten semantischen Netzen die Beziehungen des vorliegenden Graphen weniger relevant sind. Die Kanten würden im Fall der Anforderung-Konzept-Beziehung lediglich repräsentieren, dass ein Konzept in einer Anforderung enthalten ist. Die Darstellung dieser Beziehung in Form einer Kante ist jedoch ausreichend, sodass die Kanten keine expliziten Benennungen tragen und auch auf die Zuweisung einer Richtung verzichtet wird.

Gestaltungsmaßnahmen zur Optimierung der perzeptuellen Organisation

Die auf die Empfindung folgende Stufe der perzeptuellen Organisation, umfasst die Transformation der sensorischen Merkmale zu einer internen Repräsentation. Dies wird wie folgt unterstützt.

- **Gruppierung und Abstand der Knoten**: Die Knoten werden basierend auf ihrer semantischen Ähnlichkeit im Graph verortet, sodass aus einer Makroperspektive Cluster erkennbar werden. Gemäß der topologischen Graphentheorie und im Sinne der Lesbarkeit wäre ein planarer Graph zu bevorzugen. Da jedoch eine Superposition der Graphen zur Repräsentation der Anforderungstexte, Attribute und strukturellem Wissen erzeugt wird, können die Kanten in einem zweidimensionalen Darstellungsbereich nicht ohne schneidende Kanten dargestellt werden. In einem Kompromiss werden schneidende Kanten zugelassen und gleichzeitig die Abstände der Knoten zueinander gemäß der relativen Ähnlichkeit bemessen.
- **Dynamische Interaktion**: Dem Nutzer wird ein Hineinzoomen und Herauszoomen ermöglicht. Indem zunächst aus einer Makroperspektive mögliche Cluster erkannt werden können und dann auch auf Basis von den beschrifteten Konzeptknoten oder Strukturknoten sowie der Absicht oder Interesses des Nutzers in relevante Cluster hereingezoomt werden. Auf diese Art kann

ein Vorwissen mit eintreffenden sensorischen Informationen kombiniert werden.

- **Hierarchische Strukturen**: Indem zwei Knoten des gleichen Typs miteinander verbunden werden, können hierarchische Beziehungen nachvollziehbar gemacht werden. Ist beispielsweise ein Strukturknoten S1, mit einem oder mehreren weiteren Strukturknoten S1x verbunden, die jeweils Kapitel repräsentieren, ist nachvollziehbar, dass der Knoten S1 einer höher gelegenen Strukturebene entspricht.

Gestaltungsmaßnahmen zur Optimierung von Identifikation und Wiedererkennen

In der letzten Stufe der Wahrnehmung wird dem Wahrgenommenen eine Bedeutung beigemessen. Somit steht nicht mehr im Vordergrund wie der Graph aussieht, sondern welche Bedeutung und Funktion dieser hat und es findet ein Abgleich mit vorhandenem Wissen des Nutzers statt. In diesem Kontext sind folgende Maßnahmen zu Gestaltung der Darstellung ergriffen.

- **Anzeige kontextueller Informationen**: Sobald der Nutzer mit dem Cursor über einen Anforderungsknoten oder einen strukturellen Knoten fährt, der Texte zusammenfasst, wird der entsprechende Anforderungstext oder die Zusammenfassung und somit zusätzliche Details angezeigt. Dies hilft bei der (Wieder-)Erkennung von Anforderungsinformationen und Beziehungen, sodass der Nutzer dabei unterstützt wird dem Wahrgenommenen eine Bedeutung zuzuweisen.

Eine exemplarische Darstellung für den Ausgabebereich wird in Abbildung 5-21 gegeben. Der angezeigte Graph kann als HTML-Datei gespeichert werden und somit auch für eine spätere Nachvollziehbarkeit und die Validierung der Entscheidungsunterstützung herangezogen werden.

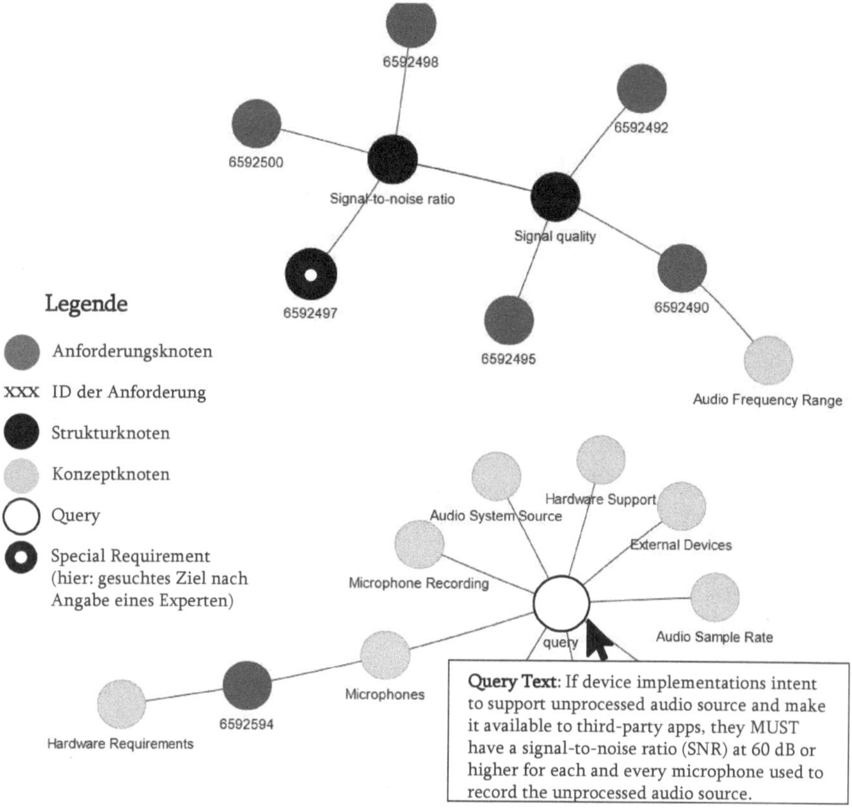

Abbildung 5-21: Darstellung des Ausgabebereichs[410]

[410] Der Strukturknoten mit der Bezeichnung „Signal quality" ist mit dem Strukturknoten mit der Bezeichnung „Signal-to-noise ratio" mittels einer „has subchapter"-Beziehung verbunden, was angezeigt wird, wenn der Mauszeiger auf die entsprechende Kante geführt wird. Auf diesem Weg können hierarchische Strukturen nachvollzogen werden, wenn diese sich nicht offensichtlich daraus ergeben, dass ein Strukturknoten mit mehreren Strukturknoten verbunden und somit einer höher gelegenen Strukturebene entspricht.

5.4 Zwischenfazit zur Detaillierung der Methodik

Das Ziel des fünften Kapitels bestand in der Detaillierung der Methodik, die gemäß dem Ordnungsrahmen in Kapitel 5 konzeptioniert und in Teilmodelle eingeteilt wurde. Indem das Vorgehen in wiederholbaren Methodenschritten beschrieben wurde, die auf Basis der grundlegenden Definitionen in Kapitel 2 sowie der Analyse bestehender Ansätze in Kapitel 3 ausgewählt wurden, ist das Vorgehen zur Beantwortung der Teilforschungsfragen konsistent beschrieben. Die sich daraus ergebende Methodik kann in Anlehnung an die vorliegenden Beschreibungen sowie mittels des Pseudocodes in ein Softwaresystem überführt werden, sodass parallel zur theoretischen Entwicklung auch eine Implementierung in einen Software-Prototypen stattgefunden hat. Der stete theoretische sowie praktische Erkenntnisgewinn entspricht dem Leitbild der DSR, indem die Artefaktentwicklung in einer Verzahnung aus theoretischem Wissen und Erkenntnis aus der Anwendung erfolgt. Gleichzeitig wird ein Vorgehen entworfen, das theoretisch fundiert ist und dennoch zu einem anwendbaren Produkt führt, sodass eine Evaluierungsumgebung erzeugt ist, die nachfolgend für eine Evaluierung mit realen, verfügbaren Anforderungsdatensätzen genutzt werden kann.

Die Entwicklung der Methodik erfordert Wissen aus multiplen Wissenschaftsdomänen, sodass der Anspruch besteht, den Transfer von Erkenntnissen der einzelnen Domänen zu ermöglichen und diese zu aggregieren. Gleichzeitig geht damit jedoch auch eine Verkürzung einher, da nicht alle Details des Vorgehens und legitimierende Grundlagen erörtert werden können. Indem jedoch in Kapitel 5.1 ein Beschreibungsmodell entwickelt wird, das den Systemkontext der datenbasierten Anforderungsanalyse und -vernetzung für die wissensbasierte Entscheidungsunterstützung beschreibt, ist der Gestaltungsraum der nachfolgenden Gestaltungs- und Erklärungsmodelle hinreichend beschrieben. Somit sind die grundlegenden Systemelemente sowie Systemgrenzen nachvollziehbar und die Methodik kann durch diese gezielte Fokussierung hinsichtlich der Anwendbarkeit in ihrem Mehrwert gesteigert werden. Darüber hinaus ist es möglich, bei einer etwaigen Weiterentwicklung oder Überprüfung der Methodik, eine Systemanalyse der Anwendungsumgebung voran zu stellen und eine Überprüfung des hier angenommenen Gestaltungsraum vorzunehmen.

Die Strukturierung der Kapitel 5.2 und 5.3 folgt der Konzeptionierung der Methodik und unterscheidet zwischen einem Gestaltungs- und einem Erklärungsmodell. Dabei beschreibt Kapitel 5.2 ein mögliches Vorgehen zur datenbasierten Vernetzung von Anforderungen, indem semantische Analysen genutzt werden. Hinzu kommt, dass eine Systemarchitektur für ein wissensbasiertes Entscheidungsunterstützungssystem eingeführt wird, mittels derer die Systemkomponenten des Modells nachvollziehbar modelliert werden können. Das Gestaltungsmodell beschreibt somit primär den Aufbau einer Wissensbasis, in der die verfügbaren Anforderungsinformationen datenbasiert vernetzt werden. Dabei wird in einer Schichtenarchitektur für die Inferenzmaschine zwischen einem Knowledge-Layer und einem Concept-Map-Layer unterschieden. Somit wird berücksichtigt, dass durch den informationsbereitstellenden Experten nicht nur die Daten für eine maschinelle semantische Analyse bereitgestellt werden, sondern auch Wissen verfügbar gemacht werden kann, das sowohl für die maschinelle Analyse als auch für die Strukturierung der Repräsentation genutzt werden kann. Somit ist ein hybrides Vorgehen beschrieben, das die Stärken und die Skalierbarkeit von KI-basierten Lösungen im Concept-Map-Layer durch die Einbindung von verfügbarem Expertenwissen im Knowledge Layer kombiniert.

Die erzeugte Wissensbasis in Form eines Graphen bzw. einer dafür genutzten Graphdatenbank stellt die Grundlagen für die Zurverfügungstellung des Analyseergebnisses dar. Im Anschluss an die Gestaltung der Vernetzung folgt ein Erklärungsmodell zur Operationalisierung dieser Wissensbasis. Mit Hilfe des somit beschriebenen Vorgehens können Ausschnitte des Graphen erzeugt werden. Diese Ausschnitte stellen einen menschenlesbaren Umfang des Graphen dar und fußen auf einer Abfrage, die durch den Nutzer formuliert werden kann. Somit wird ein Subgraph erzeugt, für dessen Darstellung die Wissensbasis gefiltert wird. Durch Suchparameter kann die Repräsentation weiter angepasst werden. Das Erklärungsmodell schließt mit der Gestaltung der Dialogkomponente, welche den Eingabe- und Ausgabebereich einer Benutzerschnittstelle für die Interaktion mit dem menschlichen Nutzer beschreibt. Somit ist ein Vorgehen beschrieben, das zur Verfügung gestellte Anforderungsdatensätze miteinander vernetzt und eine menschen- und maschinenlesbare Wissensrepräsentation erzeugt, die für die Nutzung in der Anforderungsverwaltung herangezogen werden kann.

6 Evaluierung und kritische Reflexion

Das Ziel des sechsten Kapitels ist es, die entwickelte Methodik zur datenbasierten Analyse vernetzter natürlich sprachlicher Anforderungen zu evaluieren und gleichsam kritisch zu überprüfen. Dazu wird das Vorgehen beschrieben, indem eine Evaluierungsstrategie entwickelt wird. Da diese zu einer funktionalen und nicht-funktionalen Überprüfung unter realen Bedingungen führt, wird zunächst eine kurze Einführung in eine Fallstudie gegeben und darauf folgend die Durchführung und die Darstellung der Ergebnisse beschrieben. Das Kapitel schließt mit einer kritischen Reflexion, sowohl im Kontext der Evaluierung als auch übergreifend im Sinne der formulierten Anforderungen an die Methodik.

6.1 Herleitung der Evaluierungsstrategie

In Kapitel 5 wird eine Detaillierung der Methodik beschrieben, die auf den vorausgehend beschriebenen Darstellungen und Analysen in Kapitel 2 und Kapitel 3 fußt. Die Lösungshypothese, gemäß derer bestehende Methoden zur Verarbeitung von natürlich sprachlichem Text auch für die semantische Vernetzung von Anforderungen genutzt werden können, wird als forschungsleitende Annahme vorangestellt, um einen Lösungsbeitrag im Sinne der DSR zu entwickeln. Dazu wird eine Methodik beschrieben, die eine Modellierung des Vorgehens abbildet, sodass gemäß den Erkenntnissen und Zielen des Forschungsvorhabens eine datenbasierte Vernetzung von Anforderungen und eine Repräsentation ermöglicht wird. Gemäß der Forschungsmethodologie stellt die Demonstration und die nachfolgende Evaluierung notwendige Schritte dar. Die Demonstration beinhaltet dabei eine Definition des Anwendungskontextes sowie die Anwendung der Methodik als Entwicklungsergebnis, um eine Problemlösung zu demonstrieren. Die Evaluation umfasst eine Analyse der Effektivität sowie der Effizienz der Anwendung, um daraus Schlüsse für nachfolgende Iterationen der Forschung ziehen zu können.[411] Die Ausführungen von PRIES-HEJE ET AL. können genutzt werden, um die gewählte Evaluierungsstrategie systematisch zu beschreiben. PRIES-HEJE ET AL. befassen sich mit Strategien der Evaluierung von Informationssystemen im Kontext der DSR, sodass eine Eignung für die vorliegende Arbeit gegeben ist.[412]

[411] vgl. Peffers, K. et al. (2007) Design Science Research Methodology for Information Systems, S. 54.

[412] vgl. Pries-Heje, J. et al. (2008) Strategies for Design, 255 ff.

Gemäß diesen Grundlagen kann eine Strategie für die Evaluierung mittels der Beantwortung der Fragen nach dem Wann, dem Was und dem Wie beschrieben werden.[413]

Hinsichtlich des Wann kann zwischen Ex Post und Ex Ante unterschieden werden. Ex Ante bedeutet, dass die Evaluierung vorgenommen wird, bevor die Entwicklung eines Artefakts im Sinne der DSR stattgefunden hat. Ex-Post beschreibt eine Evaluierung nach der Erstellung des Artefakts.[414] Wie in Kapitel 1.3 beschrieben, folgt der Aufbau der vorliegenden Arbeit einem linearisierten Ablauf der DSR und fasst die Forschungsleistung vorausgehender Iterationen zusammen. Die in Kapitel 4 konzeptionierte Methodik und die darauffolgende Detaillierung, die zur Entwicklung einer Evaluierungsumgebung, in Form eines Software-Prototypen, geführt hat, wird als Artefakt definiert. Die Evaluierung findet somit Ex Post statt.

Hinsichtlich des Was wird zwischen der Evaluierung des Prozesses oder des Produktes unterschieden.[415] Dabei wird hinreichend diskutiert, dass die Nutzung der DSR für einen Forschungsprozess evaluiert werden kann, wenn der Prozess das Artefakt darstellt. Alternativ kann ein mittels des beschriebenen Prozesses entwickeltes IT-System, das ebenfalls ein Artefakt darstellt, evaluiert werden.[416] Dieser Gedanke folgt HUMPHREY, gemäß dem einem guten Prozess ein gutes Produkt folgt.[417] Im weiteren wird somit für die Evaluierung hinsichtlich der Effektivität und der Effizienz der Anwendung der erstelle Software-Prototyp genutzt. Hierbei können die in Kapitel 4.2 entwickelten Anforderungen herangezogen werden. Da jedoch eine Evaluierung nicht ausschließlich im Kontext des Relevance-Zyklus, sondern auch im Rigor-Zyklus der DSR stattfinden soll, schließt die Evaluierung mit einer kritischen Reflexion, die auch die Forschungsmethodologie berücksichtigt. Somit wird nicht nur ein anwendbares Produkt im Sinne der DSR evaluiert, sondern auch der dazu notwendige Forschungsprozess reflektiert.

Die vorausgegangenen Ausführungen sind dabei bereits eine Hinführung zur Beantwortung der dritten Gestaltungsdimension einer Evaluierungsstrategie nach PRIES-HEJE ET AL.. Diese erfordert eine Beantwortung der Frage des „Wie“. VENABLE unterscheidet hierbei zwischen einer *artificial* (engl. künstlicher) und einer *naturalistic* (engl. naturalistischen) Evaluierung.[418] Eine naturalistische Evaluierung beschreibt

---

413 vgl. Pries-Heje, J. et al. (2008) Strategies for Design, 260 ff.

414 vgl. Pries-Heje, J. et al. (2008) Strategies for Design, S. 260 - 261.

415 vgl. Pries-Heje, J. et al. (2008) Strategies for Design, S. 259.

416 vgl. Pries-Heje, J. et al. (2008) Strategies for Design, S. 260 - 261.

417 vgl. Pries-Heje, J. et al. (2008) Strategies for Design, S. 262.

418 vgl. Venable, J. (2006) A Framework for, 2 ff.

eine Evaluierung in einer realen Umgebung, mit realen Nutzern sowie Systemen. Die resultierende hohe Komplexität erfordert dabei jedoch einen höheren Ressourceneinsatz als eine künstliche Evaluierung unter Laborbedingungen. In einer Gegenüberstellung der beiden möglichen Modi einer Evaluierung wird jedoch deutlich, dass aus der naturalistischen Evaluierung wertvollere Erkenntnisse hervorgehen können, da gleichzeitig der Technologietransfer und die Nutzereinweisung hinsichtlich des Reifegrades überprüft werden können.[419] Kapitel 3 zeigt, dass viele KI-basierten Systeme lediglich quantitativ und unter Laborbedingungen und somit künstlich evaluiert werden. Nachdem einleitend in Kapitel 1.1 ein anwendungsorientiertes Forschungsvorhaben motiviert wurde, erscheint eine naturalistische Evaluierung zielführend. In die dazu durchgeführte Evaluierung in Form einer Fallstudie wird nachfolgend eingeführt. Die Durchführung sowie die Ergebnisse dieser werden daran anschließend dargestellt.

6.2 Einführung in die Fallstudie

Die Evaluierung erfolgt auf Basis einer Fallstudie, die nachfolgend anonymisiert dargestellt wird.[420] Die Ausgangssituation im Unternehmen stellt sich dabei wie folgt dar. Das Unternehmen, das im Folgenden Automobil AG genannt wird, ist ein internationaler Automobil OEM. Die Automobil AG entwickelt und produziert Systeme sowie Komponenten der Fahrzeuge selbst und auch unter der Einbindung multipler Lieferanten. Zur effizienten Abwicklung der Entwicklungsaufträge, zur Sicherung höchster Qualitätsansprüche sowie aus Gründen der Produkthaftung ist eine umfangreiche Dokumentation der Anforderungen notwendig. Über Jahrzehnte und diverse Fahrzeugprojekte ist eine Sammlung natürlich sprachlich formulierter Anforderungen entstanden. Diese dokumentieren sämtliche Entwicklungsentscheidungen der Entwickler und stellen für die Automobil AG ein immaterielles Vermögen dar. Gleichzeitig entstehen

---

[419] vgl. Venable, J. (2006) A Framework for, S. 5.

[420] Die Fallstudie wurde während der Anstellung des Autors als wissenschaftlicher Mitarbeiter am Lehrstuhl für Produktionssystematik des Werkzeugmaschinenlabor WZL der RWTH Aachen in einem Konsortialprojekt durchgeführt. Durch die Zusammenarbeit von Forschung und Industrie konnte der Prämisse der DSR genüge getan und eine iterative Entwicklung unter Anwendung wissenschaftlicher Theorien ermöglicht werden. Ein Austausch mit der unternehmerischen Umwelt ermöglichte eine Optimierung der Methodik sowie des Software-Prototypens im Sinne einer Ex Ante Evaluierung. Obwohl für die Entwicklung und Evaluierung somit reale Daten sowie reale Nutzer zur Verfügung standen, werden die Daten und Darstellungen anonymisiert, um Unternehmens-spezifisches Wissen zu schützen. Bei der Anwendung der Methodik gab es jedoch keine Einschränkungen.

in jedem einzelnen Fahrzeugprojekt, an dessen Entwicklungsprozess hunderte Entwickler beteiligt sind, derart umfangreiche Anforderungsdokumentationen, dass eine gedruckte Fassung nicht mehr handhabbar wäre. Sie würde zu ausgedruckten Spezifikationen mit einem Umfang von über 100.000 Seiten führen und an verschiedenen Stellen für alle Beteiligten zur Verfügung stehen müssen. Zur Verwaltung des immensen Umfangs, ist eine Datenbank-basierte Anforderungsverwaltung etabliert worden. Hier können Sammlungen von Anforderungen angelegt und verwaltet werden. Abhängigkeiten zwischen einzelnen Anforderungen können nur manuell festgelegt werden und sind unvollständig. Dabei gilt das in Abbildung 6-1 dargestellte Datenmodell. Dieses Datenmodell entspricht der Strukturierung gängiger Anforderungsmanagementsysteme.

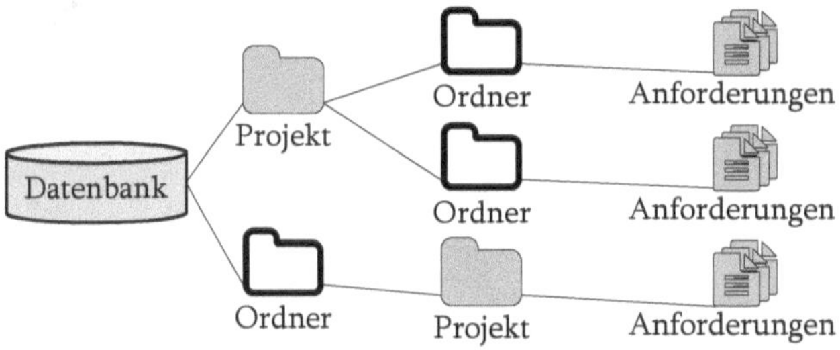

Abbildung 6-1: Datenmodell der Fallstudie

Die Automobil AG möchte ihr Betriebssystem für Unterhaltungs- und Informationsmedien des Fahrzeugs umstellen. Das bestehende Betriebssystem, dessen Anforderungen in dem Anforderungsmanagementsystem der bestehenden Datenbank verwaltet werden, soll durch ein Produkt des Anbieters GOOGLE ersetzt werden. GOOGLE stellt eine Spezifikation für die Nutzung des Produkts *Android-Betriebssystem* öffentlich zur Verfügung.[421] Die Automobil AG hat den Anspruch, dass die Anforderungen, die an das neue Betriebssystem gestellt werden, den Anforderungen entsprechen, die an das bestehende System gestellt werden. Somit muss ein Abgleich der neuen mit den bestehenden Anforderungen stattfinden. Dazu ist es notwendig zu überprüfen, ob zu einer neuen Anforderung eine oder mehrere bestehende Anforderungen gefunden werden, die den gleichen Inhalt umfassen oder relevant sind für die Bewertung hinsichtlich der Gleichwertigkeit von neuen und bestehenden Anforderungen. Hierdurch entstehen Tupel, die in der Fallstudie aus einer neuen Anforderung und einer zu findenden be-

[421] vgl. Google LLC (2024) Dokumentation zum Android-Betriebssystem.

stehenden Anforderung bestehen. Sobald diese Tupel gefunden sind, kann ein Fachexperte festlegen, ob die neue Anforderung der bestehenden Anforderung entspricht oder ob eine für die Automobil AG spezifische Anpassung vorgenommen werden muss. Betrachtungsfokus der Fallstudie sind Anforderungen, welche die Verarbeitung von Tonsignalen betreffen. Hierbei gilt es, neue Anforderungen mit ca. 2500 bestehenden Anforderungen abzugleichen, die einen Ausschnitt der bestehenden Anforderungen an das Betriebssystem darstellen. Die Erstellung von 80 Tupel erforderte in Summe ca. 20 Stunden Arbeitszeit einer Entwicklungsingenieurin. Dies entspräche einer durchschnittlichen Dauer pro Ermittlung eines Tupels von ca. 15 Minuten. Dazu wird bisher eine Schlagwortsuche im Anforderungsmanagement-System angewendet, die durch die Nutzung der dort ersichtlichen Ordner-Struktur unterstützt wird. Durch den Abgleich von Anforderungen mit weiteren Anforderungen entspricht das Vorgehen einem Tracing Prozess und ist somit wie in Kapitel 2.1.3 beschrieben, ein elementarer Bestandteil der Anforderungsentwicklung und Anforderungsverwaltung.

Die Fallstudie soll zeigen, ob mit der entwickelten Methodik und dem daraus hervorgehenden Software-Prototypen eine datenbasierte Analyse der bestehenden und neuen, natürlich sprachlich formulierten Anforderungen in einer realen Umgebung möglich ist und ob diese einen Effizienzgewinn ermöglicht.

6.3 Durchführung und Darstellung der Ergebnisse

Nachfolgend wird die Anwendung der Methodik unter Nutzung des darauf basierenden Software-Prototyps beschrieben. Die Darstellung der Durchführung folgt den drei entwickelten Teilmodellen.

6.3.1 Beschreibende Modellierung des Zielsystems

Auf Basis des in Kapitel 5.1 beschriebenen Vorgehens wird zunächst das Zielsystem beschrieben. Dazu werden die Systemelemente des Systems sowie der Systemumgebung beschrieben. Es ergibt sich somit der Lösungsraum für die nachfolgende Gestaltung des Analysevorgehens sowie der Darstellung.

Sachsystem der Fallstudie

Das Sachsystem der Methodik besteht aus Anforderungen und Relationen. Es folgt eine Beschreibung der verfügbaren Anforderungen der Fallstudie. Gegeben sind die Anforderungen für das Android-Betriebssystem, im Folgenden A-Anforderungen genannt, und die Anforderungen der Automobil AG, im Folgenden B-Anforderungen. Sowohl

A- als auch B-Anforderungen liegen in einem maschinenlesbaren Format als Datensätze vor. Die Anforderungsdatensätze beinhalten jeweils Anforderungstexte und Anforderungsattribute. Visuelle Darstellungen und Tabellen sind aus den Datensätzen, die für die Fallstudie zur Verfügung stehen, entfernt worden. Für die Evaluierung stehen 80 A-Anforderungsdatensätze als Stichprobe zur Verfügung, die jeweils einen Anforderungstext sowie als Anforderungsattribute eine ID beinhalten. Die B-Anforderungen werden als Export aus dem bestehenden Anforderungsmanagement-System *Codebeamer* exportiert. Es werden dabei 2498 Anforderungsdatensätze zur Verfügung gestellt. Die B-Anforderungsdatensätze beinhalten neben dem Anforderungstext weitere Anforderungsattribute. Ein Anforderungsdatensatz beinhaltet die folgenden Attribute: ID, Status, Zuweisung zu einem Ordner. Bei den zur Verfügung gestellten Anforderungen handelt es sich um eine Spezifikation, die mittels des in Abbildung 6-1 dargestellten Datenmodells strukturiert wird, sodass die Datensätze zur Beschreibung der Ordner ebenfalls bereitgestellt werden. Ein Datensatz für einen Ordner beinhaltet dabei eine ID, einen Ordnernamen und die Datenfelder für die IDs von untergeordneten Ordnern sowie ein Datenfeld für etwaige übergeordnete Ordner gemäß dem Datenmodell. Sollten dem Ordner Anforderungsdatensätze untergeordnet sein, wird ein Datenfeld mit den entsprechenden IDs der Anforderungsdatensätze gefüllt.

Hinsichtlich der Relationen kann zwischen gegebenen und zu ermittelnden Relationen unterschieden werden. Gegeben sind hierarchische Relationen zwischen Ordnern selbst, sowie den darin enthaltenen Anforderungen, sodass mittelbar auch hierarchische Beziehungen zwischen Anforderungen abgeleitet werden können. Die zu ermittelnden Relationen sind jedoch Relationen zwischen den A-Anforderungen und den B-Anforderungen. Hierbei muss wie folgt unterschieden werden: Im ersten Schritt sind Anforderungen zu finden, die eine ähnliche Aussage haben wie eine A-Anforderung. Eine Bewertung, welcher Abhängigkeitstyp vorliegt, wird im zweiten Schritt vorgenommen und durch eine Expertin beurteilt. Der zweite Schritt darf gemäß den Prozessvorgaben der Automobil AG nicht automatisiert werden, sondern muss von einem Menschen vorgenommen werden.

Handlungssystem

Die Daten werden aus einer relationalen Datenbank exportiert. Der Export ist in einem strukturierten und maschinenlesbaren Format möglich. Gleichzeitig sind ist es nicht möglich in dem tabellenartigen Format die Relationen zu erkennen. Das Ziel ist eine Überführung in eine Graphdatenbank.

Es besteht der Bedarf die Algorithmen zur Vernetzung sowie zur Suche anzuwenden, da zum einen keine vernetzten Anforderungsdatensätze vorliegen und zum anderen der Umfang der Datensätze und somit des Suchraums derart groß ist, dass dieser im ungefilterten Zustand den menschenlesbaren Umfang überschreitet. Für die wissensbasierten Algorithmen stehen ein Abkürzungsverzeichnis, eine Taxonomie für das Attribut *Status* sowie die hierarchischen Relationen der Anforderungsdatensätze und den Ordnern zur Verfügung.

Als Benutzerschnittstelle wird die Anbindung an das bestehende Anforderungsmanagment-System in Form eines Widgets gefordert. Hierzu kann der entwickelte Software-Prototyp als Backend eingesetzt und mittels Application Programming Interface (API) angebunden werden.

Es sind unterschiedliche Nutzer möglich, da das Widget für die Nutzer des Anforderungsmanagement-Systems verfügbar ist und hier ein großer Personenkreis Zugriff hat. Somit zeigt sich, dass eine Spezifizierung des Erfahrungswissen und der Rolle der Nutzer nicht möglich ist.

Systemumgebung

Als Hardware werden für die Fallstudie Cloud Ressourcen für die Speicherung und die notwendige Rechenleistung genutzt. Für die Anzeige kommen unterschiedliche Endgeräte zum Einsatz, da auf das Widget von unterschiedlichen Geräten zugegriffen werden kann.

Zum Zeitpunkt der Fallstudie stand keine Unternehmens-spezifische, formale Wissensrepräsentation in Form einer Ontologie zur Verfügung. Für die Vernetzung ist somit die Nutzung von wissensbasierten Methoden eingeschränkt. Das Datenmodell für die Anforderungen ist bekannt und in der Einführung beschrieben. Die damit einhergehenden Attribute der Anforderungsdatensätze sind somit repräsentativ für die Anforderungsdatensätze der Automobil AG. Gleichzeitig gibt es jedoch keine Aussage zum Datenmodell anderer Entwicklungsergebnisse. Eine Übertragung der Vernetzung für andere Entwicklungsergebnisse ist somit nicht ableitbar.

Hinsichtlich der geltenden Regulatorik werden durch die Automobil AG folgende Einschränkungen gemacht. Unternehmensintern gilt ein Need-to-Know-Prinzip. Das bedeutet, dass ein Mitarbeiter eine explizite Freigabe für die einsehbaren Datensätze erhält. Indem der Zugriff auf das Widget zentral verwaltet wird, kann hier eine Einschränkung der Nutzer vorgenommen werden, sodass diese Vorgabe berücksichtigt werden kann. Gleichzeitig definiert die Automobil AG die B-Anforderungsdatensätze als hochvertrauliche Daten, die nicht an Dritte weitergegeben werden dürfen. Daraus resultiert eine Einschränkung in den nutzbaren Sprachmodellen. Zum Zeitpunkt der Fallstudie nutzen kommerzielle Anbieter leistungsstarker Sprachmodelle die zur Verfügung gestellten Daten für das Training ihrer Modelle, was den Datenschutzvorgaben der Automobil AG widerspricht, womit Einschränkungen der nutzbaren Sprachmodelle einhergehen.

Da die Fallstudie ausschließlich Anforderungsdatensätze berücksichtigt, sind abgesehen vom RMS keine weitere bestehende Software oder bestehende Systeme zu berücksichtigen.

6.3.2 Erstellung des SRN der Fallstudie

Aufbau des initialen Graphen G_0

Es werden durch die Automobil AG 2498 Anforderungsdatensätze bereitgestellt. Diese werden in eine Graphdatenbank importiert, sodass eine Repräsentation in einem Graphen möglich ist. Die Darstellung der 2498 Anforderungen in der Makroperspektive in Abbildung 6-2 zeigt eine zufällige Anordnung der Anforderungsdatensätze, die als Knoten (R) repräsentiert werden. Jeder Knoten beinhaltet als Attribut eine eindeutige ID, den Status der Anforderung und außerdem den Anforderungstext. In der Darstellung erfolgt die Benennung der Knoten mittels der ID, um die Lesbarkeit zu gewährleisten. In der Abbildung ist zu erkennen, dass im initialen Graphen G_0 keine Relationen zwischen den Anforderungen vorliegen, da in den zur Verfügung gestellten Datensätzen keine expliziten Relationen zwischen den Anforderungen enthalten sind. Die Erstellung der Relationen wird in den folgenden Abschnitten beschrieben. Hierbei wird der Methodik folgend das explizite Wissen im Knowledge Layer verwertet und mit Hilfe des Vorgehens des Concept Map Layers der Graph mittels der Ergebnisse der semantischen Analyse angereichert.

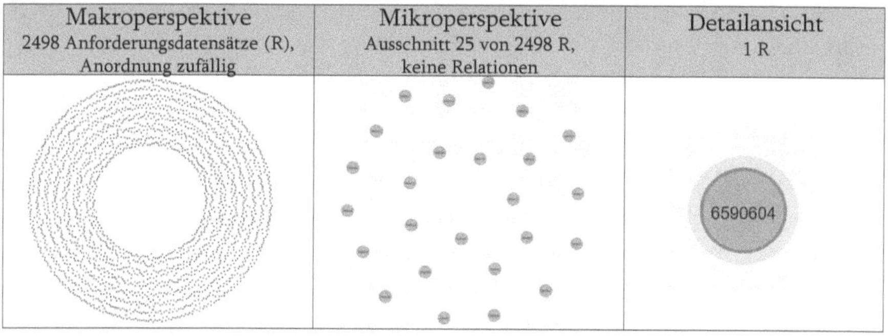

Abbildung 6-2: Makroperspektive und Detaildarstellung G_0 der Fallstudie

Nutzung des Knowledge Layer

Die entwickelte Methodik beschreibt den Knowledge Layer und den Concept Layer als parallele Abläufe. Für den Aufbau des SRN für die Fallstudie wird jedoch mit den Methoden des Knowledge Layer begonnen. Dies ist damit zu begründen, dass die Anforderungstexte durch Automobil AG spezifische Abkürzungen und Akronyme geprägt sind. Diese werden im Regelfall in Form einer Liste als Bestandteil eines Lastenheftes durch die Automobil AG bereitgestellt. Die Liste kann in einem maschinenlesbaren Format genutzt werden, um automatisiert die Abkürzungen und Akronyme im Text durch die lange Form zu ersetzen und somit die korpusbasierten Analysemethoden zu unterstützen. Auch für die A-Anforderungen werden durch GOOGLE entsprechende Abkürzungen bereitgestellt.[422]

Gemäß dem Datenmodell der Automobil AG können nicht nur Anforderungsdatensätze, sondern auch 622 Ordner-Datensätze bereitgestellt werden. Der Datensatz eines Ordners beinhaltet den Titel des Ordners, eine Auflistung der beinhalteten Anforderungsdatensätze sowie die möglichen Unterordner. Abbildung 6-3 zeigt einen Graphen für die Darstellung der Ordner-Struktur. Die Darstellung der Ordner als Knoten (S) zeigt in der Makroperspektive eine Vernetzung der 622 Ordner. Dabei bestehen hierarchische Relationen zwischen Ordnern und Unterordnern, die mittels der Relation „has subchapter" repräsentiert werden. In der Mikroperspektive ist diese Relation auf den Kanten geschrieben zu erkennen, die zwei Knoten miteinander verbindet. Eine Überlagerung der Graphen, welche die Ordner und die Anforderungsdatensätze darstellen, ist möglich. In der Mikroperspektive ist zu erkennen, dass mittels der Kanten

[422] vgl. Google LLC (2024) Audio terminology.

zwischen einem Knoten, der einen Ordner repräsentiert, und einem Knoten, der eine Anforderung repräsentiert, eine Relation dargestellt werden kann. Die Kante trägt dazu die Beschriftung „contains", um anzuzeigen, dass die Anforderungen im Ordner enthalten sind und stellt eine direkte Relation dar.

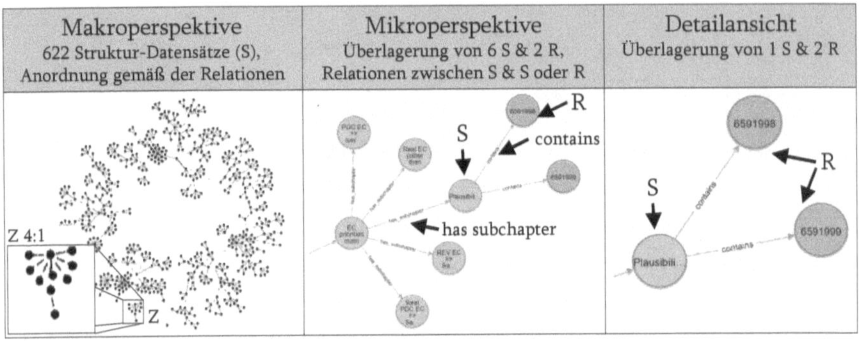

Abbildung 6-3: Hierarchische Relationen der Ordnerstruktur der Fallstudie[423]

Weiteres Wissen, dass mittels des KL in das SRN überführt werden soll, ist eine Taxonomie zu den möglichen Ausprägungen des Attribut „Status". Diese folgt der Darstellung in Abbildung 6-4. Indem diese Taxonomie in einem maschinenlesbaren Format zur Verfügung gestellt wird, können die Anforderungsdatensätze ergänzt werden. Die Anforderungsdatensätze beinhalten somit nicht nur das Attribut „Status", sondern auch das Attribut „Status-Cluster". Somit steht dieses Wissen für nachfolgende Filter-Operationen zur Verfügung.

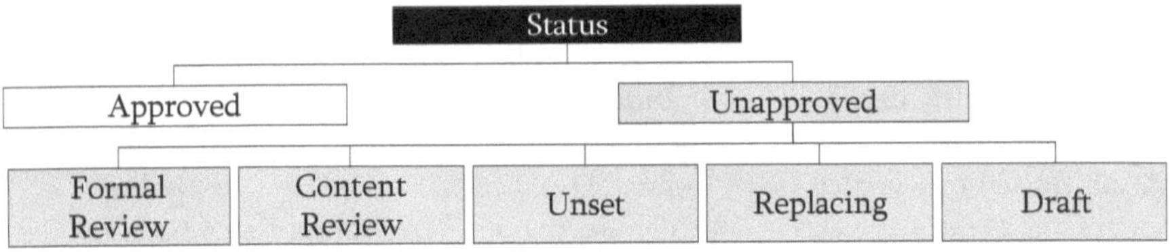

Abbildung 6-4: Taxonomie des Attributs "Status"

Nutzung des Concept Map Layer

[423] Größere und besser lesbare Darstellungen liegen in Anhang A 4 vor

Mittels des CML werden die Anforderungen semantisch miteinander vernetzt. Gemäß der beschriebenen Methodik werden hierzu korpusbasierte Methoden zur Ähnlichkeitsanalyse genutzt. Die Repräsentation der Vernetzung erfolgt darauf basierend mittels der zu extrahierenden Konzept-Knoten, sodass eine menschenlesbare Repräsentation der Ähnlichkeitsanalyse und Vernetzung ermöglicht wird.

Zunächst werden die Konzepte aus den Anforderungstexten extrahiert. Das genutzte Vorgehen entspricht dem Algorithmus 1. Das Schema des genutzten Prompts bleibt das gleiche wie in der abstrahierten Form in der Darstellung der Methodik in Kapitel 5.2.2. Da hier jedoch für die im Prompt enthaltenen Beispiele vertrauliche Anforderungen der Automobil AG genutzt werden, kann der Prompt an dieser Stelle nicht wiedergegeben werden. Für die Extraktion der Konzepte wird GPT 3.5 Turbo verwendet, da hierbei die Möglichkeit besteht, die Daten gemäß den Datenschutzvorgaben der Automobil AG zu nutzen. Insgesamt werden hierbei 2593 unterschiedliche Konzepte extrahiert und als Knoten mit entsprechenden Relation zu den entsprechenden Anforderungs-Knoten im Graphen ergänzt. Somit wird der Graph $G_{Concepts}$ erzeugt.

In einem ebenfalls Prompt-basierten Vorgehen, das in Algorithmus 2 beschrieben ist, werden Zusammenfassungen gemäß den Struktur-Knoten erzeugt. Diese unterstützen die Nachvollziehbarkeit des erzeugten Graphen. Hierzu werden die Anforderungstexte der Anforderungsdatensätze, die einem Ordner-Knoten zugeordnet sind, zusammengefasst und als Attribute der Ordner Knoten ergänzt. Hierzu wird in der Fallstudie ebenfalls GPT 3.5 Turbo verwendet.

Abbildung 6-5 zeigt einen Ausschnitt des $G_{Concept}$ der Fallstudie, in dem die unterschiedlichen Knoten und Relationen zu erkennen sind. In der Mikroperspektive ist zu erkennen, dass teilweise mehrere Anforderungen eine Kante zu einem Konzept-Knoten haben. Somit kann eine semantische Vernetzung der Anforderungen mittels des gemeinsamen Konzepts erschlossen werden. Der vollständige Graph $G_{Concept}$ der Fallstudie umfasst 5713 Knoten und 9036 Relationen. Die Positionierung der Knoten im Raum ist hierbei noch beliebig und wird mit dem Ziel der Planarität optimiert.

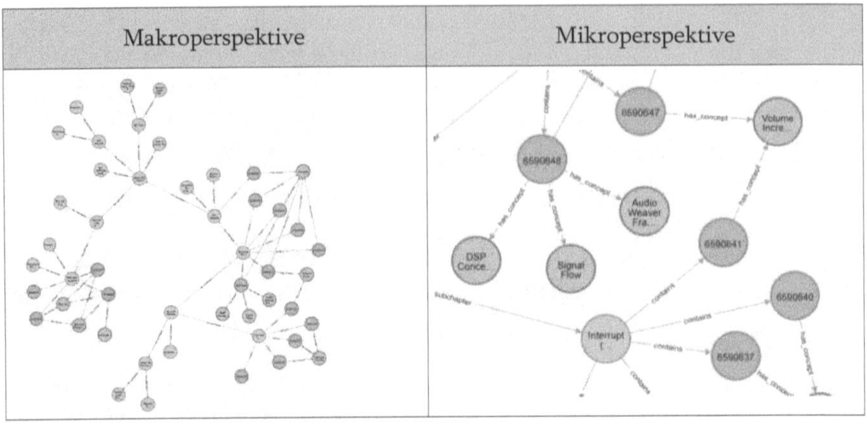

Abbildung 6-5: Ausschnitt $G_{Concept}$ der Fallstudie

In $G_{Concept}$ sind alle Knoten der Fallstudie enthalten, sodass nachfolgend gemäß dem Algorithmus 2 die semantische Ähnlichkeitsanalyse der Anforderungstexte und Konzepte vorgenommen werden kann. Hierbei werden für die Fallstudie die Sprachmodelle Ada-2 und MiniLM-L6-v2 für die Erzeugung der Embeddings genutzt. Die Texte der Konzepte werden mittels MiniLM-L6-v2 in Vektoren mit 384 Dimensionen überführt.[424] Die Anforderungstexte sowie die erzeugten Zusammenfassungen werden mittels Ada-2 zu Vektoren mit 1536 Dimensionen überführt. Diese Vektoren können als Attribute zu den Anforderungs-, Konzept- und Strukturknoten hinzugefügt werden.

Die Erstellung des SRN schließt mit der Regularisierung von $G_{Concept}$. Gemäß dem entwickelten Algorithmus 3 wird dabei die Anzahl der Konzeptknoten reduziert. Der Grenzwert sim_{Merge} für die Distanzmetrik wurde auf Basis von Experimenten in vorausgehenden Iterationen auf 0,90 festgelegt. Dies führt zu einer Reduktion der Anzahl der Konzeptknoten auf 2279. Es werden 563 Knoten auf 245 Knoten reduziert. Tabelle 6-1 zeigt einen Auszug der Knoten, die bei diesem Grenzwert zusammengeführt werden. Eine Auswertung durch die Fachexpertin der Automobil AG ergab, dass 93 % der vorgeschlagenen Kombinationen angemessen sind. Beispiele hierfür sind Kombinationen, die nicht angemessen sind in der Tabelle 6-1 ebenfalls gegeben. Die Auswertung zeigt, dass mit der beschriebenen Methode Konzepte mit einer Richtungsunterscheidung (bspw. links und rechts (bspw. Eintrag 3 und 7 der Tabelle 6-1)) sowie Konzepte, die sich durch Zahlen unterscheiden (bspw. Eintrag 8 und 9 der Tabelle 6-1), nicht

[424] vgl. Wang, W. et al. (2020) MiniLM: Deep Self-Attention, S. 5; vgl. OpenAINew and Improved.

korrekt erkannt werden. Dies hat jedoch gemäß der Methodik keinen Einfluss auf die Anforderungsdatensätze selbst, sondern schränkt lediglich die Interpretation der Wissensrepräsentation durch den Nutzer ein, sodass dieses Defizit akzeptiert wird.

Tabelle 6-1: Auszug der identifizierten Konzepte der Regularisierung

Nr.	Konzept 1	Konzept 2	Konzept 3	Konzept 4	Substitut
1	Max Gain	Maximum Gain			Max Gain
2	Fading	Fading Out			Fading
3	Surround Left	Surround Right			Surround Left
4	Min/Max Rules	MIN/MAX Rules			Min/Max Rules
5	Measurement of Lautheit	Lautheit Measurements	Lautheit Measurement -		Measurement of Lautheit
6	Multichannel Playback	Multi-channel Playback -			Multichannel Playback
7	Left Zone	Right Zone -			Left Zone
8	Audio Level 1	Audio Level 2	Audio Level 4	Audio Level 3	Audio Level 1
9	Quality Level 2 Fader Function	Quality Level 1 Fader Function			Quality Level 2 Fader Function

Die Anwendung der Methodik, unter Nutzung der entwickelten Algorithmen, erfordert einen zeitlichen Aufwand von 10 Minuten. Die Erstellung des SRN führt zu einem Graphen mit insgesamt 5399 Knoten, wobei hierin 2498 Anforderungs-, 2279 Konzept- und 622 Ordnerknoten enthalten sind. Im SRN liegen dabei 7989 Relationen zwischen den Knoten vor. Dieser Umfang überschreitet, dass menschlich lesbare Maß und unterstreicht die Notwendigkeit der Methodik zur Operationalisierung, die nachfolgend beschrieben wird.

6.3.3 Operationalisierung des SRN und Auswertung der semantischen Suchen

Für die Operationalisierung des SRN in der Fallstudie der Automobil AG wird die zuvor entwickelte Benutzerschnittstelle und die Methodik zur Darstellung einer semantischen Suche in komplexen semantischen Netzen genutzt. Die Benutzerschnittstelle ist für die Nutzer aus dem vorhandenen Anforderungsmanagement-System *Codebeamer* zu erreichen, um Systemwechsel zu vermeiden. Für eine qualitative und quantitative Bewertung der Effektivität und Effizienz der Methodik sowie des Software-Prototypen werden die 80 Tupel herangezogen. Anhang A 5 stellt die Tupel dar, wobei die B-Anforderungen nur mittels ihrer ID repräsentiert werden, um die Daten der Automobil AG zu schützen. Es stehen somit 80 Testfälle zur Verfügung, die mit unterschiedlichen Konfigurationen der Suchparameter getestet werden können. Ziel eines jeden Testfalls ist es, einen Graphen zu erzeugen, in dem die Suchanfrage in Form einer A-Anforderung eines Tupels im SRN repräsentiert wird und im SRN die B-Anforderung des Tupels im gleichen Graphen repräsentiert wird. Abbildung 6-6 zeigt eine erfolgreiche Suche, in der die Anfrage dem Knoten „query“ entspricht und die zu findende B-Anforderung des Tupels hervorgehoben ist und sich in unmittelbarer Nähe des „query“-Knotens befindet.

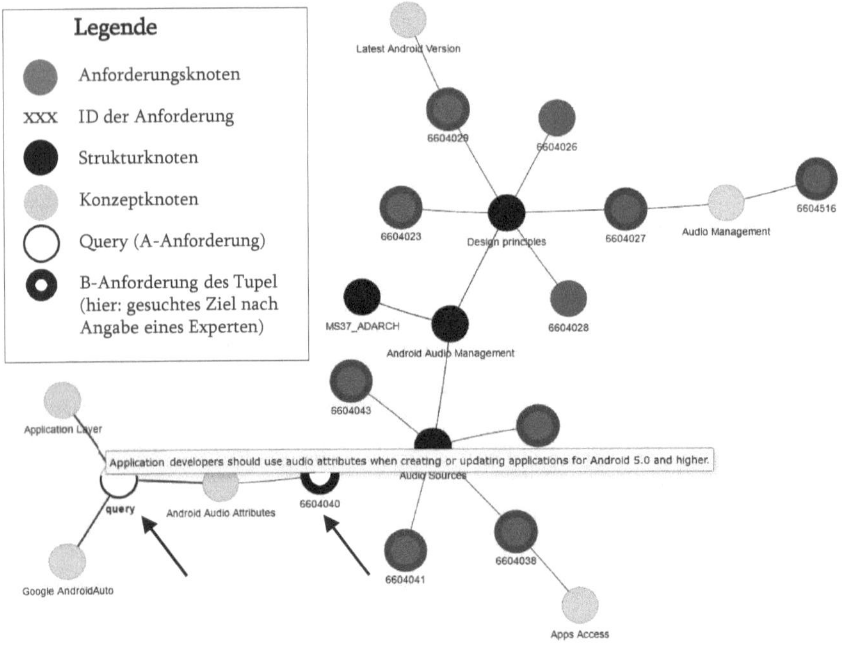

Abbildung 6-6: Wissensrepräsentation für eine semantische Suche[425]

[425] Indem der Curser auf den „query“-Knoten geführt wird, erscheint dort eine Text-Box, die den Text der A-Anforderung wiedergibt.

Im Folgenden werden die Ergebnisse der 80 Testfälle wiedergegeben und interpretiert. Dazu werden auch die Ergebnisse einzelner Methodenschritte dargestellt und interpretiert, um die Erzeugung der Darstellung des Suchergebnisses nachvollziehbar zu machen. Zunächst werden dazu mit einer Ähnlichkeitsanalyse auf Basis der Embeddings die Tupel untersucht. Die Ergebnisse dazu sind umfassend in Anhang A 6 wiedergegeben. Da die Werte normiert werden, entspricht ein Ähnlichkeitswert von 1 einer vollständigen Gleichheit von zwei Texten. Abbildung 6-7 zeigt, dass alle der 80 Tupel einen Ähnlichkeitswert zwischen minimal 0,717 und maximal 0,876 haben. Hierbei zeigt sich, dass die Tupel grundsätzlich alle vergleichbare Ähnlichkeitswerte haben und somit der Ansatz, korpusbasierte Ähnlichkeitsanalysen für den semantischen Vergleich einzusetzen, bestätigt scheint. Der Durchschnitt für die Ähnlichkeitswerte der 80 Tupel der Fallstudie beträgt 0,804. Somit zeigt sich, dass die semantische Ähnlichkeit der Tupel konstant hohe Werte aufzeigt, was nahelegen könnte, dass es einen Grenzwert gibt, anhand dessen die relevanten Anforderungen identifiziert werden können.

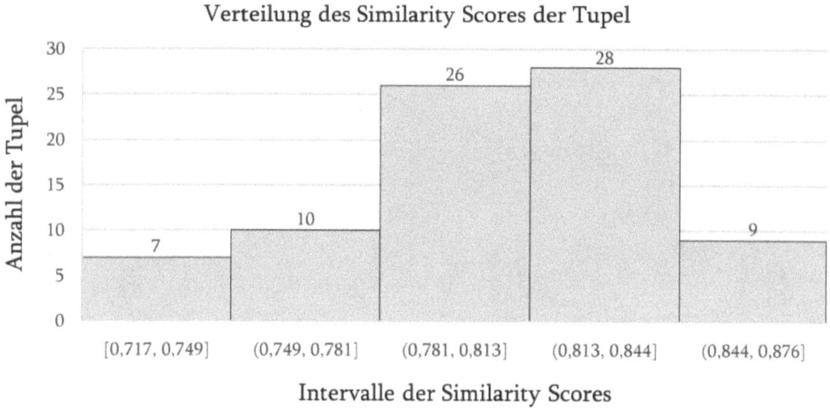

Abbildung 6-7: Ähnlichkeitswerte der 80 Tupel der Fallstudie

Bei einer Überprüfung der Ähnlichkeitswerte der Texte der A-Anforderungen der Tupel gegen alle B-Anforderungen des SRN zeigt sich jedoch, dass das Niveau der Ähnlichkeitswerte nicht nur für den Vergleich der A- und B-Anforderungen eines Tupels hoch ist, sondern auch im Vergleich einzelner A-Anforderungen mit allen verfügbaren B-Anforderungen des SRN. Abbildung 6-8 zeigt für einen A-Anforderungstext ein Histogramm, das die Anzahl der Anforderungstexte der B-Anforderungen darstellt. Dies wird in Intervallen für die Ähnlichkeitswerte von 0,0 - 1,0 dargestellt. Hierbei wird offensichtlich, dass 99,3 % der Anforderungen einen Ähnlichkeitswert in den zwei Intervallen 0,6 - 0,8 haben. Eine vollständige tabellarische Auswertung aller A-Anforderungstexte im Vergleich mit allen verfügbaren B-Anforderungen des SRN liegt im Anhang A 6 vor. Dort wird evident, dass in den Intervallen von 0 bis 0,4 keine Anforderungen zu finden sind. Im Intervall 0,4 – 0,5 liegt die Anzahl entsprechender Anforderungstexte im einstelligen Bereich. In den Intervallen von 0,5 – 0,6 aber vor allem 0,6 – 0,8 liegen besonders viele semantisch ähnliche Anforderungstexte vor. Im Intervall 0,8 – 0,9 nimmt die Zahl drastisch ab. Im Intervall 0,9 – 1,0 liegen keine Anforderungstexte vor. Abbildung 6-8 zeigt ebenfalls, dass eine semantische Suche, die ausschließlich auf einem Ähnlichkeitswert beruht[426], bei derart vielen und gleichzeitig ähnlichen Texten mit hohen Ähnlichkeitswerten nicht anwendbar ist, da immense Umfänge vermeintlich relevanter Anforderungen zu prüfen wären. Der Vergleich der A- und B-Anforderung des Tupels mit der ID 1043 hat einen Ähnlichkeitswert von 0,764, sodass im Fall einer Näherung von oben zunächst alle Anforderungen mit einer höheren Ähnlichkeit geprüft werden müssten. Dies wären die 17 Anforderungen des Intervalls 0,8 – 0,9 sowie die 1941 Anforderungstexte des Intervalls 0,7 – 0,8. Eine nach absteigenden Ähnlichkeitswerten sortierte Liste würde somit keinen Mehrwert für die Analyse bieten und bestätigt den Ansatz der Graph-basierten Darstellung der entwickelten Methodik. Dieses Ergebnis bestätigt sich gemäß Anhang A 6 für alle 80 Testfälle.

[426] Derartige Ansätze sind in Kapitel 3.3.3 untersucht und beschrieben.

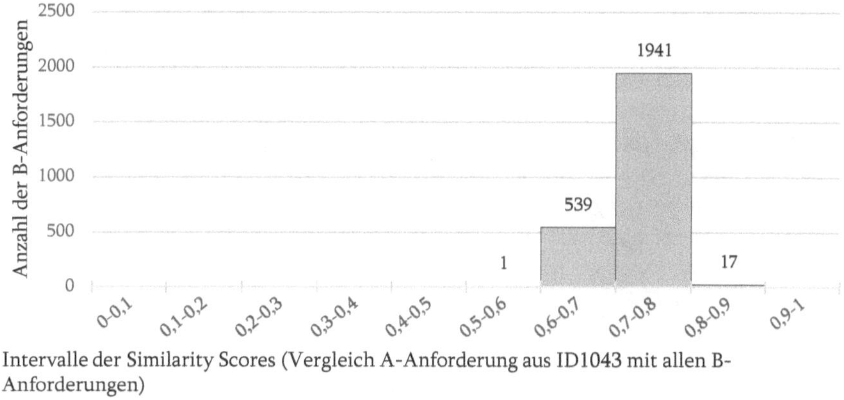

Abbildung 6-8: Analyse der Ähnlichkeitswerte für ID1043

Die entwickelte Methodik berücksichtigt neben der korpus-basierten Ähnlichkeitsanalyse auch eine Vernetzung der Anforderungsdatensätze mittels der Struktur-Knoten und Konzept-Knoten. Im SRN sind alle B-Anforderungen bereits vernetzt. Wird der Text der A-Anforderung als Query genutzt, kann dieser in dem bestehenden Netz kontextualisiert werden, indem gemäß der Methodik die Konzepte extrahiert und die Vektorisierung zur Ähnlichkeitsanalyse mit den Konzept-, Struktur- und Anforderungs-Knoten des SRN genutzt werden. Hierbei gelten die in Abbildung 6-9 dargestellten möglichen Relationen zwischen zwei Knoten, die sich aus den verfügbaren Kanten und somit Relationen ableiten:

Von / Zu	R	S	C
Anforderungs-Knoten R	-	o	o
Struktur-Knoten S	o	o	-
Konzept-Knoten C	o	-	-

- = gemäß der Methodik nicht möglich o = gemäß der Methodik möglich

Abbildung 6-9: Mögliche Kombinationen zwischen zwei Knoten im SRN

Unter Beachtung dieser Kombinationsregeln können die möglichen Pfade zwischen einem Query-Knoten und der gesuchten B-Anforderung eines Tupels ermittelt werden. Mittels einer Zählweise, welche die Anzahl der Knoten zwischen dem Query-Knoten und dem Knoten der gesuchten B-Anforderung wiedergibt, kann die Länge der

Pfade quantifiziert werden. Es erschließt sich logisch, dass ein kurzer Pfad einen geringen Abstand des Query-Knotens zur gesuchten B-Anforderung und somit ein schnelles Auffinden durch den Nutzer impliziert. Im Anhang A 7 sind die Ergebnisse der Analyse der Pfadlängen der Tupel detailliert wiedergegeben. Dazu sind automatisiert alle möglichen Pfade ermittelt worden sowie die sich daraus ergebende durchschnittliche Pfadlänge aller möglichen Pfade. Ebenfalls sind dort die maximale und die minimale Pfadlänge aufgeführt. Abbildung 6-10 stellt das Ergebnis der minimalen Pfadlänge in einem Balkendiagramm dar. Es zeigt sich, dass über die Hälfte der Tupel eine Pfadlänge von drei Knoten haben und über 90 % der Tupel eine Pfadlänge von weniger oder genau sechs Knoten haben. Es gibt jedoch darüber hinaus auch Tupel, deren Pfad länger ist.

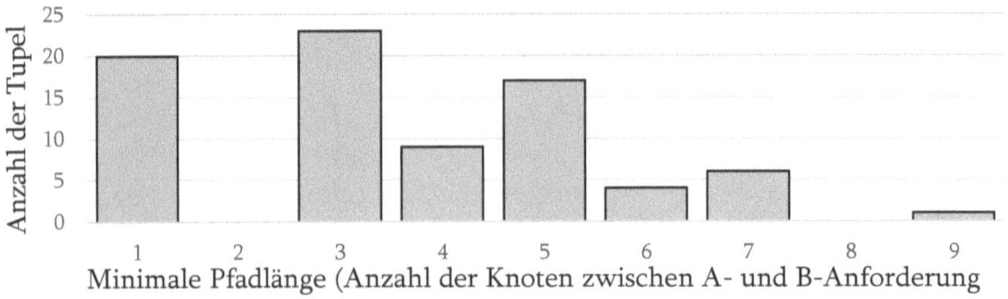

Abbildung 6-10: Minimale theoretische Pfadlänge der 80 Tupel im SRN

Eine weitere automatisierte Analyse nutzt alle im Erklärungsmodell entwickelten Algorithmen und erzeugt vollständige Graphen zur Repräsentation des Suchergebnisses. Hierbei werden unterschiedliche Hyperparameter $k_{Graph\ Size}$ genutzt. Mit einem steigenden $k_{Graph\ Size}$ wird der Graph vergrößert und die notwendige Zeit zur Überprüfung der repräsentierten Anforderungen nimmt somit zu. In der Fallstudie zeigt sich hierbei, dass eine Steigerung von $k_{Graph\ Size}$ bis zu einem Wert von 50 nennenswert mehr Tupel im SRN findet. Bis zur Vergrößerung des Netzes bis zu einem $k_{Graph\ Size}$ = 100 werden 63 der 80 Tupel gefunden. Darüber hinaus werden mit einer Steigerung von $k_{Graph\ Size}$ = 200 von den Tupel der Fallstudie 65 der 80 Tupel gefunden. Versuche mit den Fachexperten der Automobil AG zeigen jedoch, dass Graphen mit einem $k_{Graph\ Size}$ >150 als unübersichtlich wahrgenommen werden und eine manuelle Überprüfung der repräsentierten Knoten trotz der Kontextualisierung durch Konzept- und Struktur-Knoten als unverhältnismäßig aufwendig wahrgenommen wird. Eine Auswertung der Untersuchung der gefundenen Tupel für die unterschiedlichen $k_{Graph\ Size}$

ist in Abbildung 6-11 dargestellt. Aus dieser Untersuchung ergibt sich für jedes Tupel eine $k_{Graph\ Size,theoretisch}$, welches das kleinste $k_{Graph\ Size}$ angibt, bei dem die vorgegebene B-Anforderung eines Tupels im Ausgabebereich repräsentiert wird. Hinsichtlich der quantitativen Bewertung der Effektivität kann für die Fallstudie dementsprechend festgehalten werden, dass 79 % der Tupel mit den entwickelten Algorithmen in einer Graph-basierten Wissensrepräsentation dargestellt werden können und somit für eine Entscheidungsunterstützung genutzt werden können. Der zeitliche Aufwand für die Erzeugung eines Graphen ist abhängig von den gewählten Parametern und Filterkriterien. Die Erstellung der Graphen für die Fallstudie erfordert Zeiten zwischen 2 und 9 Sekunden nach der Eingabe der Suchparameter und der Bereitstellung des Graphen.

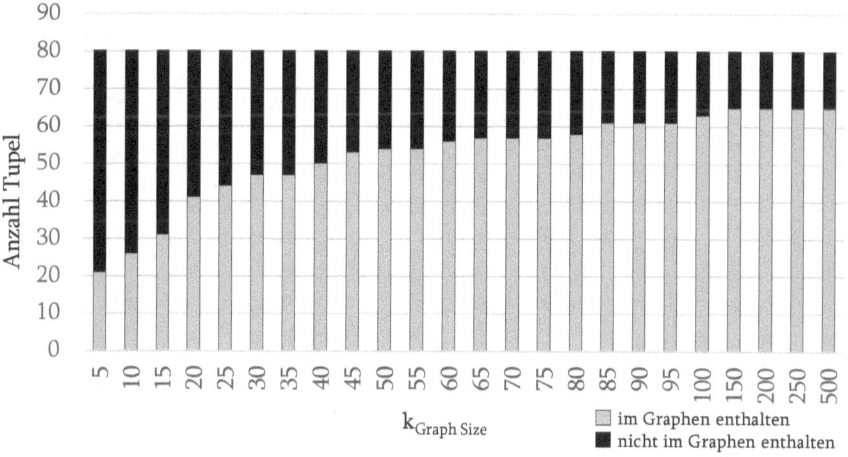

Abbildung 6-11: Analyse der Abhängigkeit der Suche von $k_{Graph\ Size}$

Neben der Überprüfung der Effektivität, was einer funktionalen Überprüfung entspricht, soll ebenfalls die Effizienz des entwickelten Software-Prototypens untersucht werden. Dies entspricht einer nicht-funktionalen Überprüfung. Hierbei gilt es zu unterscheiden zwischen dem initialen Aufwand für die Erstellung des SRN mit einem zeitlichen Aufwand von 10 Minuten sowie den Testfall-spezifisch erzeugten Graphen, deren Erstellung zwischen 2 und 9 Sekunden erfordert. Der initiale Aufbau des SRN wird jedoch bei der Analyse der Effizienz vernachlässigt, da der Aufwand auf alle möglichen Testfälle aufgeteilt werden müsste und die Anzahl dieser beliebig definiert werden kann. Es gilt jedoch festzuhalten, dass die Effizienz der Methodik steigt, je mehr

Suchvorgänge mit dem erzeugten SRN vorgenommen werden. Des Weiteren kann nachgewiesen werden, dass eine Steigerung des Umfangs der zu verarbeitenden Anforderungsdatensätze um die Faktoren zwei und zehn keine nennenswerte Erhöhung der notwendigen Zeit bedingt, was eine Steigerung der Effizienz der Methodik für umfangreiche Datensätze impliziert. Hierzu wurde der Aufbau des SRN fünf Mal pro Datensatzgröße wiederholt. Die Zeiten für den Aufbau, unabhängig vom Umfang der Datensätze, schwankt dabei zwischen 9:48 Minuten und 10:27 Minuten wie im Anhang A 8 dargestellt und kann mit geringfügigen Schwankungen in der Verfügbarkeit von GPT 3.5 Turbo erklärt werden.

Abschließend ist eine Simulation der Suchprozesse mit der Fachexpertin als Anwenderin durchgeführt worden. Hierbei ist der Software-Prototyp in der bekannten Konfiguration der Anwenderin zur Verfügung gestellt worden. Da der Software-Prototyp an das bestehende Anforderungsmanagement-System angebunden werden kann und die Anwenderin zur selbstständigen Nutzung befähigt ist, können der erfolgreiche Technologietransfer und die Anwendungsunterweisung bestätigt werden.

Die 80 Tupel wurden verwendet, um mit der A-Anforderung jeweils Suchanfragen zu erzeugen und die erzeugte Wissensrepräsentation nach der B-Anforderung des Tupels zu untersuchen. Die Simulation sieht vor, dass $k_{Graph\ Size}$ der Suche in den Schritten 25, 50, 100 gesteigert wird. Pro Suche und $k_{Graph\ Size}$ wird die Zeit der Analyse des Graphen aufgenommen. Die Zeiterfassung stoppt, sobald die gesuchte B-Anforderung durch die Anwenderin gefunden wird oder nach einer Analyse des Graphen bestätigt wird, dass dieser die gesuchte B-Anforderung nicht enthält. Sollte die B-Anforderung nicht gefunden werden, wird mit dem nächsthöheren $k_{Graph\ Size}$ ein neuer Graph erzeugt, der ebenfalls geprüft wird. 17 Tupel werden mittels der Methodik und der gewählten Konfiguration nicht im Graphen repräsentiert. Hier werden nach der Prüfung der drei Graphen mit steigendem $k_{Graph\ Size}$ noch weitere 15 Minuten zu der Summe der Analysezeiten addiert. Dies entspricht der Zeit, die durchschnittlich für die Erzeugung der Tupel ohne die Anwendung der entwickelten Methodik erfasst wurde. Die Ergebnisse der Simulation sind in Anhang A 9 dargestellt. Abbildung 6-12 zeigt zum einen die Prozesszeiten für die Erzeugung der Tupel zur Entscheidungsunterstützung in der Ausgangssituation der Fallstudie. Zum anderen wird das Ergebnis der Simulation gegenübergestellt, sodass die errechnete Zeitersparnis gemäß den Randbedingungen der Simulation, ersichtlich wird. Die Prozesszeit kann um 735,09 Minuten gesenkt werden, was einer Einsparung von 61,3 % der notwendigen Arbeitszeit der Expertin entspricht. Dies belegt die mögliche Steigerung der Effizienz durch die Anwendung der entwickelten Methodik mittels des vorliegenden Software-Prototypen.

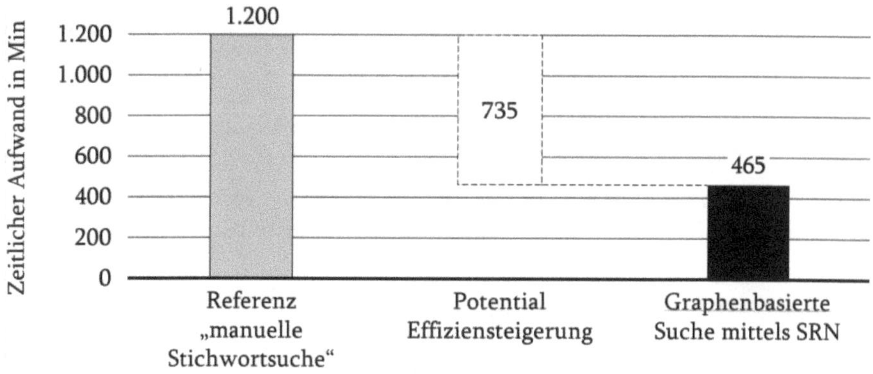

Abbildung 6-12: Effizienzgewinn durch graphenbasierte semantische Suche

Mittels der zuvor wiedergegebenen Inhalte gilt die Zielstellung der Evaluierung hinsichtlich der Überprüfung der Effektivität und der Effizienz als erreicht. Es konnte gezeigt werden, dass eine datenbasierte Analyse der natürlich sprachlichen Anforderungen möglich und effizienter als eine manuelle Vernetzung ist. Hierzu wurden bestehende Methoden für die Vernetzung und Wissensrepräsentation verwendet und in eine Methodik überführt, deren Algorithmen für die Entwicklung eines Software-Prototypens genutzt werden können. Dadurch werden auch große Mengen vernetzter Anforderungsdatensätze für semantische Suchen im Anforderungsmanagement nutzbar. Somit konnte gezeigt werden, dass mittels der in Kapitel 4.3 entwickelten Teilmodelle die in der Zielsetzung formulierte, leitende Forschungsfrage beantwortet werden kann.

6.4 Diskussion und kritische Reflexion

Die Durchführung und Ergebnisdarstellung der Evaluierung schließt mit der positiven Beantwortung der Forschungsfrage. Es wird mehrfach hervorgehoben, dass für die Evaluierung zwar ein Software-Prototyp erzeugt wurde, um eine Evaluierung in einer realen Umgebung mit realen Daten und realen Personen zu ermöglichen. Dennoch gilt es zu berücksichtigen, dass das dargestellte Ergebnis dieser Forschungsarbeit ein Artefakt eines iterativen Forschungsprozesses ist. Die Ergebnisse der Evaluierung sind somit als positiver Indikator für notwendige Iterationen etwaiger folgender Forschungsaktivitäten zu deuten. Nachfolgend wird hierzu zunächst die Fallstudie und anschließend die dazu grundlegende Methodik kritisch reflektiert. Außerdem erfolgt eine Reflexion der gewählten Forschungsmethodik, um dies im Ausblick in Kapitel 7 aufzugreifen.

6.4.1 Reflexion der Fallstudie

Zunächst werden die Anwendungserfahrung sowie die Rahmenbedingungen der Fallstudie kritisch reflektiert. In den folgenden Absätzen werden dazu kritische Limitationen erläutert und anschließend eingeordnet.

Die beschriebene Fallstudie stellt einen realen Prozess des Anforderungsmanagements eines internationalen Automobil OEM dar und es stehen reale Datensätze in deutscher und englischer Sprache zur Verfügung. Dennoch wurde für die Fallstudie der Umfang der Daten reduziert und entspricht nur einem Teilausschnitt eines vollständigen Fahrzeugprojektes. Hierbei gilt außerdem zu berücksichtigen, dass in der Fallstudie nur Datensätze aus der Domäne der digitalen Services verwendet werden. Einflüsse auf die Vernetzung im Fall abweichender Domänen-spezifischer Sprache wie zum Beispiel der Mechanik oder der Mechatronik sowie einer Vermischung dieser konnten nicht untersucht werden. Weitere Testfälle sollten folglich Datensätze unterschiedlicher Domänen beinhalten.

Die zur Verfügung gestellten Datensätze entsprechen unterschiedlichen Qualitätskriterien. Die A-Anforderungen der Google LLC verwenden andere Formulierungen als die B-Anforderungen, die nutzerzentriert formuliert sind. Die A-Anforderungen sind distanzierter und abstrakter. Der Einfluss auf die Vernetzung kann nicht ausgeschlossen werden. Auch die B-Anforderungen entsprechen nicht vollumfänglich den inhaltlichen und formellen Qualitätsanforderungen der Automobil AG, da auch Anforderungsdatensätze bereitgestellt wurden, die nicht dem Status „approved" (engl. bestätigt) entsprechen und somit eine vollständige Qualitätskontrolle durchlaufen haben. Da diese Anforderungen jedoch ebenfalls Teil des realen Prozesses sind, wurde hier durch die Verwendung von Anforderungen ohne den Status „approved" ein Kompromiss eingegangen. Dieser bedingt einerseits, dass die Fallstudie der Realitätsnähe für die Automobil AG gewinnt und andererseits ein Einfluss von Qualitätsdefiziten der Anforderungsdatensätze auf die Vernetzung nicht ausgeschlossen werden kann. Daraus folgt, dass in weiteren Fallstudien hierzu Untersuchungen angestellt werden müssen.

Um die Ergebnisse der Untersuchungen vergleichbar zu halten und gleichzeitig die Übersichtlichkeit der Ergebnisse zu gewährleisten, sind teilweise Parameter, die in den

Algorithmen der Teilmodelle entwickelt wurden, konstant gehalten worden. Ein vollfaktorieller Versuchsplan zur Sensitivitätsanalyse ist für die Fallstudie nicht umsetzbar gewesen, da die Verfügbarkeit der Anwenderin und der limitierte Zeitrahmen des Forschungsvorhabens zu berücksichtigen waren. Durch eine weitere Automatisierung der Evaluierung können hier umfangreichere Analysen ermöglicht und somit Schlüsse auf den Einfluss der einzelnen Parameter auf das Gesamtergebnis gezogen werden. Im Rahmen der Fallstudie stand die Evaluierung des Gesamtproduktes im Vordergrund, wobei für folgende Fallstudien auch die Optimierung der Parameter priorisiert werden kann.

Zusätzlich gilt es, noch weitere Randbedingungen der Fallstudie zu berücksichtigen. Da sowohl der Autor als auch die Anwenderin der Nutzung von künstlicher Intelligenz im Anforderungsmanagement offen gegenüberstehen, kann ein Positivismus bei der qualitativen Beurteilung der Evaluierungsergebnisse nicht ausgeschlossen werden. Indem der Software-Prototyp bei der Automobil AG an das bestehende Anforderungsmanagement-System angebunden ist, besteht jedoch die Möglichkeit der Nutzung und Bewertung durch Dritte.

Die Nutzung und Bewertung durch Dritte bietet ebenfalls das Potential aus deren Nutzungserfahrung weitere Optimierungsbedarfe abzuleiten, da hierbei auch semantische Suchen außerhalb der 80 Tupel der Fallstudie vorgenommen werden. Da die Anwenderin die 80 Tupel zunächst erzeugt hat, kann nicht ausgeschlossen werden, dass dies einen Vorteil bei der Analyse der erzeugten Wissensrepräsentationen hat. Die Erinnerung an die Zuordnung der gesuchten B-Anforderung eines Tupels zu einem Kapitel, könnte die Analyse des Graphen beschleunigen. Da zwischen der Erzeugung der Tupel und der Simulation der semantischen Suchen durch die Anwenderin mehrere Monate lagen und die Anwenderin als Expertin der Domäne gilt, kommt hierbei jedoch das Domänenwissen zum Tragen, sodass eine etwaige Erinnerung nicht überbewertet werden sollte. Eine Überprüfung war nicht möglich, da keine weiteren Experten mit vergleichbarem Domänenwissen im Rahmen der Evaluierung verfügbar waren.

Zum Zeitpunkt der Evaluierung waren bereits neuere und effizientere Sprachmodelle als GPT 3.5 Turbo verfügbar. Die berechtigten Datenschutzvorgaben der Automobil AG konnten für die Nutzung dieser jedoch nicht garantiert werden. Insofern wurde mit der Nutzung eines veralteten Modells ein Kompromiss eingegangen, um die Evaluierung mit realen Daten zu ermöglichen. Für zukünftige Fallstudien gilt es zu prüfen, ob neuere Sprachmodelle datenschutzkonform genutzt werden können, um etwaige Effektivitäts- oder Effizienzsteigerungen zu beurteilen.

Eine formelle Limitation besteht in der Dokumentation der Fallstudie, da die erzeugten Graphen nicht als HTML-Datei in der vorliegenden Arbeit verfügbar gemacht werden können. Funktionalitäten wie das Zoomen oder die Anzeige des Anforderungstexts, wenn der Cursor auf den entsprechenden Knoten bewegt wird, erhöhen die Lesbarkeit des Graphen, können jedoch an dieser Stelle nur statisch und somit eingeschränkt dargestellt werden.

Abschließend folgt aus der Reflexion der Fallstudie, dass die Anwendung des Prototypens unter Limitationen erfolgreich war. Die Ergebnisse gelten als Indikatoren dafür, dass es sich um ein wiederholbares Systemverhalten handelt und die Methodik effektiv ist und Potentiale zur Effizienzsteigerung in vergleichbaren Prozessen des Anforderungsmanagements bietet. Es gilt jedoch die zuvor beschriebenen Limitationen zu berücksichtigen und die Funktionalität sowie den Mehrwert in hinreichend abgegrenzten Fallstudien zu untersuchen, um auf eine Allgemeingültigkeit schließen zu können.

6.4.2 Reflexion des Methodikkonzeptes sowie der gestellten Anforderungen

In Kapitel 4.2 sind Anforderungen an die Methodik formuliert, wobei eine Unterscheidung zwischen inhaltlichen und formalen Anforderungen vorgenommen wird. In Tabelle 6-2 sind diese Anforderungen zusammengefasst und mit dem Ergebnis einer kritischen Reflexion ergänzt.

Inhaltliche Anforderungen

Inhaltlich wurden fünf Anforderungen an die Methodik gestellt, die wie folgt reflektiert werden können. Durch die Wahl datenbasierter Methoden und der Gestaltung eines wissensbasierten Informationssystems für die Entscheidungsunterstützung im Anforderungsmanagement kann der Prozess der Vernetzung vollständig automatisiert werden. Zusätzlich wird mittels eines Erklärungsmodells ein methodisches Vorgehen beschrieben, um das entstandene komplexe semantische Netz einerseits Kontext-spezifisch und andererseits automatisiert zu reduzieren. Somit wird die iterative Produktentwicklung unterstützt und die Informationsbereitstellung für die notwendigen Tracing-Prozesse der Anforderungsverwaltung automatisierbar. Die inhaltliche Anforderung der Unterstützung der Analyse bestehender Anforderungsdokumentationen wird somit als erfüllt betrachtet.

Die semantische Analyse zur Vernetzung von Anforderungen erfordert die Betrachtung der Satzsemantik, was in der Methodik mittels der Nutzung von LLM umgesetzt werden kann. Hierbei gilt einschränkend, dass die Nutzbarkeit nur für deutschsprachige Anforderungen erprobt und für englischsprachige Anforderungen im Rahmen der Fallstudie belegt ist. Dies sind beides germanische Sprachen, die jedoch eine nennenswerte Überschneidung mit den Sprachen der romanischen oder neulateinischen Sprachfamilie haben. Die Annahme, dass die Algorithmen somit auch für weitere Sprachen der neulateinischen Sprachfamilie geeignet sind, liegt hierin begründet. Es gilt jedoch zu berücksichtigen, dass entsprechende Sprachmodelle notwendig sind, was nicht für alle Sprachen gegeben ist. Eine Aussage hinsichtlich der Eignung für andere Sprachfamilien kann aufgrund der fehlenden Expertise des Autors und somit einer fehlenden Überprüfung nicht gegeben werden. Somit gilt die Anforderung des Verständnisses natürlicher Sprache als elementarem Bestandteil der Formulierung von Anforderungen als bedingt erfüllt.

Die Methodik nutzt aktuelle Graph-basierte Methoden und beschreibt ein Vorgehen, das mittels Graphdatenbanken realisiert wird. Somit gilt die Anforderung einer Graph-basierten Wissensrepräsentation als erfüllt. Zusätzlich wurde ein Vorgehen beschrieben, das eine Unterscheidung zwischen der Vernetzung und der Darstellung des kontext-bezogenen Ergebnisses vorsieht. Hierdurch ist eine Methodik beschrieben, welche die Potentiale der datenbasierten Ansätze für eine effiziente Erstellung der Graphen nutzt. Die Speicherung in einer Graphdatenbank, die technologisch dazu geeignet ist auch große Datenmengen zu verwalten, ermöglicht eine nahezu grenzenlose Erweiterung des semantischen Netzes. Durch die kontextbezogene Auswertung des Graphen zur Darstellung, bleibt eine effiziente Analyse der Wissensrepräsentation gewährleistet. Da jedoch keine Evaluierung der entwickelten Methodik mit Anforderungen diverser Domänen möglich war, kann eine Skalierbarkeit über die Grenzen einer einzelnen Domäne nicht gewährleistet werden. Die inhaltliche Anforderung an die Skalierbarkeit und die Effizienz gilt somit nur als bedingt erfüllt.

Die erzeugten semantischen Netze basieren auf korpus-basierten Methoden zur Ähnlichkeitsanalyse. Da diese Analysen wiederum auf einer menschlich nicht nachvollziehbaren Vektorisierung basieren, wurde mittels der Verwendung von Struktur- und Konzept-Knoten eine Interpretation der Ähnlichkeit und eine indirekte Vernetzung der Anforderungen ermöglicht. Die Fallstudie zeigt hierbei ein hohes Potential hinsichtlich der Effektivität und der möglichen Effizienzsteigerung im realen Prozess, was eine Praxistauglichkeit impliziert.

Formale Anforderungen

Die Reflexion der formalen Anforderung einer empirischen Richtigkeit lässt auf eine Erfüllung der Anforderung schließen. Dies wird damit begründet, dass sich die beschriebenen Algorithmen der Detaillierung der Methodik als geeignet für die Erstellung eines praxistauglichen, zweckbezogenen und produktiven Software-Prototypen erweisen. Somit werden die relevanten Systemelemente hinreichend adressiert. Dies wird in der Methodik explizit in einer beschreibenden Modellierung berücksichtigt. Somit liegt eine Systembeschreibung vor, die kontinuierlich ergänzt oder differenziert werden kann, um eine Adaption der Methodik zu ermöglichen.

Durch die umfangreiche Dokumentation der grundlegenden Theorie, die Analyse bestehender Ansätze sowie der strukturierten Vorgehensweise in der Konzeption, der Detaillierung und der Evaluierung wird eine formal einwandfreie Form und Funktion der Methodik und eine nachvollziehbare Wahl geeigneter Methoden impliziert. Der Quellcode des Software-Prototypen ist aufgrund des Umfangs nicht in der schriftlichen Fassung der Arbeit verfügbar, liegt jedoch am Lehrstuhl für Produktionssystematik des Werkzeugmaschinenlabor WZL der RWTH Aachen vor. Durch die umfangreiche Dokumentation und die Zusammenführung unterschiedlicher wissenschaftlicher Disziplinen, ist die Basis für einen offenen Forschungsprozess geschaffen worden. Der entwickelte Ordnungsrahmen lässt es zu, dass eine Adaption der Methodik auch für die einzelnen Teilmodelle möglich ist. Weitere Forschungsaktivitäten hierzu sind initiiert. Somit wird die wissenschaftliche Ergiebigkeit als erfüllt betrachtet.

Hinsichtlich der Handhabbarkeit muss eine differenzierte Reflexion stattfinden, da hierbei zwischen der Erzeugung der Methodik und der Anwendung für die Erstellung des Software-Prototyps sowie der Erstellung und Anwendung des Software-Prototypen unterschieden werden muss. Die Erzeugung der Methodik forderte einen mehrjährigen iterativen Forschungsprozess, der mit der vorliegenden Arbeit zusammenfassend beschrieben wird. Da für das Forschungsvorhaben multiple unterschiedliche Wissenschaftsdisziplinen analysiert werden müssen, um das Anforderungs- und Wissensmanagement, die Sprach- und Kognitionsforschung sowie die notwendigen Grundlagen der Informatik zu verstehen, findet in der Ergebnisdarstellung in Form der entwickelten Methodik eine Verkürzung statt. Die Beurteilung einer Verhältnismäßigkeit des hohen Aufwands für die Erzeugung der Methodik kann dabei nicht dem Autor obliegen. Es konnte jedoch gezeigt werden, dass die entwickelte Methodik dazu geeignet ist, um daraus in einem multidisziplinären Team einen entsprechenden Software-Prototypen zu entwickeln und eine Einbindung in die bestehende Umgebung eines Automobil OEM zu ermöglichen. Dennoch gilt es zu berücksichtigen, dass die Erstellung des Software-Prototypen ein aufwendiger Prozess ist und auch die Anwendung selbst Voraussetzungen fordert, die in der Praxis zu erheblichen Aufwand führen können. Hierzu sind exemplarisch eine Datenschutz-konforme Vereinbarung zum Datenaustausch zwischen Industrie und Forschung, die Vorbereitung und die Bereitstellung der Daten in einem konsistenten Format sowie die Gestaltung einer Schnittstelle zwischen dem Software-Prototypen und bestehenden Systemen zu nennen. Hinzu kommt die notwendige Unterweisung der Nutzer, sodass diese Anforderung nur bedingt als erfüllt gilt. Die methodische Herangehensweise zur Analyse des Zielsystems, stellt ebenfalls primär einen wissenschaftlichen Mehrwert dar, da sie für ein kommunizierbares Verständnis vom System und der berücksichtigten Systemumgebung genutzt werden kann. In der Anwendung zeigt sich jedoch, dass eine derartige abstrakte Darstellung für den Relevance-Zyklus eine geringe Praxistauglichkeit darstellt.

Tabelle 6-2: Reflexion der inhaltlichen und formalen Anforderungen

Inhaltliche Anforderungen	**Erfüllt?**
Unterstützung der Analyse durch Automatisierung	Ja
Verständnis der natürlichen Sprache	Ja (bedingt)
Graph-basierte Wissensrepräsentation	Ja
Skalierbarkeit und Effizienz	Ja (bedingt)
Praxistauglichkeit	Ja
Formale Anforderungen	**Erfüllt?**
Empirische richtig	Ja
Zweck-bezogenes produktives Erzeugnis	Ja
Formal einwandfrei	Ja
Nachvollziehbare Wahl bestehender Theorien	Ja
Handhabbar mit geringem Aufwand in der Erzeugung sowie der Anwendung	Ja (bedingt)
Ergiebig für wissenschaftliche Aktivitäten	Ja

6.4.3 Reflexion der Forschungsmethodik

Das Forschungsvorhaben selbst sowie die vorliegende Dokumentation sind in Anlehnung an die Forschungsmethodologie der DSR gestaltet worden. Dies bedingt eine stetige Berücksichtigung der beiden Zyklen. Dies erweist sich im Betrachtungsbereich der Arbeit als geeignet. Für die Gestaltung eines Informationssystems im Anforderungsmanagement, das durch NLP unterstützt wird, müssen unterschiedliche Domänen hinreichend verstanden werden. Dies bringt unterschiedliche Herausforderungen mit sich. Der Relevance-Zyklus wird durch ein komplexes reales System bestimmt. Veränderungen im betrieblichen Anforderungsmanagement sind hierbei weniger eine Herausforderung, da es verhältnismäßig gut etablierte Prozesse sind. Gleichzeitig sind hierbei diverse Stakeholder und Systeme beteilig, sodass eine Strukturierung zur Identifikation der Herausforderungen und Fragestellungen herausfordernd ist. Der Rigor-Zyklus hingegen wird bestimmt durch den kurzzyklischen Fortschritt im Bereich der maschinellen Verarbeitung von natürlicher Sprache, sodass beispielsweise ein Chat-GPT zu Beginn des Forschungsvorhabens noch nicht verfügbar war, mittlerweile jedoch etabliert ist. Die Anlehnung an die DSR hilft bei der Strukturierung des Forschungsvorhabens und bei der Synchronisation des Erkenntnisgewinns aus den jeweiligen Zyklen. Indem in vorausgehenden Iterationen, dem Software-Prototypen und dieser abschließenden Dokumentation anwendbare Erzeugnisse bzw. eine Ergänzung der bestehenden wissenschaftlichen Grundlage geschaffen wird, entspricht das Vorgehen der DSR, welche somit als geeignet für das beschriebene Forschungsvorhaben bestätigt werden kann.

7 Zusammenfassung und Ausblick

Der globale Bedarf nach nachhaltiger Produktentstehung und die gleichzeitige Verkürzung der Zyklen des technologischen Fortschritts erfordern eine Anpassung der Produktentwicklungsprozesse. Das Anforderungsmanagement hat hierbei eine zentrale Funktion, da Anforderungen ein Entwicklungsergebnis sind, anhand dessen alle nachfolgenden Entwicklungsergebnisse überprüft werden. Dies führt dazu, dass die Sammlungen der Anforderungen zunehmend umfangreicher werden, wobei deren inhaltliche Konsistenz gewährleistet bleiben muss. Da auch im 21. Jahrhundert der größte Teil der explizierten Anforderungen natürlich sprachlich formuliert wird, sind die notwendigen disziplin-übergreifenden durch Menschen iterativ durchgeführten Analysen im Anforderungsmanagementprozess zur Identifikation von Abhängigkeiten nur bei geringer Prozesseffizienz möglich. Dennoch sind diese bei der Spezifikation der Anforderungen im Sinne der Vermeidung von Zielkonflikten unvermeidbar. Somit muss ein Weg beschrieben werden, der bei hinreichender Genauigkeit die Interdependenzen von natürlich sprachlich formulierten Anforderungen für das Anforderungsmanagement mit gesteigerter Prozesseffizienz bewertbar macht. Hierbei zeigen die Methoden zur Verarbeitung natürlich sprachlichen Texts mittels künstlicher Intelligenz ein hohes Potential in diesem Kontext für die Analyse und Ergebnisdarstellung operationalisiert zu werden, sodass hierzu der Forschungsprozess der vorliegenden Arbeit motiviert sowie initiiert wurde.

In der Exposition der Arbeit wird diese einleitende Motivation dargelegt und die Zielsetzung der Arbeit formuliert. Diese besteht darin, eine Methodik zu entwickeln, um nachvollziehbar zu machen, wie Interdependenzen von natürlich sprachlich formulierten Anforderungen mit datenbasierten Methoden transparent gemacht werden können. Komplementär dazu wird das Forschungsobjekt in die Wissenschaftssystematik nach ULRICH und HILL eingeordnet sowie ein Aufbau der Arbeit beschrieben. Der Forschungsprozess ist nach dem Ordnungsrahmen der Design Science Research für Informationssysteme gestaltet und der Aufbau der Arbeit folgt einem linearisierten DSR-Prozess nach PEFFERS ET AL.. Dies führt zu einem Aufbau in sieben Kapiteln, wobei die vorausgehenden sechs Kapitel nachfolgend zusammengefasst und in einen Ausblick notwendiger weiterer Forschungsbedarfe überführt werden.

Im zweiten Kapitel der Arbeit werden die grundlegenden Theorien und Methoden beschrieben, um somit die Überprüfung der bestehenden Ansätze zur Lösung der identifizierten Herausforderungen im dritten Kapitel zu fundieren. Dieses Vorgehen entspricht dem Rigor-Zyklus gemäß der Forschungsmethodik. Somit können die ebenfalls im dritten Kapitel beschriebenen Herausforderungen der Praxis der Wissenschaftsgrundlage gegenübergestellt werden und der Forschungsbedarf präzisiert werden. Inhaltlich kann dies wie folgt zusammengefasst werden: Die Beschreibung der Abhängigkeiten zwischen natürlich sprachlich formulierten Anforderungen findet an diversen Stellen und durch diverse Prozessbeteiligte statt, sodass eine Analyse der Abhängigkeiten aus unterschiedlichen Perspektiven möglich sein muss und die Darstellung des Analyseergebnisses kontextualisiert erfolgen muss. Wissenstheoretisch wird belegt, dass eine visuelle Darstellung nicht nur ein schnelleres Erfassen der bereitgestellten Informationen ermöglicht, sondern auch den notwendigen Kontext schaffen kann, um bereitgestellten Informationen in individuelles Wissen zur Entscheidungsunterstützung zu überführen. Semantische Netze sind hierzu geeignet, aber deren manuelle Erstellung wird als aufwändig beschrieben. Bei der Analyse der bestehenden Ansätze, welche die semantische Analyse von natürlich sprachlichem Anforderungen sowie deren Darstellung fokussiert, wird deutlich, dass die verfügbaren Methoden zur semantischen Analyse hinsichtlich der Skalierbarkeit oder der anwendungsgerechten Darstellung des Analyseergebnisses Defizite aufzeigen. Gleichzeitig kann belegt werden, dass der Einsatz von korpusbasierten Methoden die semantische Analyse von Domänen-spezifischen Texten ermöglicht.

Die identifizierten Defizite und Potentiale werden im vierten Kapitel genutzt, um einen Ordnungsrahmen und Anforderungen für die zu entwickelnde Methodik zu formulieren. Das Ziel der kontextspezifischen Darstellung vernetzter Anforderungen soll dabei erreicht werden, indem die Anforderungen in eine graphenbasierte Darstellung überführt werden, welche die zuvor zu erzeugende Vernetzung repräsentieren können. Zusätzlich wird im Sinne des Pragmatismus beschrieben, dass die Möglichkeit zur kontextspezifischen Auswertung der Vernetzung zu entwickeln ist. Hierzu werden Zustände und die Übergänge der Methodik definiert, anhand derer drei Teilmodelle konzipiert werden.

Die Detaillierung der Teilmodelle erfolgt im fünften Kapitel. Hier werden die drei Teilmodelle in einem konsekutiven Ablauf eines Beschreibungs-, Gestaltungs- sowie Erklärungsmodells beschrieben. Das Beschreibungsmodell dient dazu, das Zielsystem zu beschreiben, sodass die Abhängigkeiten der Systemelemente für die nachfolgende Gestaltung des Lösungsbeitrags transparent werden. Ebenso kann eine Einschränkung des Betrachtungsraums nachvollziehbar gemacht werden. Hierzu wird eine Adaption des methodischen Vorgehens zur Erstellung eines morphologischen Kastens beschrieben und mit Aspekten der Entity-Modellierung ergänzt. Das darauffolgende Gestaltungsmodell beschreibt zunächst eine zum Zielsystem komplementäre Systemarchitektur für ein wissensbasiertes Informationssystem basierend auf einer Graphdatenbank. Die Systemarchitektur wird genutzt, um nachfolgende Algorithmen zur semantischen Vernetzung der Anforderungen zu verorten. Hierbei wird die Verwertung von explizitem Wissen in einem Knowledge-Layer beschrieben. Ein weiterer Layer ist der Concept-Map-Layer. Im Concept Map Layer wird beschrieben, wie mittels der Extraktion von Begriffen, sogenannter Konzepte, und korpusbasierter Methoden zur Vektorisierung der erzeugte Graph semantisch angereichert werden kann. Die Überlagerung der Ergebnisse der beiden Layer führt zu einem semantischen Netz, das im nachfolgenden Erklärungsmodell für die semantische Suche operationalisiert wird. Das Erklärungsmodell beschreibt hierzu den Ablauf unterschiedlicher Algorithmen, die zur Reduzierung des Graphen führt, sodass ein menschenlesbarer Graph entsteht, der die semantische Vernetzung im Kontext einer Suchanfrage darstellt. Dieser kann zur Entscheidungsunterstützung hinsichtlich der Bewertung der Interdependenzen von Anforderungen herangezogen werden. Mittels dieser Modelle wird eine Antwort auf die initial formulierte Forschungsfrage gegeben.

Das sechste Kapitel gibt die Evaluierung der Methodik wieder. Hierzu wird eine Fallstudie auf Basis realer Daten im realen System beschrieben. Es wird gezeigt, dass die entwickelte Methodik bzw. der entwickelte Software-Prototyp effektiv und effizienzsteigernd eingesetzt werden kann. Abschließend wird im sechsten Kapitel sowohl die Fallstudie als auch das Methodikkonzept und die Eignung der Forschungsmethodik reflektiert. Hierbei zeigt sich, dass eine Allgemeingültigkeit hinsichtlich der Effektivität und der Effizienzsteigerung nicht uneingeschränkt gegeben ist, jedoch eine hinreichende Basis für folgende Forschungsaktivitäten geschaffen wurde.

Die Lösungshypothese der Arbeit postuliert, dass bestehende Methoden zur Verarbeitung natürlich sprachlicher Texte mittels künstlicher Intelligenz, ergänzt durch geeignete Methoden der Wissensrepräsentation, für die notwendige semantische Vernetzung im Anforderungsmanagement genutzt werden können. Die beschriebene Methodik greift dies auf, indem zwischen zwei Modellen unterschieden wird. Dies ist zum einen die Vernetzung und zum anderen die Darstellung der Vernetzung zur Auswertung durch den Menschen. Diese beiden Modelle sind in der Arbeit als Artefakte im Sinne einer Iteration funktionsfähig beschrieben und demonstriert, bieten jedoch Potential für weitere Forschung. Zunächst wird die Vernetzung betrachtet: Das Beschreibungsmodell der Arbeit definiert Anforderungen und Relationen als das zentrale Sachsystem. Im Rahmen der Arbeit werden jedoch ausschließlich natürlich sprachlich formulierte Anforderungen in Textform berücksichtigt. Eine Erweiterung des Sachsystems, sodass nicht nur Anforderungen, sondern auch andere natürlich sprachliche Entwicklungsergebnisse wie beispielsweise Berichte, Normen oder Richtlinien berücksichtigt und vernetzt werden können, würde das horizontale Tracing erleichtern und effiziente Produktentwicklungsprozesse unterstützen. Hinsichtlich der Relationen ist in der vorliegenden Arbeit die semantische Ähnlichkeit betrachtet worden. Der folgende Schritt der Beurteilung hinsichtlich der Abhängigkeit der Anforderungen eines Netzes wird nicht automatisiert. Es gilt zu prüfen, ob eine Erweiterung der Methodik um einen logischen Vergleich der semantisch vernetzten Anforderungen möglich ist, sodass die Abhängigkeit klassifiziert werden kann. Wichtig ist jedoch, dass nicht nur die Vernetzung, sondern auch eine skalierbare Operationalisierung der Vernetzung in Form einer geeigneten Darstellung berücksichtigt wird. Hierbei ist zunächst eine Weiterentwicklung des Such-Algorithmus aussichtsreich, um die Relevanz der Ergebnisse an den Nutzer anzupassen. Es ist vorstellbar, dass die Darstellung des Ergebnisses auf Basis eines Nutzerprofils erzeugt wird, sodass die Gewichtung der Ergebnisse der unterschiedlichen semantischen Analysen an die Rolle und die Vorerfahrung des Nutzers angepasst werden. Indem dynamische Graphen erzeugt werden, sollte auch eine nutzerspezifische Erweiterung des Graphens möglich sein, sodass einzelne Pfade oder Knoten detaillierter betrachtet werden können. Im Fall einer erfolgreichen Implementierung eines logischen Vergleichs, kann die Darstellung beispielsweise auch um die Anzeige von Widersprüchen erweitert werden.

8 Literatur

Abraham, A.; Castillo, O.; Virmani, D. (2021)
Proceedings of 3rd International Conference on Computing Informatics and Networks - ICCIN 2020, 1st ed. 2021; Springer Singapore; Imprint Springer, Singapore, 2021.

Abts, D.; Mülder, W. (2017)
Grundkurs Wirtschaftsinformatik - Eine kompakte und praxisorientierte Einführung, 9., erweiterte und aktualisierte Auflage; Springer Vieweg, Wiesbaden, Heidelberg, 2017.

Aier, S.; Fischer, C. (2011)
Criteria of progress for information systems design theories. In: Information Systems and e-Business Management, Nr. 1, 9. Jg., 2011, S. 133 - 172.

Alessandro Moschitti, Q.; Bo Pang, G.; Walter Daelemans, U. (2014)
Proceedings of the 2014 Conference on Empirical Methods in Natural Language Processing (EMNLP), Association for Computational Linguistics, Stroudsburg, PA, USA (2014)

Alpar, P.; Alt, R.; Bensberg, F.; Weimann, P. (2019)
Anwendungsorientierte Wirtschaftsinformatik: Strategische Planung, Entwicklung und Nutzung von Informationssystemen, Springer-Verlag, 2019.

Anderson, J. R. (1983)
The architecture of cognition, 3. printing; Harvard Univ.Pr, Cambridge, Mass., 1983.

Aßmann, U.; Demuth, B.; Spitta, T.; Püschel, G.; Kaiser, R. (2015)
Software Engineering and Management 2015,, 2015.

Asyrofi, R.; Siahaan, D.; Priyadi, Y. (2020)
Extraction Dependency Based on Evolutionary Requirement Using Natural Language Processing. In: Institute of Electrical and Electronics Engineers (IEEE)

(Hrsg.): 2020 3rd International Seminar on Research of Information Technology and Intelligent Systems (ISRITI), IEEE, 2020, S. 332 - 337.

Baars, H.; Kemper, H.-G. (2008)
Management Support with Structured and Unstructured Data—An Integrated Business Intelligence Framework. In: Information Systems Management, Nr. 2, 25. Jg., 2008, S. 132 - 148.

Balzert, H. (2009)
Lehrbuch der Softwaretechnik: Basiskonzepte und Requirements Engineering, Spektrum Akademischer Verlag, Heidelberg, 2009.

Balzert, H. (2009)
Problem vs. Lösung. In: Balzert, H. (Hrsg.): Lehrbuch der Softwaretechnik: Basiskonzepte und Requirements Engineering, Spektrum Akademischer Verlag, Heidelberg, 2009, S. 437 - 438.

Balzert, H. (2011)
Lehrbuch der Softwaretechnik, 3. Aufl.; Spektrum Akad. Verl., Heidelberg, 2011.

Bauer, W.; Warschat, J. (2021)
Smart Innovation durch Natural Language Processing - Mit Künstlicher Intelligenz die Wettbewerbsfähigkeit verbessern, Hanser, München, 2021.

Bauknecht, K.; Zehnder, C. A. (1989)
Grundzüge der Datenverarbeitung - Methoden und Konzepte für die Anwendungen ; mit 14 Tabellen, 4., überarb. Aufl.; Teubner, Stuttgart, 1989.

Baumgart, I. (2016)
Requirements Engineering. In: Lindemann, U. (Hrsg.): Handbuch Produktentwicklung, Hanser, München, 2016, S. 425 - 453.

Bender, B.; Gericke, K. (2016)
Entwicklungsprozesse. In: Lindemann, U. (Hrsg.): Handbuch Produktentwicklung, Hanser, München, 2016, S. 399 - 424.

Berners-Lee, T.; Hendler, J.; Lassila, O. (2001)
The Semantic Web: A New Form of Web Content That is Meaningful to Computers Will Unleash a Revolution of New Possibilities. In: ScientificAmerican.com, Nr. 284, 2001, S. 34 - 43.

Binder, V. A.; Kantowsky, J. (1996)
Technologiepotentiale - Neuausrichtung der Gestaltungsfelder des Strategischen Technologiemanagements, Deutscher Universitätsverlag, Wiesbaden, s.l., 1996.

Binz, H.; Roth, D.; Laukemann, A. (2016)
Wissensmanagement. In: Lindemann, U. (Hrsg.): Handbuch Produktentwicklung, Hanser, München, 2016, S. 247 - 274.

Blessing, L. T.; Chakrabarti, A. (2009)
DRM, a Design Research Methodology, Springer London, London, 2009.

Blumberg, R.; Shaku, A. (2003)
The problem with unstructured data,, 2003.

Bondy, J. A.; Murty, U. S. R. (2008)
Graph theory, second [corrected] printing; Springer, New York, 2008.

Booth, A. (2006)
"Brimful of STARLITE": toward standards for reporting literature searches. In: Journal of the Medical Library Association, Nr. 4, 94. Jg., 2006, 421-9, e205.

Brandmeier, M. (2020)
Ganzheitliches ontologiebasiertes Wissensmanagement im Umfeld der industriellen Produktion, Dissertation, Friedrich-Alexander-Universität Erlangen-Nürnberg; FAU University Press ein Imprint der Universität Erlangen-Nürnberg, 2020.

Bühne, S.; Herrmann, A. (2015)
Handbuch Requirements Management nach IREB Standard,, 2015.

Bullinger, H.-J.; Spath, D.; Warnecke, H.-J.; Westkämper, E. (2009)
Handbuch Unternehmensorganisation - Strategien, Planung, Umsetzung, 3. Aufl. 2009; Springer Berlin Heidelberg, Berlin, Heidelberg, 2009.

Burggräf, P.; Borgweiler, C.; Fiedler, F.; Slawik, V.; Recker, J. (2022)
Conceptualization of the use of Artificial Intelligence for Interdependencies Analysis in Requirements Engineering, Hannover : publish-Ing, 2022.

Carrillo de Gea, J.; Ebert, C.; Hosni, M.; Vizcaino, A.; Nicolas, J.; Fernandez-Aleman, J. (2021)
Requirements Engineering Tools: An Evaluation. In: IEEE Software, Nr. 3, 38. Jg., 2021, S. 17 - 24.

Carstensen, K.-U.; Ebert, C.; Ebert, C.; Jekat, S. J.; Klabunde, R.; Langer, H. (2010)
Computerlinguistik und Sprachtechnologie - Eine Einführung, 3. Aufl. 2010; Spektrum Akademischer Verlag, Heidelberg, 2010.

Chatterjee, R.; Ahmed, A.; Rose Anish, P.; Suman, B.; Lawhatre, P. (2021)
A Pipeline for Automating Labeling to Prediction in Classification of NFRs. In: Institute of Electrical and Electronics Engineers (IEEE) (Hrsg.): 2021 IEEE 29th International Requirements Engineering Conference (RE), IEEE, 2021, S. 323 - 333.

Chen, J.; Saad, Y.; Zhang, Z. (2022)
Graph coarsening: from scientific computing to machine learning. In: SeMA Journal, Nr. 1, 79. Jg., 2022, S. 187 - 223.

Chen, P. (1976)
The entity-relationship model—toward a unified view of data. In: ACM Transactions on Database Systems, Nr. 1, 1. Jg., 1976, S. 9 - 36.

Cholewinski, P.; Kellner, M. (2024)
Automotive R&D Transformation: Optimizing gen AI's potential value, McKinsey & Company, 2024.

Christen, P. (2012)
Data matching - Concepts and techniques for record linkage, entity resolution, and duplicate detection, Springer, Berlin, Heidelberg, 2012.

Chui, M. (2023)
The state of AI in 2023: Generative AI` s breakut year, 2023

Chui, M.; Hazan, E.; Roberts, R. (2023)
The economic potential of generative AI - The next productivity frontier, 2023

Dangelmaier, W. (2017)
Produktionstheorie 1 - Methodische Grundlagen, Springer Berlin Heidelberg, Berlin, Heidelberg, 2017.

Dangelmaier, W. (2017)
Sprachausdrücke, Logik, Schlüsse. In: Dangelmaier, W. (Hrsg.): Produktionstheorie 1 - Methodische Grundlagen, Springer Berlin Heidelberg, Berlin, Heidelberg, 2017, S. 1 - 98.

Das, S.; Deb, N.; Cortesi, A.; Chaki, N. (2021)
Sentence Embedding Models for Similarity Detection of Software Requirements. In: SN Computer Science, Nr. 2, 2. Jg., 2021

Deloitte (2019)
Wisdom of Enterprise Knowledge Graphs. URL: https://www2.deloitte.com/content/dam/Deloitte/de/Documents/operations/knowledge-graphs-pov.pdf&ved=2ahUKEwiwjOCwmMS-FAxVGgv0HHSeFBdcQFnoECBMQAQ&usg=AOvVaw1I_rlXFq_72pRxsTs66K5b, zuletzt geprüft am 31.03.2024.

Dengel, A. (2011)
Semantische Technologien - Grundlagen. Konzepte. Anwendungen, Spektrum Akademischer Verlag, Heidelberg, 2011.

Deshpande, G.; Motger, Q.; Palomares, C.; Kamra, I.; Ruhe, G.; Ho, J. (2020)
Requirements Dependency Extraction by Integrating Active Learning with Ontology-Based Retrieval, 2020, S. 78 - 89.

Deshpande, G.; Sheikhi, B.; Chakka, S.; Zotegouon, D.; Ruhe, G. (2021)
Is BERT the New Silver Bullet? - An Empirical Investigation of Requirements Dependency Classification, 2021, S. 136 - 145.

Deutsches Institut für Normung e.V. (2009)
DIN 69901-5:2009, DIN Media, Berlin, 2009.

Deutsches Institut für Normung e.V. (2015)
DIN EN ISO 9001:2015, DIN Media, Berlin, 2015.

Deutsches Institut für Normung e.V. (2020)
Deutsche Normungsroadmap Künstliche Intelligenz,, 2020.

Diestel, R. (2017)
Graph theory, Fifth edition; Springer, Berlin, Heidelberg, 2017.

Doh, R. F. (2022)
A Systematic Review of Deep Knowledge Graph-Based Recommender Systems, with Focus on Explainable Embeddings, 2022

Dörner, D. (2011)
Die Logik des Misslingens - Strategisches Denken in komplexen Situationen, 1. Aufl.; Rowohlt Digitalbuch, Reinbek, 2011.

Duwe, J.; Kidambi, R. (2023)
Unleashing the power of AI in R&D. URL: https://www.rolandberger.com/en/Insights/Publications/AI-in-R-D-will-lead-to-more-innovative-products-and-more-efficient-processes.html, zuletzt geprüft am 19.10.2024.

Ebert, C.; Jastram, M. (2012)
ReqIF: Seamless Requirements Interchange Format between Business Partners. In: IEEE Software, Nr. 5, 29. Jg., 2012, S. 82 - 87.

Ehling, U. (2022)
Responsible AI - Studie zum verantwortungsvollen Umgang mit künstlicher Intelligenz, insbesondere in kleinen und mittleren Unternehmen,, 2022.

Ehrlenspiel, K. (2009)
Integrierte Produktentwicklung - Denkabläufe, Methodeneinsatz, Zusammenarbeit, 4., aktualisierte Aufl., [elektronische Ressource]; Hanser, München, 2009.

Ehrlenspiel, K.; Meerkamm, H. (2017)
Integrierte Produktentwicklung - Denkabläufe, Methodeneinsatz, Zusammenarbeit, 6., überarbeitete und erweiterte Auflage; Carl Hanser Verlag, München, 2017.

Eigner, M.; Roubanov, D.; Zafirov, R. (2014)
Modellbasierte virtuelle Produktentwicklung, Springer Vieweg, Berlin, Heidelberg, 2014.

Elekes, Á.; Englhardt, A.; Schäler, M.; Böhm, K. (2020)
Toward meaningful notions of similarity in NLP embedding models. In: International Journal on Digital Libraries, Nr. 2, 21. Jg., 2020, S. 109 - 128.

Embedded Software Engineering Kongress (2023a)
Tagungsband - Embedded Software Engineering Kongress 2023, 4. bis 8. Dezember ; Preconference 1. Dezember 2023, Vogel Communications Group, Würzburg (2023a)

Eriksson, M.; Hallberg, V. (2011)
Comparison between JSON and YAML for data serialization,, 2011.

Ertel, W. (2016)
Grundkurs Künstliche Intelligenz - Eine praxisorientierte Einführung, 4., überarbeitete Auflage; Springer Vieweg, Wiesbaden, 2016.

Eversheim, W.; Schuh, G. (2005)
Integrierte Produkt- und Prozessgestaltung, 1st ed. 2005; Springer Berlin Heidelberg; Imprint: Springer, Berlin, Heidelberg, 2005.

Fayyad, U.; Piatetsky-Shapiro, G.; Smyth, P. (1996)
From Data Mining to Knowledge Discovery in Databases. In: AI Mag, 17. Jg., 1996, S. 37 - 54.

Feldhusen, J.; Grote, K.-H. (2013)
Pahl/Beitz Konstruktionslehre - Methoden und Anwendung erfolgreicher Produktentwicklung, 8. Aufl. 2013; Springer Berlin Heidelberg, Berlin, Heidelberg, 2013.

Ferstl, O. K.; Sinz, E. J. (2015)
Grundlagen der Wirtschaftsinformatik, Walter de Gruyter GmbH & Co KG, 2015.

Floyd, C. (2002)
Stufen zur Informationsgesellschaft - Festschrift zum 65. Geburtstag von Klaus Fuchs-Kittowski, Lang, Frankfurt am Main, Berlin, Bern, Bruxelles, New York, Oxford, Wien, 2002.

Freimark; Alexander Jake (2023)
Applied AI 2023, Die Studienreihe, 2023.

Fricke, E.; Gebhard, B.; Negele, H.; Igenbergs, E. (2000)
Coping with changes: Causes, findings, and strategies. In: Systems Engineering, Nr. 4, 3. Jg., 2000, S. 169 - 179.

Fuchs-Kittowski, K. (2002)
Wissens-Ko-Produktion - Verarbeitung, Verteilung und Entstehung von Informationen in kreativ-lernenden Organisationen. In: Floyd, C. (Hrsg.): Stufen zur Informationsgesellschaft - Festschrift zum 65. Geburtstag von Klaus Fuchs-Kittowski, Lang, Frankfurt am Main, Berlin, Bern, Bruxelles, New York, Oxford, Wien, 2002, S. 59 - 125.

Funke, J. (2003)
Problemlösendes Denken, 1. Aufl.; Kohlhammer, Stuttgart, 2003.

Gabriel, R.; Gluchowski, P.; Pastwa, A. (2011)
Data warehouse & data mining, 1. Aufl., 1. Nachdr; W3L-Verl., Herdecke, Witten, 2011.

García, S.; Fernández-y-Fernández, C.; Pérez, E. (2023)
Classification of Non-functional Requirements Using Convolutional Neural Networks. In: Programming and Computer Software, Nr. 8, 49. Jg., 2023, S. 705 - 711.

Gausemeier, J.; Plass, C. (2014)
Zukunftsorientierte Unternehmensgestaltung - Strategien, Geschäftsprozesse und IT-Systeme für die Produktion von morgen, 2. Auflage; Carl Hanser Verlag, München, 2014.

Gebauer, M.; Windheuser, U. (2008)
Strukturierte Datenanalyse, Profiling und Geschäftsregeln. In: Hildebrand, K./Gebauer, M./et al. (Hrsg.): Daten- und Informationsqualität - Auf dem Weg zur Information Excellence, Vieweg+Teubner Verlag /GWV Fachverlage GmbH Wiesbaden, Wiesbaden, 2008, S. 88 - 101.

Geißler, S. (2020)
Natürliche Sprachverarbeitung und Künstliche Intelligenz – ein wachsender Markt mit vielen Chancen. In: Information - Wissenschaft & Praxis, Nr. 2-3, 71. Jg., 2020, S. 115 - 118.

Glinz, M. (2022)
Wörterbuch der Requirements Engineering Terminologie, 2.0.2. Aufl., 2022.

Glinz, M.; Staal, S.; Bühne, S.; van Louehoud, H. (2020)
Handbuch für das CPRE Foundation Level nach IREB Standard - Version 1.0.0,, 2020.

Goll, J. (2011)
Datenorientierte Modellierung mit dem Entity-Relationship-Modell. In: Goll, J. (Hrsg.): Methoden und Architekturen der Softwaretechnik, 1. Aufl.; Vieweg + Teubner, Wiesbaden, 2011, S. 257 - 273.

Goll, J. (2011)
Methoden und Architekturen der Softwaretechnik, 1. Aufl.; Vieweg + Teubner, Wiesbaden, 2011.

Google LLC (2024)
Audio terminology. URL: https://source.android.com/docs/core/audio/terminology?hl=en, zuletzt geprüft am 17.06.2024.

Google LLC (2024)
Dokumentation zum Android-Betriebssystem. URL: https://source.android.com/docs?hl=de, zuletzt geprüft am 10.06.2024.

Görz, G.; Schmid, U.; Braun, T. (2021)
Handbuch der Künstlichen Intelligenz, 6. Auflage; De Gruyter Oldenbourg, Berlin, Boston, 2021.

Grande, M. (2014)
100 Minuten Für Anforderungsmanagement - Kompaktes Wissen Nicht Nur Für Projektleiter und Entwickler, 2nd ed.; Springer Fachmedien Wiesbaden GmbH, Wiesbaden, 2014.

Gröpler, R.; Sudhi, V.; Kutty, L. (2022)
Automatisierte Modell- und Testgenerierung aus textuellen Anforderungen, 2022, S. 521 - 532.

Grunwald, A.; Hillerbrand, R. (2021)
Handbuch Technikethik, 2., aktualisierte und erweiterte Auflage; J. B. Metzler Verlag, Berlin, 2021.

Guan, H.; Cai, G.; Xu, H. (2024)
Automatic Requirement Dependency Extraction Based on Integrated Active Learning Strategies. In: Machine Intelligence Research, 2024

Guarino, N.; Oberle, D.; Staab, S. (2009)
What Is an Ontology. In: Staab, S./Studer, R. (Hrsg.): Handbook on ontologies, Second Edition; Springer, Berlin, Heidelberg, 2009, S. 1 - 17.

Gürtler, M.; Lindemann, U. (2016)
Innovationsmanagement. In: Lindemann, U. (Hrsg.): Handbuch Produktentwicklung, Hanser, München, 2016, S. 483 - 511.

Gutzmann, D. (2020)
Semantik - Eine Einführung, korrigierte Publikation; J.B. Metzler Verlag, Berlin, Heidelberg, 2020.

Han, J.; Kamber, M.; Pei, J. (2011)
Data mining - Concepts and techniques, 3rd ed (Online-Ausg.); Elsevier Morgan Kaufmann, Amsterdam, Boston, Heidelberg, 2011.

Hänsel, F.; Baumgärtner, S.; Kornmann, J.; Ennigkeit, F. (2016)
Kognition. In: Hänsel, F./Baumgärtner, S. D./et al. (Hrsg.): Sportpsychologie, Springer, Berlin, Heidelberg, 2016, S. 23 - 52.

Hänsel, F.; Baumgärtner, S.; Kornmann, J.; Ennigkeit, F. (2016)
Sportpsychologie, Springer, Berlin, Heidelberg, 2016.

Hansen, M. (1999)
The Search-Transfer Problem: The Role of Weak Ties in Sharing Knowledge across Organization Subunits. In: Administrative Science Quarterly, Nr. 1, 44. Jg., 1999, S. 82 - 111.

Härder, T. (1989)
Klassische Datenmodelle und Wissensrepräsentation. In: itit, Nr. 2, 31. Jg., 1989, S. 141 - 154.

Harm, V. (2015)
Einführung in die Lexikologie, wbg Academic, Darmstadt, 2015.

Harms, I.; Luckhardt, H.-D.; Giessen, H. W. (2006)
Information und Sprache - Beiträge zu Informationswissenschaft, Computerlinguistik, Bibliothekswesen und verwandten Fächern ; Festschrift für Harald H. Zimmermann, Saur, München, 2006.

Hashemi, M.; Gong, S.; Ni, J.; Fan, W.; Prakash, B. A.; Jin, W. (2024)
A Comprehensive Survey on Graph Reduction: Sparsification, Coarsening, and Condensation,, 29.01.2024.

Herrmann, A. (2022)
Grundlagen der Anforderungsanalyse - Standardkonformes Requirements Engineering, Springer Vieweg, Wiesbaden, Heidelberg, 2022.

Heßeler, A.; Hood, C.; Missling, C.; Stücka, R. (2004)
Anforderungsmanagement - Formale Prozesse, Praxiserfahrungen, Einführungsstrategien und Toolauswahl, Springer Berlin Heidelberg, Berlin, Heidelberg, s.l., 2004.

Hevner; March; Park; Ram (2004)
Design Science in Information Systems Research. In: MIS Quarterly, Nr. 1, 28. Jg., 2004, S. 75 - 106.

Hevner, A. (2007)
A Three Cycle View of Design Science Research. In: Scandinavian Journal of Information Systems, Nr. 19, 2007, S. 87 - 92.

Hevner, A. (2010)
Design Research in Information Systems - Theory and Practice, 1st ed.; Springer, Boston, 2010.

Hey, T.; Keim, J.; Koziolek, A.; Tichy, W. (2020)
NoRBERT: Transfer Learning for Requirements Classification, 2020, S. 169 - 179.

Hildebrand, K.; Gebauer, M.; Hinrichs, H.; Mielke, M. (2008)
Daten- und Informationsqualität - Auf dem Weg zur Information Excellence, Vieweg+Teubner Verlag /GWV Fachverlage GmbH Wiesbaden, Wiesbaden, 2008.

Hubka, V. (1976)
Theorie der Konstruktionsprozesse - Analyse der Konstruktionstätigkeit, Springer, Berlin, Heidelberg, 1976.

Indurkhya, N. (2012)
Handbook of Natural Language Processing, Second Edition, 2nd ed.; Taylor and Francis, Hoboken, 2012.

Institute of Electrical and Electronics Engineers (1998)
IEEE recommended practice for software requirements specifications - Approved 25 June 1998, IEEE, New York, NY, 1998.

Institute of Electrical and Electronics Engineers (2020)
7th International Workshop on Artificial Intelligence and Requirements Engineering - AIRE 2020 : 1 September 2020, Zurich, Switzerland, 2020 IEEE Seventh International Workshop on Artificial Intelligence for Requirements Engineering (AIRE), IEEE, Piscataway, NJ (2020)

Institute of Electrical and Electronics Engineers (IEEE) (2023b)
2023 IEEE International Conference on Industrial Engineering and Engineering Management (IEEM), 2023 IEEE International Conference on Industrial Engineering and Engineering Management (IEEM), 12/18/2023 - 12/21/2023. IEEE (2023b)

Institute of Electrical and Electronics Engineers (IEEE) (1987)
Proceedings of the 9th International Conference on Software Engineering, IEEE Computer Society Press, Washington, DC, USA (1987)

Institute of Electrical and Electronics Engineers (IEEE) (1993)
Proceedings of the IEEE International Symposium on Requirements Engineering, January 4-6, 1993, San Diego, California,, 1993.

Institute of Electrical and Electronics Engineers (IEEE) (2020)
2020 3rd International Seminar on Research of Information Technology and Intelligent Systems (ISRITI), 2020 3rd International Seminar on Research of Information Technology and Intelligent Systems (ISRITI), 10.12.2020 - 11.12.2020. IEEE (2020)

Institute of Electrical and Electronics Engineers (IEEE) (2020)
2020 IEEE 28th International Requirements Engineering Conference (RE), 2020 IEEE 28th International Requirements Engineering Conference (RE), IEEE (2020)

Institute of Electrical and Electronics Engineers (IEEE) (2021)
2021 IEEE 29th International Requirements Engineering Conference (RE), 2021 IEEE 29th International Requirements Engineering Conference (RE), 20.09.2021 - 24.09.2021. IEEE (2021)

International Institute of Business Analysis (2015)
Babok v3 - A guide to business analysis body of knowledge, Version 3; IIBA, Toronto, 2015.

International Standardization Organization (2015)
ISO 9001, DIN Media, Berlin, 2015.

International Standardization Organization (2018)
ISO 26262, DIN Media, Berlin, 2018.

International Standardization Organization (2018)
ISO 29148, DIN Media, 2018.

International Standardization Organization (2018)
ISO 26262-8, DIN Media, 2018.

International Standardization Organization (2023)
ISO 27001, DIN Media, 2023.

Jain, A. (2024)
The generative AI shift: How CIOs will determine the future of business success - The opportunities and complexities of integrating generative AI into the enterprise,, 2024.

Johri, P.; Khatri, S.; Al-Taani, A.; Sabharwal, M.; Suvanov, S.; Kumar, A. (2021)
Natural Language Processing: History, Evolution, Application, and Future Work. In: Abraham, A./Castillo, O./et al. (Hrsg.): Proceedings of 3rd International Conference on Computing Informatics and Networks - ICCIN 2020, 1st ed. 2021; Springer Singapore; Imprint Springer, Singapore, 2021, S. 365 - 375.

Kanthavel, R. (2022)
Artificial intelligent techniques for wireless communication and networking, John Wiley & Sons, Inc, Hoboken, New Jersey, 2022.

Karl E. Wiegers (1999)
First Things First: Prioritizing Requirements. In: undefined, 1999

Kaufmann, M.; Meier, A. (2023)
SQL- & NoSQL-Datenbanken, 9. erweiterte und aktualisierte Auflage; Springer Vieweg, Berlin, Heidelberg, 2023.

Kaufmann, T. (2021)
Strategiewerkzeuge aus der Praxis - Analyse und Beurteilung der strategischen Ausgangslage, Springer Gabler, Berlin, Heidelberg, 2021.

Kaur, K.; Kaur, P. (2023)
Improving BERT model for requirements classification by bidirectional LSTM-CNN deep model. In: Computers and Electrical Engineering, 108. Jg., 2023, S. 1 - 16.

Kienzler (2018)
Architectural thinking in the Wild West of data science. URL: https://developer.ibm.com/articles/architectural-thinking-in-the-wild-west-of-data-science/, zuletzt geprüft am 19.10.2024.

Kim, K.; Joukov, N. (2017)
Information Science and Applications 2017 - ICISA 2017, Springer Singapore, Singapore, 2017.

Kleuker, S. (2009)
Formale Modelle der Softwareentwicklung - Model-Checking, Verifikation, Analyse und Simulation, 1. Aufl.; Vieweg + Teubner, Wiesbaden, 2009.

Klontzas, M. E.; Fanni, S. C.; Neri, E. (2023)
Introduction to Artificial Intelligence, 1st ed. 2023; Springer International Publishing; Imprint Springer, Cham, 2023.

Knebl, H. (2021)
Algorithmen und Datenstrukturen - Grundlagen und probabilistische Methoden für den Entwurf und die Analyse, 2., aktualisierte Auflage; Springer Vieweg, Wiesbaden, Heidelberg, 2021.

Knight, K.; Nenkova, A.; Rambow, O. (2016)
Proceedings of the 2016 Conference of the North American Chapter of the Association for Computational Linguistics: Human Language Technologies, Association for Computational Linguistics, Stroudsburg, PA, USA (2016)

Knuchel, D.; Bubenhofer, N. (2023)
Machine Learning und Korpuspragmatik. Word Embeddings als Beispiel für einen kreativen Umgang mit NLP-Tools. In: Meier, S./Bülow, L./et al. (Hrsg.): Digitale Pragmatik, J.B. Metzler, Berlin, Heidelberg, 2023, S. 213 - 235.

Kof, L.; Gacitua, R.; Rouncefield, M.; Sawyer, P. (2010)
Concept mapping as a means of requirements tracing, 2010, S. 22 - 31.

Kong, S.; Huang, X.; Zhong, X.; Yang, M. (2024)
Entity recognition method for airborne products metrological traceability knowledge graph construction. In: Measurement, 225. Jg., 2024, S. 114032.

Krcmar, H. (2015)
Einführung in das Informationsmanagement, Springer Berlin Heidelberg, Berlin, Heidelberg, 2015.

Kreutzer, R. T.; Sirrenberg, M. (2019)
Künstliche Intelligenz verstehen - Grundlagen - Use-Cases - unternehmenseigene KI-Journey, Springer Gabler, Wiesbaden, 2019.

Kriegel, H.-P.; Borgwardt, K.; Kröger, P.; Pryakhin, A.; Schubert, M.; Zimek, A. (2007)

Future trends in data mining. In: Data Mining and Knowledge Discovery, Nr. 1, 15. Jg., 2007, S. 87 - 97.

Krumke, S. O. (2012)
Graphentheoretische Konzepte und Algorithmen, 3. Aufl. 2012; Vieweg+Teubner Verlag, Wiesbaden, 2012.

Kubicek, H. (1977)
Heuristische Bezugsrahmen Heuristische Bezugsrahmen und heuristisch angelegte Forschungsdesigns als Elemente der Konstruktionsstrategie ..., C.E. Poeschel Verlag, Stuttgart, 1977.

Kuhn, M. (2021)
Gestaltung agiler Entwicklungsnetzwerke, Dissertation, Rheinisch-Westfälische Technische Hochschule Aachen; Apprimus Verlag, 2021.

Kühne, T. (2006)
Matters of (Meta-) Modeling. In: Software & Systems Modeling, Nr. 4, 5. Jg., 2006, S. 369 - 385.

Kühne, T. (2008)
Modellierung 2008 - 12. -14. März 2008, Berlin, Ges. für Informatik, Bonn, 2008.

Kukačka, J.; Golkov, V.; Cremers, D. (2017)
Regularization for Deep Learning: A Taxonomy,, 29.10.2017.

Kulshreshtha, V.; Boardman, J.; Vermainder, D. (2012)
The emergence of requirements networks: the case for requirements inter-dependencies, 2012, S. 28 - 41.

Kutirakulam, V.; Majid, M.; Peng, M. (2024)
Beyond BERT: Deepening Natural Language Understanding with Multi-Task Learning and Advanced Embedding Techniques. URL: https://web.stanford.edu/class/archive/cs/cs224n/cs224n.1234/final-reports/final-report-169969369.pdf, zuletzt geprüft am 19.10.2024.

Laliberte, C.; Giachetti, R.; Kolsch, M. (2022)
Evaluation of Natural Language Processing for Requirements Traceability, 2022, S. 21 - 26.

Lample, G.; Ballesteros, M.; Subramanian, S.; Kawakami, K.; Dyer, C. (2016)
Neural Architectures for Named Entity Recognition. In: Knight, K./Nenkova, A./et al. (Hrsg.): Proceedings of the 2016 Conference of the North American Chapter of the Association for Computational Linguistics: Human Language

Technologies, Association for Computational Linguistics, Stroudsburg, PA, USA, 2016, S. 260 - 270.

Laudon, K. C.; Laudon, J. P.; Laudon, J. P. (2018)
Management information systems - Managing the digital firm, Fifteenth edition, global edition; Pearson Education Limited, Harlow, London, New York NY, 2018.

Laudon, K. C.; Laudon, J. P.; Schoder, D. (2016)
Wirtschaftsinformatik - Eine Einführung, 3., vollständig überarbeitete Auflage; Pearson, Hallbergmoos, 2016.

LeCun, Y.; Bengio, Y.; Hinton, G. (2015)
Deep learning. In: Nature, Nr. 7553, 521. Jg., 2015, S. 436 - 444.

Lehner, F.; Wildner, S.; Scholz, M. (2008)
Wirtschaftsinformatik - Eine Einführung, 2. Aufl.; Hanser, München, 2008.

Li, G.; Zheng, C.; Li, M.; Wang, H. (2022)
Automatic Requirements Classification Based on Graph Attention Network. In: IEEE Access, 10. Jg., 2022, S. 30080 - 30090.

Lindemann, U. (2009)
Methodische Entwicklung technischer Produkte - Methoden flexibel und situationsgerecht anwenden, 3. Aufl. 2009; Springer Berlin Heidelberg, 2009.

Lindemann, U. (2016)
Handbuch Produktentwicklung, Hanser, München, 2016.

Liu, K.; Reddivari, S.; Reddivari, K. (2022)
Artificial Intelligence in Software Requirements Engineering: State-of-the-Art, 2022, S. 106 - 111.

Lobo, E.; Hassanzadeh, O.; Pham, N.; Mihindukulasooriya, N.; Subramanian, D.; Samulowitz, H. (2023)
Matching Table Metadata with Business Glossaries Using Large Language Models,, 08.09.2023.

M. Ahmed; M. Afzal (2020)
FLAG-PDFe: Features Oriented Metadata Extraction Framework for Scientific Publications. In: IEEE Access, 2020

Ma, X. (2018)
Improving productivity through automation and computing - 2018 24th International Conference on Automation & Computing : Newcastle University, Newcastle upon Tyne, UK, 6-7 September 2018, 2018 24th International Conference on Automation and Computing (ICAC), 9/6/2018 - 9/7/2018. IEEE, Piscataway, NJ (2018)

Maalej, W. (2013)
Managing Requirements Knowledge, 1st ed.; Springer, Berlin, Heidelberg, 2013.

Mahmood, K.; Takahashi, H.; Alobaidi, M. (2015)
A Semantic Approach for Traceability Link Recovery in Aerospace Requirements Management System, 2015, S. 217 - 222.

Manly, J.; Ringel, M. (2023)
Most Innovative Companies 2023 - Reaching New Heights in Uncertain Times,, 2023.

Màrquez, L.; Padró, L.; Rodríguez, H. (2000)
A Machine Learning Approach to POS Tagging. In: Machine Learning, Nr. 1, 39. Jg., 2000, S. 59 - 91.

Meier, S.; Bülow, L.; Marx, K.; Mroczynski, R. (2023)
Digitale Pragmatik, J.B. Metzler, Berlin, Heidelberg, 2023.

Meis, J.-F. (2017)
Produktionsseitiges Anforderungsmanagement, München : Universitätsbibliothek der TU München, 2017.

Meise, V. (2001)
Ordnungsrahmen zur prozessorientierten Organisationsgestaltung. Modelle für das Management komplexer Reorganisationsprojekte, Verlag Dr. Kovac GmbH, Hamburg, 2001.

Mescheder, B.; Sallach, C. (2012)
Wettbewerbsvorteile durch Wissen - Knowledge-Management, CRM und Change-Management verbinden, Springer Gabler, Berlin, Heidelberg, 2012.

Mikolov, T.; Chen, K.; Corrado, G.; Dean, J. (2013)
Efficient Estimation of Word Representations in Vector Space,, 2013.

Min, B.; Ross, H.; Sulem, E.; Veyseh, A. P. B.; Nguyen, T. H.; Sainz, O.; Agirre, E.; Heinz, I.; Roth, D. (2021)
Recent Advances in Natural Language Processing via Large Pre-Trained Language Models: A Survey,, 2021.

Mockenhaupt, A. (2021)
Digitalisierung und Künstliche Intelligenz in der Produktion - Grundlagen und Anwendung, Springer Vieweg, Wiesbaden, Heidelberg, 2021.

Mokammel, F.; Coatanéa, E.; Coatanéa, J.; Nenchev, V.; Pietola, M. (2018)
Automatic requirements extraction, analysis, and graph representation using an approach derived from computational linguistics. In: Systems Engineering, Nr. 6, 21. Jg., 2018, S. 555 - 575.

Mokos, K.; Nestoridis, T.; Katsaros, P.; Bassiliades, N. (2022)
Semantic Modeling and Analysis of Natural Language System Requirements. In: IEEE Access, 10. Jg., 2022, S. 84094 - 84119.

Müller, J. (2000)
Transformation Operativer Daten Zur Nutzung Im Data Warehouse, Deutscher Universitäts Verlag, Wiesbaden, 2000.

Naveed, H.; Khan, A. U.; Qiu, S.; Saqib, M.; Anwar, S.; Usman, M.; Akhtar, N.; Barnes, N.; Mian, A. (2023)
A Comprehensive Overview of Large Language Models,, 2023.

Navigli, R.; Ponzetto, S. (2012)
BabelNet: The automatic construction, evaluation and application of a wide-coverage multilingual semantic network. In: Artificial Intelligence, 193. Jg., 2012, S. 217 - 250.

Nazir, F.; Butt, W.; Anwar, M.; Khan Khattak, M. (2017)
The Applications of Natural Language Processing (NLP) for Software Requirement Engineering - A Systematic Literature Review. In: Kim, K./Joukov, N. (Hrsg.): Information Science and Applications 2017 - ICISA 2017, Springer Singapore, Singapore, 2017, S. 485 - 493.

Nelson, D.; Kitto, K.; Galea, D.; McEvoy, C.; Bruza, P. (2013)
How activation, entanglement, and searching a semantic network contribute to event memory. In: Memory & cognition, Nr. 6, 41. Jg., 2013, S. 797 - 819.

Noltemeier, H. (2019)
Graphentheorie - Mit Algorithmen und Anwendungen, Reprint 2019; De Gruyter, Berlin, Boston, 2019.

Nonaka, I.; Takeuchi, H. (1995)
The knowledge-creating company - How Japanese companies create the dynamics of innovation, Oxford University Press, New York, 1995.

North, K. (2016)
Wissensorientierte Unternehmensführung - Wissensmanagement gestalten, 6., akt. und erw. Aufl. 2016; Springer Gabler, Wiesbaden, 2016.

Nuseibeh, B. (2001)
Weaving together requirements and architectures. In: Computer, Nr. 3, 34. Jg., 2001, S. 115 - 119.

OpenAI
New and Improved Embedding Model. URL: https://openai.com/index/new-and-improved-embedding-model/, zuletzt geprüft am 17.06.2024.

Ozkaya, M.; Akdur, D.; Toptani, E.; Kocak, B.; Kardas, G. (2023)
Practitioners' Perspectives towards Requirements Engineering: A Survey. In: Systems, Nr. 2, 11. Jg., 2023

Patzak, G. (1982)
Systemtechnik - Planung komplexer innovativer Systeme - Grundlagen, Methoden, Techniken, Springer, Berlin, 1982.

Peffers, K.; Tuunanen, T.; Rothenberger, M.; Chatterjee, S. (2007)
A design science research methodology for information systems research. In: Journal of Management Information Systems, 24. Jg., 2007, S. 45 - 77.

Pennington, J.; Socher, R.; Manning, C. (2014)
Glove: Global Vectors for Word Representation. In: Alessandro Moschitti, Q. C. R. I./Bo Pang, G./et al. (Hrsg.): Proceedings of the 2014 Conference on Empirical Methods in Natural Language Processing (EMNLP), Association for Computational Linguistics, Stroudsburg, PA, USA, 2014, S. 1532 - 1543.

Pfister, B.; Kaufmann, T. (2017)
Sprachverarbeitung - Grundlagen und Methoden der Sprachsynthese und Spracherkennung, 2., aktualisierte und erweiterte Auflage; Springer Vieweg, Berlin, Heidelberg, 2017.

Pohl, K. (2010)
Requirements Engineering - Fundamentals, principles, and techniques, Springer, Berlin, Heidelberg, 2010.

Pohl, K.; Rupp, C. (2015)
Basiswissen Requirements Engineering - Aus- und Weiterbildung zum "Certified Professional for Requirements Engineering" : foundation level nach IREB-Standard, 4., überarbeitete Auflage; dpunkt.verlag, Heidelberg, 2015.

Pries-Heje, J.; Baskerville, R. L.; Venable, J. R. (2008)
Strategies for Design Science Research Evaluation. In: Willie Golden/Thomas Acton/et al. (Hrsg.): 16th European Conference on Information Systems, ECIS 2008, Galway, Ireland, 2008,, 2008, S. 255 - 266.

Priyadi, Y.; Djunaidy, A.; Siahaan, D. (2019)
Requirements Dependency Graph Modeling on Software Requirements Specification Using Text Analysis, 2019, S. 221 - 226.

Probst, G. J. B. (2012)
Wissen managen - Wie Unternehmen ihre wertvollste Ressource optimal nutzen, 7. Aufl.; Springer Gabler, Wiesbaden, 2012.

Quilian, M. R. (1966)
Semantic Memory, Air Force Cambridge Research Laboratories, 1966.

Radwan, A.; Abdo, A.; Abdel Gaber, S. (2021)
An Approach for Requirements Engineering Analysis using Conceptual Mapping in Healthcare Domain. In: International Journal of Advanced Computer Science and Applications, Nr. 8, 12. Jg., 2021, S. 183 - 190.

Ramakrishnan, C.; Patnia, A.; Hovy, E.; Burns, G. (2012)
Layout-aware text extraction from full-text PDF of scientific articles. In: Source code for biology and medicine, Nr. 1, 7. Jg., 2012, S. 7.

Ramesh, B.; Edwards, M. (1993)
Issues in the Development of a Requirements Traceability Model. In: Institute of Electrical and Electronics Engineers (IEEE) (Hrsg.): Proceedings of the IEEE International Symposium on Requirements Engineering, January 4-6, 1993, San Diego, California,, 1993, S. 256 - 259.

Reichenberger, K. (2010)
Kompendium semantische Netze - Konzepte, Technologie, Modellierung, Springer, Berlin, Heidelberg, 2010.

Reiter, E.; Dale, R. (1997)
Building applied natural language generation systems. In: Natural Language Engineering, Nr. 1, 3. Jg., 1997, S. 57 - 87.

Reschke, R. (2019)
Gestaltungsmodell der Kennzahlen und Indikatoren bei der Einführung und Weiterentwicklung von Qualitätsmanagementsystemen für deutsche Hochschulen, Dissertation, 2019.

Riesener, M.; Slawik, V.; Holtmann, T.; Frölian, S.; Kuhn, M.; Schuh, G. (2023b)
Data Based Analysis of Requirements in Product Development Represented in Graph Based Semantic Requirement Nets. In: Institute of Electrical and Electronics Engineers (IEEE) (Hrsg.): 2023 IEEE International Conference on Industrial Engineering and Engineering Management (IEEM), IEEE, 2023b, S. 891 - 895.

Ritter, L. (2023)
Methode des Anforderungsmanagements zur Variantenvermeidung in der frühen Phase der Produktentwicklung, Universität Kassel, 2023.

Robertson, S.; Robertson, J. (2023)
Volere Requirements Specification Template - Edition 20. URL: https://www.volere.org/templates/volere-requirements-specification-template/, zuletzt geprüft am 19.10.2024.

Ropohl, G. (2009)
Allgemeine Technologie - Eine Systemtheorie der Technik, KIT Scientific Publishing, Karlsruhe, 2009.

Roy, G. (2006)
Designing and explaining programs with a literate pseudocode. In: Journal on Educational Resources in Computing, Nr. 1, 6. Jg., 2006, S. 1.

Royce, W. (1987)
Managing the development of large software systems: concepts and techniques. In: Institute of Electrical and Electronics Engineers (IEEE) (Hrsg.): Proceedings of the 9th International Conference on Software Engineering, IEEE Computer Society Press, Washington, DC, USA, 1987, S. 328 - 338.

Rupp, C. (2014)
Requirements-Engineering und -Management - Aus der Praxis von klassisch bis agil, 6. aktualisierte und erweiterte Auflage; Carl Hanser Verlag GmbH & Co. KG, München, 2014.

Rupp, C.; Joppich, R. (2014)
Anforderungsschablonen – der MAST e R-Plan für gute Anforderungen. In: Rupp, C. (Hrsg.): Requirements-Engineering und -Management - Aus der Praxis von klassisch bis agil, 6. aktualisierte und erweiterte Auflage; Carl Hanser Verlag GmbH & Co. KG, München, 2014, S. 215 - 246.

Russell, S.; Norvig, P. (2016)
Artificial intelligence - A modern approach, Third edition; Pearson, Boston, 2016.

Sandell, J.; Asplund, E.; Ayele, W. Y.; Duneld, M. (2024)
Performance Comparison Analysis of ArangoDB, MySQL, and Neo4j: An Experimental Study of Querying Connected Data,, 30.01.2024.

Santosh, K.; Hegadi, R. (2019)
Recent Trends in Image Processing and Pattern Recognition - Second International Conference, RTIP2R 2018, Solapur, India, December 21–22, 2018, Revised Selected Papers, Part III, 1st ed. 2019; Springer, Singapore, 2019.

Schawel, C.; Billing, F. (2018)
Top 100 Management Tools - Das wichtigste Buch eines Managers Von ABC-Analyse bis Zielvereinbarung, 6. Aufl. 2018; Springer Gabler, Wiesbaden, 2018.

Schedl, S. (2008)
Integration von Anforderungsmanagement in den mechatronischen Entwicklungsprozess, 1. Aufl.; Herbert Utz Verlag, s.l., 2008.

Schicker, E. (2017)
Datenbanken und SQL - Eine praxisorientierte Einführung mit Anwendungen in Oracle, SQL Server und MySQL, 5., aktualisierte und erweiterte Auflage; Springer Vieweg, Wiesbaden, 2017.

Schienmann, B. (2002)
Kontinuierliches Anforderungsmanagement - Prozesse, Techniken, Werkzeuge ; [mit Muster für Lasten- und Pflichtenheft, Addison-Wesley, München, Boston, 2002.

Schlutter, A.; Vogelsang, A. (2020)
Trace Link Recovery using Semantic Relation Graphs and Spreading Activation. In: Institute of Electrical and Electronics Engineers (IEEE) (Hrsg.): 2020 IEEE 28th International Requirements Engineering Conference (RE), IEEE, 2020, S. 20 - 31.

Schuh, G. (2012)
Innovationsmanagement, 2., vollst. neu bearb. und erw. Aufl.; Springer Vieweg, Berlin, 2012.

Schuh, G.; Bergweiler, G.; Fiedler, F.; Slawik, V.; Ahues, C. (2021)
A Review Of Data-Based Methods For The Development Of An Adaptive Engineering Change System For Automotive Body Shop, Hannover : publish-Ing, 2021.

Schulze, S.-O. (2016)
Systems Engineering. In: Lindemann, U. (Hrsg.): Handbuch Produktentwicklung, Hanser, München, 2016, S. 151 - 184.

Schütte, R. (1998)
Grundsätze Ordnungsmäßiger Referenzmodellierung - Konstruktion Konfigurations- und Anpassungsorientierter Modelle, Springer Gabler. in Springer Fachmedien Wiesbaden GmbH, Wiesbaden, 1998.

Shannon, C. (1948)
A Mathematical Theory of Communication. In: Bell System Technical Journal, Nr. 3, 27. Jg., 1948, S. 379 - 423.

Shao, W.; Ji, P.; Fan, D.; Hu, Y.; Yan, X.; Cui, C.; Mi, L.; Chen, L.; Zhang, R. (2023)
Astronomical Knowledge Entity Extraction in Astrophysics Journal Articles via Large Language Models,, 27.10.2023.

Sharda, R.; Delen, D.; Turban, E. (2018)
Business intelligence, analytics, and data science - A managerial perspective, Fourth edition; Pearson, New York, NY, 2018.

Knauf 2012 – Skript zur Lehrveranstaltung künstliche Intelligenz Skript zur Lehrveranstaltung künstliche Intelligenz (2012)

Sommerfeld, T.; Bertram, V.; Dehn, S.; Slawik, V.; Fleischer, D.; Chander, J.; Müller, A.; Kostov, N.; Schmitz, J. N. (2023a)
Mehr Effizienz und Qualität im Requirements Engineering mit KI. In: Embedded

Software Engineering Kongress (Hrsg.): Tagungsband - Embedded Software Engineering Kongress 2023, 4. bis 8. Dezember ; Preconference 1. Dezember 2023, Vogel Communications Group, Würzburg, 2023a, S. 313 - 321.

Sonbol, R.; Rebdawi, G.; Ghneim, N. (2020)
Towards a Semantic Representation for Functional Software Requirements7th International Workshop on Artificial Intelligence and Requirements Engineering - AIRE 2020 : 1 September 2020, Zurich, Switzerland, IEEE, Piscataway, NJ, 2020, S. 1 - 8.

Sonbol, R.; Rebdawi, G.; Ghneim, N. (2022)
The Use of NLP-Based Text Representation Techniques to Support Requirement Engineering Tasks: A Systematic Mapping Review. In: IEEE Access, 10. Jg., 2022, S. 62811 - 62830.

Sowa, J. F. (1992)
Semantic Networks. URL: https://www.jfsowa.com/pubs/semnet.htm, zuletzt geprüft am 19.10.2024.

Sowa, J. F. (2002)
Knowledge representation - Logical, philosophical, and computational foundations, 1. Reprint; Brooks/Cole, Pacific Grove, Calif., 2002.

Spath, D.; Dangelmaier, M. (2016)
Produktentwicklung Quo Vadis. In: Lindemann, U. (Hrsg.): Handbuch Produktentwicklung, Hanser, München, 2016, S. 1 - 7.

Spath, D.; Westkämper, E. (2016)
Handbuch Unternehmensorganisation - Strategien, Planung, Umsetzung, Living reference work, continuously updated edition; Springer Vieweg, Berlin, Heidelberg, 2016.

Staab, S.; Studer, R. (2009)
Handbook on ontologies, Second Edition; Springer, Berlin, Heidelberg, 2009.

Stachowiak, H. (1973)
Allgemeine Modelltheorie, Springer, Wien, New York, 1973.

Stahlknecht, P.; Hasenkamp, U. (2003)
Einführung in die Wirtschaftsinformatik, 10. Aufl.; Springer, Berlin u. a., 2003.

Studer, T. (2019)
Relationale Datenbanken - Von den theoretischen Grundlagen zu Anwendungen mit PostgreSQL, 2., überarbeitete und erweiterte Auflage; Springer Vieweg, Berlin, Heidelberg, 2019.

Thomas, O.; Scheer, A.-W. (2016)
Verfahren und Werkzeuge zur Informationsmodellierung. In: Spath, D./Westkämper, E. (Hrsg.): Handbuch Unternehmensorganisation - Strategien, Planung, Umsetzung, Living reference work, continuously updated edition; Springer Vieweg, Berlin, Heidelberg, 2016, S. 1 - 30.

Turabian, K. L.; Booth, W. C. (2011)
A manual for writers of research papers, theses, and dissertations - Chicago style for students and researchers, 7. ed., [Nachdr.]; Univ. of Chicago Press, Chicago, Ill., 2011.

Turau, V.; Weyer, C. (2015)
Algorithmische Graphentheorie, 4., erweiterte und überarbeitete Auflage; De Gruyter, Berlin, Boston, 2015.

Ul Hassan, C.; Khan, M.; Shah, M. (2018)
Comparison of Machine Learning Algorithms in Data classification. In: Ma, X. (Hrsg.): Improving productivity through automation and computing - 2018 24th International Conference on Automation & Computing : Newcastle University, Newcastle upon Tyne, UK, 6-7 September 2018, IEEE, Piscataway, NJ, 2018, S. 1 - 6.

Ulrich, P.; Hill, W. (1976)
Wissenschaftstheoretische Grundlagen der Betriebswirtschaftslehre (Teil I). In: Wirtschaftswissenschaftliches Studium : Zeitschrift für Ausbildung und Hochschulkontakt, Nr. 7, 5. Jg., 1976

Vajna, S. (2022)
Integrated Design Engineering - Interdisziplinäre und ganzheitliche Produktentwicklung, 2. Auflage; Springer Vieweg, Berlin, Heidelberg, 2022.

Vajna, S.; Burchardt, C.; Le Masson, P.; Hatchuel, A.; Weil, B.; Bercsey†, T.; Pilz, F. (2022)
Modelle und Vorgehensweisen der Produktentwicklung. In: Vajna, S. (Hrsg.): Integrated Design Engineering - Interdisziplinäre und ganzheitliche Produktentwicklung, 2. Auflage; Springer Vieweg, Berlin, Heidelberg, 2022, S. 1 - 94.

van der Aalst, W. (2016)
Process Mining - Data science in action, Second edition; Springer, Heidelberg, 2016.

Venable, J. (2006)
A Framework for Design Science Research Activities. In: Proceedings of the 2006 Information Resource Management Association Conference, 2006

Verein Deutscher Ingenieure (2000)
VDI 3780, 2000.

Verein Deutscher Ingenieure (2014)
VDI /VDE 3694, 2014.

Verein Deutscher Ingenieure (2016)
VDI 2219, 2016.

Verein Deutscher Ingenieure (2019)
VDI 2221 - Blatt 1, 2019.

Verein Deutscher Ingenieure (2021)
VDI /VDE 2206, 2021.

Vierlboeck, M.; Dunbar, D.; Nilchiani, R. (2022)
Natural Language Processing to Extract Contextual Structure from Requirements, 2022, S. 1 - 8.

Volkmann, L. (1996)
Fundamente der Graphentheorie, Springer Vienna, Vienna, 1996.

von Bertalanffy, L. (1969)
General System Theory - Foundations, Development, Applications, George Braziller, New York, 1969.

Wang, S.; Sun, X.; Li, X.; Ouyang, R.; Wu, F.; Zhang, T.; Li, J.; Wang, G. (2023)
GPT-NER: Named Entity Recognition via Large Language Models,, 20.04.2023.

Wang, W.; Niu, N.; Liu, H.; Niu, Z. (2018)
Enhancing Automated Requirements Traceability by Resolving Polysemy, 2018, S. 40 - 51.

Wang, W.; Wei, F.; Dong, L.; Bao, H.; Yang, N.; Zhou, M. (2020)
MiniLM: Deep Self-Attention Distillation for Task-Agnostic Compression of Pre-Trained Transformers,, 2020.

Wang, Y.; Shi, L.; Li, M.; Wang, Q.; Yang, Y. (2022)
Detecting coreferent entities in natural language requirements. In: Requirements Engineering, Nr. 3, 27. Jg., 2022, S. 351 - 373.

Weyer, T.; Pohl, K. (2008)
Eine Referenzstrukturierung zur modellbasierten Kontextanalyse im Requirements Engineering softwareintensiver eingebetteter Systeme. In: Kühne, T. (Hrsg.): Modellierung 2008 - 12. -14. März 2008, Berlin, Ges. für Informatik, Bonn, 2008, S. 181 - 196.

Wiegerling, K. (2021)
Mensch-Maschine-Schnittstelle. In: Grunwald, A./Hillerbrand, R. (Hrsg.): Handbuch Technikethik, 2., aktualisierte und erweiterte Auflage; J. B. Metzler Verlag, Berlin, 2021, S. 295 - 299.

Willie Golden; Thomas Acton; Kieran Conboy; Hans van der Heijden; Virpi Kristiina Tuunainen (2008)
16th European Conference on Information Systems, ECIS 2008, Galway, Ireland, 2008, (2008)

Willke, H. (2014)
Systemtheorie, 4., überarb. Aufl.; UVK-Verlagsges; UVK Lucius, Konstanz, München, 2014.

Wirth, R.; Hipp, J. (2000)
CRISP-DM: Towards a standard process model for data mining. In: Proceedings of the 4th international conference on the practical applications of knowledge discovery and data mining, 4. Jg., 2000, S. 29 - 39.

Wolfenstetter, T.; Zitzelsberger, J.; Böhm, M.; Krcmar, H. (2015)
Traceability von Anforderungen und Tests in agilen Softwareentwicklungsprojekten. In: Aßmann, U./Demuth, B./et al. (Hrsg.): Software Engineering and Management 2015,, 2015, S. 403 - 418.

Wynn, D.; Eckert, C.; Clarkson, P. (2012)
Modelling iteration in engineering design, 2012

Yogish, D.; Manjunath, T.; Hegadi, R. (2019)
Review on Natural Language Processing Trends and Techniques Using NLTK. In: Santosh, K. C./Hegadi, R. S. (Hrsg.): Recent Trends in Image Processing and Pattern Recognition - Second International Conference, RTIP2R 2018, Solapur, India, December 21–22, 2018, Revised Selected Papers, Part III, 1st ed. 2019; Springer, Singapore, 2019, S. 589 - 606.

Younas, M.; Jawawi, D.; Ghani, I.; Shah, M. (2020)
Extraction of non-functional requirement using semantic similarity distance. In: Neural Computing and Applications, Nr. 11, 32. Jg., 2020, S. 7383 - 7397.

Zehnter, C.; Burger, A.; Ovtcharova, J. (2012)
Key-Performance-Analyse von Methoden des Anforderungsmanagements - KIT Scientific Reports; 7620, KIT Scientific Publishing, Karlsruhe, 2012.

Zhao, L.; Alhoshan, W.; Ferrari, A.; Letsholo, K.; Ajagbe, M.; Chioasca, E.-V.; Batista-Navarro, R. (2022)
Natural Language Processing for Requirements Engineering. In: ACM Computing Surveys, Nr. 3, 54. Jg., 2022, S. 1 - 41.

Žižka, J.; Dařena, F.; Svoboda, A. (2020)
Text mining with machine learning - Principles and techniques, CRC Press Taylor & Francis Group, Boca Raton, London, New York, 2020.

A Anhang

A 1. Kriterien der Analyse zur systematischen Literaturrecherche

	○ nicht erfüllt	◐ teilweise erfüllt	● voll erfüllt
Objektbereich	Betrachtung der Anforderungsverwaltung im industriellen Produktentstehungsprozess		
	Der Ansatz wird nicht im Kontext der Anforderungsverwaltung in der industriellen Produktentstehung beschrieben	x	Anforderungsverwaltung im industriellen Produktentstehungsprozess wird betrachtet
	Der Ansatz funktioniert mit Datensätzen industrieller Größenordnung		
	Keine Aussage zum Umfang des Anforderungs-Datensatzes	Die Nutzbarkeit des Ansatzes wird nicht mit einem industriellen Datensatz validiert	Der Ansatz wurde mit einem Datensatz aus der Industrie validiert, der einem industriellen Umfang entspricht (min. dreistelliger Umfang)
	Der Ansatz beschreibt die Darstellung von automatisierten Analysen im Anwendungskontext		
	Der Ansatz verwendet keine automatisierten Analysen	Der Ansatz beschreibt eine automatisierte Analyse jedoch, nicht im Sinne einer nachvollziehbaren Entscheidungsunterstützung	Der Ansatz beschreibt die automatisierte Analyse im Sinne einer nachvollziehbaren Entscheidungsunterstützung
Zielbereich	Auswertung sämtlicher Datenfelder einer Anforderung für die Vernetzung		
	Die Vernetzung findet auf Basis der Anforderungsattribute statt	Eine Vernetzung findet auf Basis des Anforderungstextes statt	Die Vernetzung findet simultan auf Basis der Anforderungsattribute sowie der Anforderungstexte statt
	Der Ansatz kann domänenspezifische Sprache verarbeiten		
	Domänenspezifische Adaption nicht berücksichtigt	x	Domänenspezifische Adaption explizit beschrieben
	Analyse der Anforderungsartefakte im semantischen Gesamtkontext des Anforderungstextes		
	Verwendet einen Lexikalischen und/oder Syntaktischen NLP-Ansatz	Verwendet einen semantischen NLP-Ansatz, jedoch keinen mit Transformerarchitektur	Verwendet ein LLM mit Transformerarchitektur
	Die Wissensrepräsentation der Vernetzung zwischen Anforderungen findet graphisch statt		
	Visualisierung auf Grundlage von prädikativem Wissen (z.B. Taxonomie)	Visualisierung der Nutzbarmachung von assoziativem Wissen	Visualisierung durch die Überlagerung von prädikativem und assoziativem Wissen
	Nachvollziehbarkeit des Ansatzes ist gegeben		
	Der Algorithmus ist unvollständig beschrieben	Algorithmus ist vollständig beschrieben, jedoch keine Daten verfügbar	Algorithmus und Daten sind verfügbar und der Ansatz ist reproduzierbar
	Validierung des Ansatzes hat stattgefunden		
	Keine Validierung	Qualitative Validierung	Quantitative und qualitative Validierung

Legende: x = keine teilweise Erfüllung möglich

A 2. Metastudie durch STARLITE-Analyse

	SONBOL ET AL. 2022	DOH ET AL. 2022	NAZIR ET AL. 2017	LIU ET AL. 2022	ZHAO ET AL. 2022
Sampling Strategy		Comprehensive			
Type of Studies		Journals und Conference Proceedings	Journals und Conference Proceedings	Journals und Conference Proceedings	Peer reviewed Studien
Approaches		PRISMA			
Range of Years	2010-2021	2018 - Januar 2021	2002–2016	2015-2021	1983-2019
Limits	Nur englische Literatur	Nur englische Literatur	Nur englische Literatur	Nur englische Literatur	Nur englische Literatur
Inclusion	Peer reviewed			Peer reviewed	Peer reviewed Primärstudien
Terms Used	Requirement Engineering AND Software Requirement AND (Syntactic Processing OR Semantic Prossesing (Beispiele in Paper))	Knowledge graph recomender systems AND (Explainable recommendation OR Deep learning recommender systems OR Explainable embeddings OR Path embeddings Or Knowledge graph attention network	NLP AND/OR Software requirement classification AND/OR software requirement categorization	(RE and AI) OR (RE and ML)	NLP AND RE (in verschiedenen Varianten)
Electronic Sources	Scopus, IEEE Xplore, ACM Digital Library, ScienceDirect, SpringerLink	Google Scholar, MDPI, ACM, and Science Direct	IEEE, ACM, Springer, Elsevier	IEEE, ACM, ScienceDirect	IEEE, ACM, ScienceDirect, Springer, ACL
Bewertungs-kategorien oder Strukturierungs-kriterien	Adressierte Aufgaben, Input, Output, Methoden der Repräsentation, Methoden der Textverarbeitung, Datensätze, Anforderungs-analyse und -extraktion, Qualitätskriterien	Methoden, Modelle, Knowledge Graph, Deep Learning Modelle, Repräsentationen und Erklärungen	NLP-Techniken und Tools, Algorithmen	KI-Aufgaben, Aufgaben des Anforderungsmanagements, Möglichkeiten der Validierung	Research Type, Evaluations-kriterien und –methoden, Phasen des Requirements Engineerings, NLP-Fähigkeiten im Kontext des Anforderungs-managements

A 3. Screenshot der Benutzerschnittstelle (1)

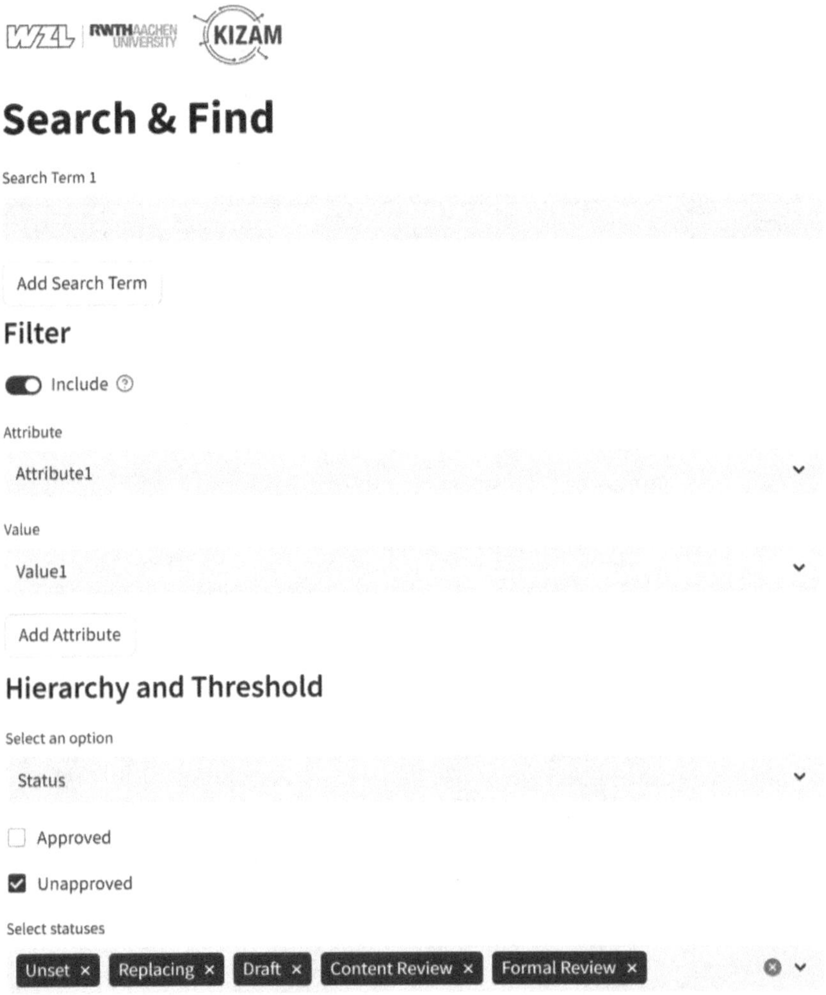

Preview

Preview for Status hierarchy

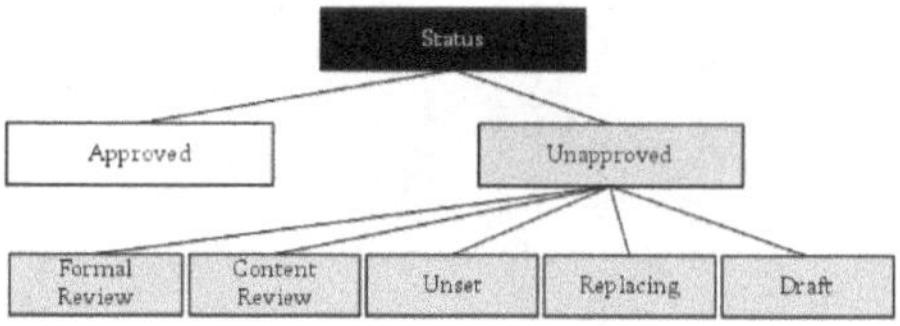

Add Hierarchy

ID Filter

Include

ID

Add filter

Parameters

Size of the Graph

25

25 200

Remove Unconnected Nodes

Size of the Graph

25

25 200

Remove Unconnected Nodes

Gray Scale

Special Requirement

Search

A 4. Hierarchische Relationen der Ordnerstruktur der Fallstudie

Makroperspektive 622 S

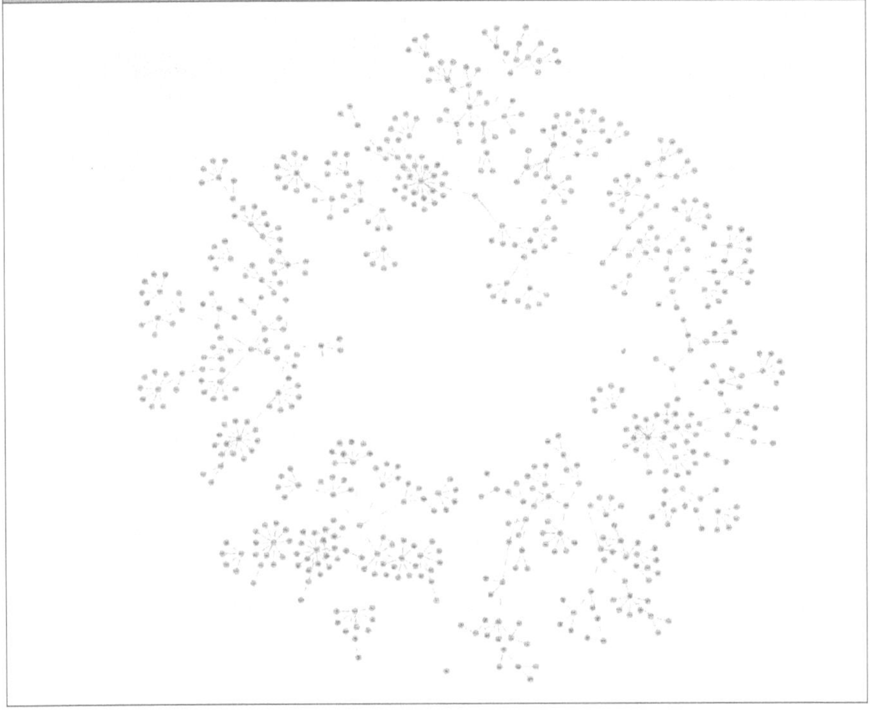

Mikroperspektive 6 S und 2 R

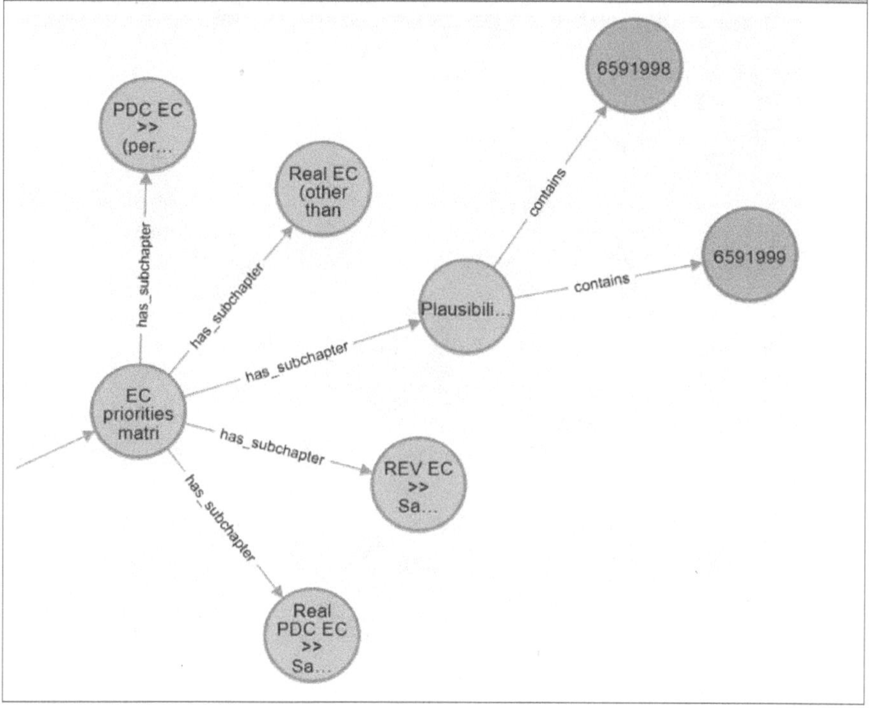

Detailansicht 6 S

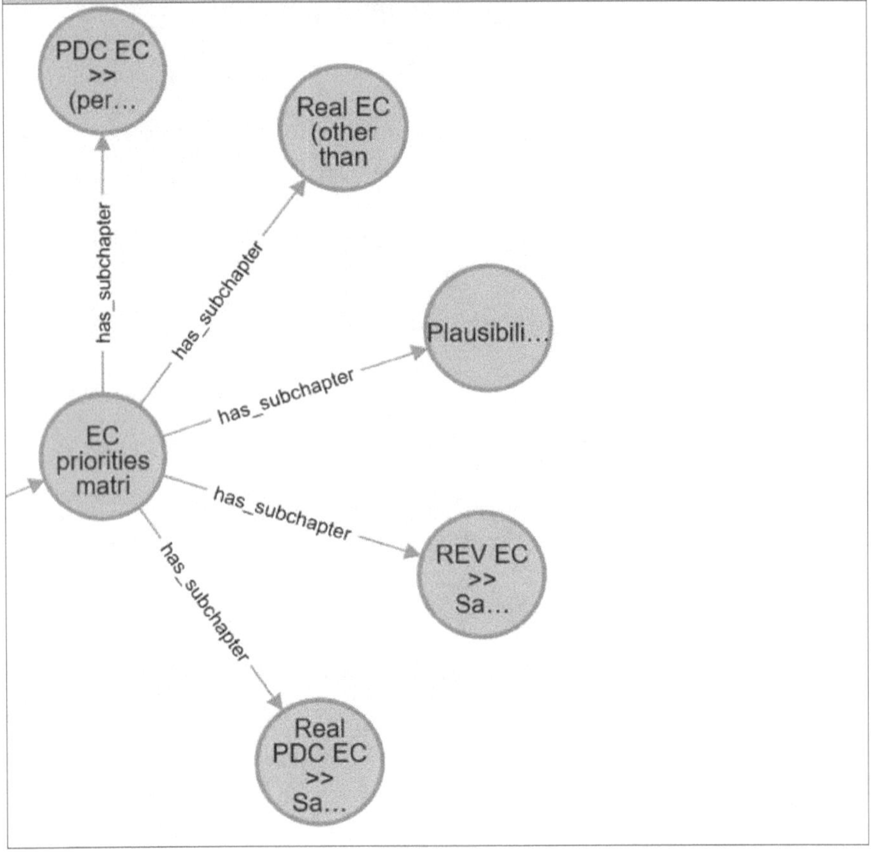

A 5. Liste der Tupel

Tuple ID	A-Anforderungen	ID der B-Anforderungen
1001	The Audio HAL defines the standard interface that audio services call in to. The Audio HAL must be implemented for the audio hardware to function correctly.	6604023
1002	Android 7.0 introduced a audio policy configuration file format (XML) for describing your audio topology	6604027
1003	AOSP includes an example of an audio policy configuration file that uses the Parameter Framework at Frameworks/av/services/audiopolicy/engineconfigurable/parameter-framework/example/Settings/PolicyConfigurableDomains.xml	6604028
1004	Passengers can listen to their audio while the driver listens to another source in the primary zone (typically, the main cabin	6604038
1005	Application developers should use audio attributes when creating or updating applications for Android 5.0 and higher.	6604040
1006	The Effects HAL API is used by the effects framework to control audio effects.	6604042
1007	You can use getExternalSources() to retrieve a list of available sources (identified by address), then create audio patches between these sources and the sink ports by audio usages.	6604043
1008	If you use ALSA, we recommend external/tinyalsa for the user portion of the driver because of its compatible licensing (the standard user-mode library is GPL-licensed).	6604053
1010	AAudio is a new native C API that provides an alternative to Open SL ES. It uses a Builder design pattern to create audio streams	6604057
1011	If device implementations intent to support unprocessed audio source and make it available to third-party apps, they MUST have a signal-to-noise ratio (SNR) at 60 dB or higher for each and every microphone used to record the unprocessed audio source.	6592497
1012	If device implementations intent to support unprocessed audio source and make it available to third-party apps, they MUST have a signal-to-noise ratio (SNR) at 60 dB or higher for each and every microphone used to record the unprocessed audio source.	6592498
1013	If device implementations intent to support unprocessed audio source and make it available to third-party apps, they MUST have a signal-to-noise ratio (SNR) at 60 dB or higher for each and every microphone used to record the unprocessed audio source.	6592500

Tuple ID	A-Anforderungen	ID der B-Anforderungen
1015	All audio devices that contain a volume group are controlled together with the same gain changes. The audio gain configuration for all devices in a group should be the same	6590613
1018	Automotive device implementations SHOULD allow adjusting audio volume separately per each audio stream using the content type or usage as defined by AudioAttributes and car audio usage as publicly defined in android.car.CarAudioManager	6590647
1019	Automotive device implementations SHOULD allow adjusting audio volume separately per each audio stream using the content type or usage as defined by AudioAttributes and car audio usage as publicly defined in android.car.CarAudioManager	6591073
1021	In this case, the most conservative interaction wins. Reject, then exclusive, and finally concurrent	6590616
1024	In this case, the most conservative interaction wins. Reject, then exclusive, and finally concurrent	6590638
1027	To this extent, emergency and safety critical sounds should be played regardless of whether or not the HAL is granted audio focus and should continue to be played as appropriate even if the HAL loses audio focus.	6590633
1028	To this extent, emergency and safety critical sounds should be played regardless of whether or not the HAL is granted audio focus and should continue to be played as appropriate even if the HAL loses audio focus.	6592084
1029	To this extent, emergency and safety critical sounds should be played regardless of whether or not the HAL is granted audio focus and should continue to be played as appropriate even if the HAL loses audio focus.	6592088
1030	To this extent, emergency and safety critical sounds should be played regardless of whether or not the HAL is granted audio focus and should continue to be played as appropriate even if the HAL loses audio focus.	6592096
1031	To this extent, emergency and safety critical sounds should be played regardless of whether or not the HAL is granted audio focus and should continue to be played as appropriate even if the HAL loses audio focus.	6592100
1032	To this extent, emergency and safety critical sounds should be played regardless of whether or not the HAL is granted audio focus and should continue to be played as appropriate even if the HAL loses audio focus.	6590634
1033	The Android 10 release includes the following improvements for high-resolution audio: Float: WAV, FLAC codecs, and extractors are updated to support float (24+ bits of lossless precision). Downmix and Virtualizer effects are updated to float. Updated precision is allowed by MediaPlayer (NuPlayer).	6590680

Tuple ID	A-Anforderungen	ID der B-Anforderungen
1034	The Android 10 release includes the following improvements for high-resolution audio: Float: WAV, FLAC codecs, and extractors are updated to support float (24+ bits of lossless precision). Downmix and Virtualizer effects are updated to float. Updated precision is allowed by MediaPlayer (NuPlayer).	6590681
1035	High-frequency: WAV, FLAC codecs, and extractors are updated to support 192 kHz. The default Android supplied effects are tested for 192 kHz support at standard frequencies. The standard frequencies permitted are 88.2 kHz, 96 kHz, 176.4 kHz, and 192 kHz.	6590682
1036	Multichannel: Default Android playback effects are tested for multichannel support to eight channels.	6590683
1037	All fixed-point formats above have a nominal range of -1.0 to +1.0 minus one LSB. There is one more negative value than positive value due to the two's complement representation.	6590851
1038	System implementers must provide a mixer that accepts one or more streams of sound input from Android and then combines those streams in a suitable way with the external sound sources required by the vehicle.	6598337
1039	System implementers must provide a mixer that accepts one or more streams of sound input from Android and then combines those streams in a suitable way with the external sound sources required by the vehicle.	6590957
1040	Volume tables are simple lists of points defining the curve used to translate from a UI index to a volume in dB.	6591075
1041	Show volume table example	6591087
1043	When Blocking restrictions are active, requests from users to: Change volume are not be processed. Toggle mute are processed.	6591307
1044	Each volume group has minimum, maximum, and default gain values as well as a step size based on values configured in audio_policy_configuration.xml for the devices associated with the volume group	6591408
1045	During initialization, the volume group checks the gain values of the associated devices and configures the group as follows: Step size. Must be the same for all devices controlled by the volume group.	6591189
1046	During initialization, the volume group checks the gain values of the associated devices and configures the group as follows: Step size. Must be the same for all devices controlled by the volume group.	6591194

Tuple ID	A-Anforderungen	ID der B-Anforderungen
1049	Car audio framework internally maintains these two mute states: User mute. Toggled based on request from the user, either through CarAudi-oManager or key events. HAL mute. Toggled based on mute restrictions received through AudioGain callback.	6591407
1050	The first list considers all audio contexts in this order. The list is presented in descending order, the highest priority at the top and the lowest priority at the bottom.	6591919
1051	Without any standing, high priority audio focus (including a phone call, emergency alert, or safety notification) apps should be able to gain audio fo-cus either transiently or permanently.	6592002
1053	If device implementations declare android.hardware.microphone, they MUST allow capture of raw audio content for any AudioRecord or AAudio INPUT stream that is opened successfully. At a minimum, the following characteris-tics MUST be supported: Format: Linear PCM, 16-bit Sampling rates: 8000, 11025, 16000, 44100, 48000 Hz Channels: Mono	6604068
1054	If device implementations declare android.hardware.microphone, they MUST allow capture of raw audio content for any AudioRecord or AAudio INPUT stream that is opened successfully. At a minimum, the following characteris-tics MUST be supported: Format: Linear PCM, 16-bit Sampling rates: 8000, 11025, 16000, 44100, 48000 Hz Channels: Mono	6604069
1055	If device implementations declare android.hardware.microphone, they MUST allow capture of raw audio content for any AudioRecord or AAudio INPUT stream that is opened successfully. At a minimum, the following characteris-tics MUST be supported: Format: Linear PCM, 16-bit Sampling rates: 8000, 11025, 16000, 44100, 48000 Hz Channels: Mono	6604070
1056	If device implementations declare android.hardware.microphone, they MUST allow capture of raw audio content for any AudioRecord or AAudio INPUT stream that is opened successfully. At a minimum, the following characteris-tics MUST be supported: Format: Linear PCM, 16-bit Sampling rates: 8000, 11025, 16000, 44100, 48000 Hz Channels: Mono	6604215

Tuple ID	A-Anforderungen	ID der B-Anforderungen
1057	If device implementations declare android.hardware.microphone, they MUST allow capture of raw audio content for any AudioRecord or AAudio INPUT stream that is opened successfully. At a minimum, the following characteristics MUST be supported: Format: Linear PCM, 16-bit Sampling rates: 8000, 11025, 16000, 44100, 48000 Hz Channels: Mono	6604216
1058	If device implementations declare android.hardware.microphone, they MUST allow capture of raw audio content for any AudioRecord or AAudio INPUT stream that is opened successfully. At a minimum, the following characteristics MUST be supported: Format: Linear PCM, 16-bit Sampling rates: 8000, 11025, 16000, 44100, 48000 Hz Channels: Mono	6604217
1060	If device implementations declare android.hardware.microphone, they SHOULD allow capture of raw audio content with the following characteristics: Channels: As many channels as the number of microphones on the device	6604077
1062	If device implementations declare android.hardware.microphone, they SHOULD allow capture of raw audio content with the following characteristics: Channels: As many channels as the number of microphones on the device	6604079
1063	If device implementations declare android.hardware.microphone, they SHOULD allow capture of raw audio content with the following characteristics: Channels: As many channels as the number of microphones on the device	6604084
1066	OEMs can use a different transport protocol other than GRPC by overriding the communication APIs.	6604089
1067	OEMs can use a different transport protocol other than GRPC by overriding the communication APIs.	6604091
1068	Sample rate conversion is the process of changing a stream of discrete samples from one sample rate to another stream at a different sample rate	6604106
1069	Sample rate conversion is the process of changing a stream of discrete samples from one sample rate to another stream at a different sample rate	6604111
1070	If device implementations include a particular sensor type that has a corresponding API for third-party developers, they Are STRONGLY RECOMMENDED to have timestamp synchronization error below 100 milliseconds, and SHOULD have timestamp synchronization error below 1 millisecond	6604148

Tuple ID	A-Anforderungen	ID der B-Anforderungen
1071	If the mixer behavior uses BIT_PERFECT mode, the system sends the audio content without modification through the audio framework, HAL and optionally digital signal processor (DSP), from the API down to the USB device.	6604186
1072	If the mixer behavior uses BIT_PERFECT mode, the system sends the audio content without modification through the audio framework, HAL and optionally digital signal processor (DSP), from the API down to the USB device.	6604187
1073	If the mixer behavior uses BIT_PERFECT mode, the system sends the audio content without modification through the audio framework, HAL and optionally digital signal processor (DSP), from the API down to the USB device.	6604188
1074	SHOULD minimize audio signal noise over on-device transducers, including the period immediately after cold start	6604208
1075	If device implementations declare android.hardware.microphone, they: SHOULD implement an Acoustic Echo Canceler (AEC) technology tuned for voice communication and applied to the capture path when capturing using AudioSource.VOICE_COMMUNICATION	6604234
1076	If device implementations declare android.hardware.microphone, they: SHOULD implement an Acoustic Echo Canceler (AEC) technology tuned for voice communication and applied to the capture path when capturing using AudioSource.VOICE_COMMUNICATION	6604235
1077	If device implementations declare android.hardware.microphone, they: SHOULD implement an Acoustic Echo Canceler (AEC) technology tuned for voice communication and applied to the capture path when capturing using AudioSource.VOICE_COMMUNICATION	6604236
1078	If device implementations declare android.hardware.microphone, they: SHOULD implement an Acoustic Echo Canceler (AEC) technology tuned for voice communication and applied to the capture path when capturing using AudioSource.VOICE_COMMUNICATION	6604237
1079	If device implementations declare android.hardware.microphone, they: SHOULD implement an Acoustic Echo Canceler (AEC) technology tuned for voice communication and applied to the capture path when capturing using AudioSource.VOICE_COMMUNICATION	6604239
1080	If device implementations declare android.hardware.microphone, they: SHOULD implement an Acoustic Echo Canceler (AEC) technology tuned for voice communication and applied to the capture path when capturing using AudioSource.VOICE_COMMUNICATION	6604251

Tuple ID	A-Anforderungen	ID der B-Anforderungen
1081	If device implementations provides an Acoustic Echo Canceler which is inserted in the capture audio path when AudioSource.VOICE_COMMUNICATION is selected, they: are STRONGLY_RECOMMENDED to uniquely identify each AEC technology implementation via the AudioEffect.Descriptor.uuid field.	6604238
1082	All audio decoders MUST support outputting: PCM 16-bit native byte order audio frames via the android.media.MediaCodec API.	6604298
1083	If device implementations support the decoding of AAC input buffers of multichannel streams (i.e. more than two channels) to PCM through the default AAC audio decoder in the android.media.MediaCodec API, then the following MUST be supported: MUST be able to be configured by the application using the decoding with the key KEY_MAX_OUTPUT_CHANNEL_COUNT to control whether the content is downmixed to stereo (when using a value of 2) or is output using the native number of channels (when using a value equal or greater to that number). For instance a value of 6 or greater would configure a decoder to output 6 channels when fed 5.1 content.	6604299
1084	If device implementations support the decoding of AAC input buffers of multichannel streams (i.e. more than two channels) to PCM through the default AAC audio decoder in the android.media.MediaCodec API, then the following MUST be supported: MUST be able to be configured by the application using the decoding with the key KEY_MAX_OUTPUT_CHANNEL_COUNT to control whether the content is downmixed to stereo (when using a value of 2) or is output using the native number of channels (when using a value equal or greater to that number). For instance a value of 6 or greater would configure a decoder to output 6 channels when fed 5.1 content.	6604300
1085	If device implementations declare the feature android.hardware.audio.output, they: MUST support the EFFECT_TYPE_EQUALIZER and EFFECT_TYPE_LOUDNESS_ENHANCER implementations controllable through the AudioEffect subclasses Equalizer and LoudnessEnhancer	6604336
1086	If device implementations declare the feature android.hardware.audio.output, they: MUST support the EFFECT_TYPE_EQUALIZER and EFFECT_TYPE_LOUDNESS_ENHANCER implementations controllable through the AudioEffect subclasses Equalizer and LoudnessEnhancer	6604339
1087	If device implementations declare the feature android.hardware.audio.output, they: MUST support the EFFECT_TYPE_EQUALIZER and EFFECT_TYPE_LOUDNESS_ENHANCER implementations controllable through the AudioEffect subclasses Equalizer and LoudnessEnhancer	6604341

Tuple ID	A-Anforderungen	ID der B-Anforderungen
1088	If device implementations declare android.hardware.audio.output, they MUST meet or exceed the following requirements: [C-1-1] The output timestamp returned by AudioTrack.getTimestamp and AAudioStream_getTimestamp is accurate to +/- 2 ms. [C-1-2] Cold output latency of 500 milliseconds or less. [C-1-3] Opening an output stream using AAudioStreamBuilder_openStream() MUST take less than 1000 milliseconds.	6604426
1090	If device implementations declare android.hardware.audio.output, they MUST meet or exceed the following requirements: [C-1-1] The output timestamp returned by AudioTrack.getTimestamp and AAudioStream_getTimestamp is accurate to +/- 2 ms. [C-1-2] Cold output latency of 500 milliseconds or less. [C-1-3] Opening an output stream using AAudioStreamBuilder_openStream() MUST take less than 1000 milliseconds.	6604429
1091	If device implementations declare android.hardware.audio.output, they MUST meet or exceed the following requirements: [C-1-1] The output timestamp returned by AudioTrack.getTimestamp and AAudioStream_getTimestamp is accurate to +/- 2 ms. [C-1-2] Cold output latency of 500 milliseconds or less. [C-1-3] Opening an output stream using AAudioStreamBuilder_openStream() MUST take less than 1000 milliseconds.	6604430
1092	If device implementations declare android.hardware.audio.output, they MUST meet or exceed the following requirements: [C-1-1] The output timestamp returned by AudioTrack.getTimestamp and AAudioStream_getTimestamp is accurate to +/- 2 ms. [C-1-2] Cold output latency of 500 milliseconds or less. [C-1-3] Opening an output stream using AAudioStreamBuilder_openStream() MUST take less than 1000 milliseconds.	6604431
1093	If device implementations declare android.hardware.audio.output, they MUST meet or exceed the following requirements: [C-1-1] The output timestamp returned by AudioTrack.getTimestamp and AAudioStream_getTimestamp is accurate to +/- 2 ms. [C-1-2] Cold output latency of 500 milliseconds or less. [C-1-3] Opening an output stream using AAudioStreamBuilder_openStream() MUST take less than 1000 milliseconds.	6604432
1094	If device implementations report support for feature android.hardware.audio.pro via the android.content.pm.PackageManager class, they: SHOULD minimize audio signal noise over on-device transducers, including the period immediately after cold start	6604520

Tuple ID	A-Anforderungen	ID der B-Anforderungen
1095	If device implementations report support for feature android.hardware.audio.pro via the android.content.pm.PackageManager class, they: SHOULD minimize audio signal noise over on-device transducers, including the period immediately after cold start	6604521
1096	If device implementations report support for feature android.hardware.audio.pro via the android.content.pm.PackageManager class, they: SHOULD minimize audio signal noise over on-device transducers, including the period immediately after cold start	6604522
1097	For each output device, you can define gain control that consists of min/max/default/step values in millibel (1 millibel = 1/100 dB = 1/1000 bel)	6591701
1099	While it's up to the individual OEM to determine how ducking is handled by the HAL, we recommend the following guideline: Multiple streams playing in Android commonly occur when two apps or services concurrently hold audio focus. To learn when Android may grant concurrent focus, see the interaction matrix in Restriction types. With the introduction of the car audio plugin, this also depends on your AudioFocus management	6591738

A 6. Verteilung ähnlicher Anforderungen gemäß der Ähnlichkeitswerte

ID	0-0,1	0,1-0,2	0,2-0,3	0,3-0,4	0,4-0,5	0,5-0,6	0,6-0,7	0,7-0,8	0,8-0,9	0,9-1	Tuple Similarity
1001	0	0	0	0	3	26	1080	1351	38	0	0,859
1002	0	0	0	0	0	21	1412	1064	1	0	0,853
1003	0	0	0	0	0	3	242	2222	31	0	0,833
1004	0	0	0	0	0	50	1255	1154	39	0	0,816
1005	0	0	0	0	1	17	1054	1417	9	0	0,876
1006	0	0	0	0	0	7	901	1584	6	0	0,830
1007	0	0	0	0	1	12	723	1701	61	0	0,872
1008	0	0	0	0	0	2	619	1871	6	0	0,824
1010	0	0	0	0	0	8	735	1700	55	0	0,810
1011	0	0	0	0	3	242	1633	620	0	0	0,854
1012	0	0	0	0	3	242	1633	620	0	0	0,857
1013	0	0	0	0	3	242	1633	620	0	0	0,850
1015	0	0	0	0	1	99	1496	900	2	0	0,769
1018	0	0	0	0	1	82	1419	970	26	0	0,810
1019	0	0	0	0	1	82	1419	970	26	0	0,797
1021	0	0	0	0	0	0	47	2352	99	0	0,731
1024	0	0	0	0	0	0	47	2352	99	0	0,724
1027	0	0	0	0	0	25	1378	1087	8	0	0,719
1028	0	0	0	0	0	25	1378	1087	8	0	0,769
1029	0	0	0	0	0	25	1378	1087	8	0	0,785
1030	0	0	0	0	0	25	1378	1087	8	0	0,799
1031	0	0	0	0	0	25	1378	1087	8	0	0,815
1032	0	0	0	0	0	25	1378	1087	8	0	0,727
1033	0	0	0	0	0	2	852	1631	13	0	0,781
1034	0	0	0	0	0	2	852	1631	13	0	0,775
1035	0	0	0	0	0	18	1110	1364	6	0	0,821
1036	0	0	0	0	0	49	1315	1129	5	0	0,828
1037	0	0	0	0	0	12	459	2021	6	0	0,837
1038	0	0	0	0	1	203	1475	815	4	0	0,810
1039	0	0	0	0	1	203	1475	815	4	0	0,782
1040	0	0	0	0	1	32	905	1556	4	0	0,842
1041	0	0	0	0	1	26	441	2028	2	0	0,876
1043	0	0	0	0	0	1	539	1941	17	0	0,764
1044	0	0	0	0	0	66	1372	1060	0	0	0,793
1045	0	0	0	0	0	10	622	1824	42	0	0,783
1046	0	0	0	0	0	10	622	1824	42	0	0,789
1049	0	0	0	0	0	8	733	1703	54	0	0,734

ID	0-0,1	0,1-0,2	0,2-0,3	0,3-0,4	0,4-0,5	0,5-0,6	0,6-0,7	0,7-0,8	0,8-0,9	0,9-1	Tupel Similarity
1050	0	0	0	0	0	13	1331	1154	0	0	0,834
1051	0	0	0	0	0	20	1477	994	7	0	0,773
1053	0	0	0	0	0	24	813	1610	51	0	0,787
1054	0	0	0	0	0	24	813	1610	51	0	0,787
1055	0	0	0	0	0	24	813	1610	51	0	0,793
1056	0	0	0	0	0	24	813	1610	51	0	0,818
1057	0	0	0	0	0	24	813	1610	51	0	0,819
1058	0	0	0	0	0	24	813	1610	51	0	0,817
1060	0	0	0	0	0	24	852	1607	15	0	0,798
1062	0	0	0	0	0	24	852	1607	15	0	0,797
1063	0	0	0	0	0	24	852	1607	15	0	0,794
1066	0	0	0	0	0	0	51	2299	148	0	0,717
1067	0	0	0	0	0	0	51	2299	148	0	0,728
1068	0	0	0	0	0	2	172	2262	62	0	0,795
1069	0	0	0	0	0	2	172	2262	62	0	0,822
1070	0	0	0	0	0	3	400	2088	7	0	0,808
1071	0	0	0	0	0	37	1443	1008	10	0	0,805
1072	0	0	0	0	0	37	1443	1008	10	0	0,778
1073	0	0	0	0	0	37	1443	1008	10	0	0,771
1074	0	0	0	0	0	65	1703	730	0	0	0,813
1075	0	0	0	0	1	35	900	1544	18	0	0,833
1076	0	0	0	0	1	35	900	1544	18	0	0,785
1077	0	0	0	0	1	35	900	1544	18	0	0,831
1078	0	0	0	0	1	35	900	1544	18	0	0,814
1079	0	0	0	0	1	35	900	1544	18	0	0,819
1080	0	0	0	0	1	35	900	1544	18	0	0,805
1081	0	0	0	0	0	16	1123	1352	7	0	0,842
1082	0	0	0	0	0	46	1360	1083	9	0	0,852
1083	0	0	0	0	0	64	1357	1075	2	0	0,817
1084	0	0	0	0	0	64	1357	1075	2	0	0,822
1085	0	0	0	0	0	46	1560	891	1	0	0,809
1086	0	0	0	0	0	46	1560	891	1	0	0,780
1087	0	0	0	0	0	46	1560	891	1	0	0,789
1088	0	0	0	0	0	9	788	1670	31	0	0,836
1090	0	0	0	0	0	9	788	1670	31	0	0,785
1091	0	0	0	0	0	9	788	1670	31	0	0,825
1092	0	0	0	0	0	9	788	1670	31	0	0,763
1093	0	0	0	0	0	9	788	1670	31	0	0,817
1094	0	0	0	0	0	33	1583	882	0	0	0,818
1095	0	0	0	0	0	33	1583	882	0	0	0,835
1096	0	0	0	0	0	33	1583	882	0	0	0,824
1097	0	0	0	0	2	94	1493	905	4	0	0,783

1099	0	0	0	0	0	15	1177	1299	7	0	0,778

A 7. Analyse der Pfadlängen der Tupel der Fallstudie

Tupel ID	Mean Path Length	Min Path Length	Max Path Length
1001	6,33	3	8
1002	5,40	1	7
1003	6,45	1	11
1004	8,33	7	11
1005	6,29	1	10
1006	7,00	5	9
1007	6,78	1	12
1008	7,57	1	11
1010	6,20	1	11
1011	8,25	3	11
1012	8,44	3	11
1013	8,44	3	11
1015	8,00	7	9
1018	6,25	3	9
1019	6,58	5	10
1021	9,40	7	11
1024	7,60	5	10
1027	7,89	6	12
1028	7,29	6	9
1029	6,33	3	9
1030	5,86	3	10
1031	7,57	5	12
1032	8,38	7	12
1033	6,36	1	10
1034	6,36	1	10
1035	7,69	1	10
1036	6,00	3	9
1037	8,57	5	10
1038	5,29	1	9
1039	7,00	5	9
1040	6,14	4	9
1041	4,00	4	4
1043	9,29	6	11
1044	6,25	3	8
1045	7,33	5	9
1046	7,43	5	9
1049	6,63	3	9
1050	4,43	1	9
1051	6,43	3	9
1053	7,11	3	12
1054	7,78	3	12

Tupel ID	Mean Path Length	Min Path Length	Max Path Length
1055	7,82	3	12
1056	7,82	3	10
1057	7,82	3	10
1058	7,82	3	10
1060	7,13	1	10
1062	7,22	1	10
1063	7,29	5	9
1066	6,60	1	10
1067	6,60	1	10
1068	6,71	1	12
1069	7,00	1	12
1070	7,43	6	11
1071	6,50	3	7
1072	7,22	5	11
1073	7,22	5	11
1074	9,80	9	11
1075	7,88	4	11
1076	7,88	4	11
1077	7,90	4	11
1078	7,57	4	11
1079	7,50	4	10
1080	7,30	4	10
1081	7,88	4	11
1082	5,00	1	7
1083	5,44	1	10
1084	6,53	3	10
1085	7,00	5	11
1086	8,38	7	11
1087	8,38	7	11
1088	8,45	5	12
1090	7,22	5	9
1091	8,40	5	11
1092	8,00	5	11
1093	8,10	5	11
1094	7,92	1	11
1095	8,30	3	11
1096	8,30	3	11
1097	6,00	3	7
1099	6,60	3	10

A 8. Überprüfung des zeitlichen Aufwands der Erstellung

Test	Datenumfang	Dauer in Minuten
1	U	9,52
2	U	9,89
3	U	9,79
4	U	9,48
5	U	9,55
6	2U	9,64
7	2U	9,82
8	2U	10,14
9	2U	9,59
10	2U	9,60
11	10U	10,27
12	10U	9,87
13	10U	9,57
14	10U	10,09
15	10U	10,00

U = Datensätze der Fallstudie; entspricht einem Umfang von 3120 Datensätzen

A 9. Analyse des zeitlichen Aufwandes zur Effizienzbewertung

Tupel ID	$k_{Graph\ Size,\ theoretisch}$	Hops	Zeitaufwand $k_{Graph\ Size} = 25$ [Min]	Zeitaufwand $k_{Graph\ Size} = 50$ [Min]	Zeitaufwand $k_{Graph\ Size} = 100$ [Min]	Summe [Min] * = inkl. 15 Min
1001	5	3	0,78	n/A	n/A	0,78
1002	5	1	0,72	n/A	n/A	0,72
1003	5	1	0,72	n/A	n/A	0,72
1004	n/A	7	0,52	0,94	2,72	19,17*
1005	5	1	0,90	n/A	n/A	0,90
1006	20	5	0,67	n/A	n/A	0,67
1007	5	1	0,87	n/A	n/A	0,87
1008	5	1	0,87	n/A	n/A	0,87
1010	5	1	0,65	n/A	n/A	0,65
1011	5	3	0,85	n/A	n/A	0,85
1012	5	3	0,60	n/A	n/A	0,60
1013	10	3	0,70	n/A	n/A	0,70
1015	85	7	1,65	2,03	3,10	6,78
1018	85	3	1,62	1,48	2,78	5,88
1019	n/A	5	1,52	1,98	3,28	21,78*
1021	25	7	1,05	n/A	n/A	1,05
1024	65	5	1,75	1,70	2,37	5,82
1027	100	6	1,45	1,90	2,05	5,40
1028	60	6	1,62	1,33	3,02	5,97
1029	25	3	0,78	n/A	n/A	0,78
1030	20	3	1,02	n/A	n/A	1,02
1031	20	5	0,88	n/A	n/A	0,88
1032	100	7	1,05	0,9	2,32	4,25
1033	40	1	1,30	1,9	n/A	3,15
1034	40	1	1,40	1,1	n/A	2,52
1035	10	1	1,20	n/A	n/A	1,20
1036	150	3	1,55	1,4	3,17	21,15*
1037	20	5	0,77	n/A	n/A	0,77
1038	20	1	1,08	n/A	n/A	1,08
1039	n/A	5	1,68	1,1	2,18	19,98*
1040	5	4	0,73	n/A	n/A	0,73
1041	15	4	0,87	n/A	n/A	0,87
1043	20	6	1,12	n/A	n/A	1,12
1044	150	3	1,70	0,7	3,33	20,73*
1045	15	5	1,03	n/A	n/A	1,03
1046	n/A	5	1,07	1,0	2,25	19,35*
1049	n/A	3	1,13	1,8	2,95	20,83*
1050	5	1	0,95	n/A	n/A	0,95
1051	n/A	3	1,72	1,3	2,30	20,33*
1053	45	3	1,28	1,1	n/A	2,37

Tupel ID	$k_{Graph\ Size,\ theoretisch}$	Hops	Zeitaufwand $k_{Graph\ Size} = 25$ [Min]	Zeitaufwand $k_{Graph\ Size} = 50$ [Min]	Zeitaufwand $k_{Graph\ Size} = 100$ [Min]	Summe [Min] * = inkl. 15 Min
1054	45	3	1,77	2,1	n/A	3,83
1055	30	3	0,66	0,7	n/A	1,34
1056	10	3	0,88	n/A	n/A	0,88
1057	5	3	0,80	n/A	n/A	0,80
1058	5	3	0,65	n/A	n/A	0,65
1060	20	1	0,50	n/A	n/A	0,50
1062	25	1	0,97	n/A	n/A	0,97
1063	45	5	1,23	1,6	n/A	2,80
1066	85	1	1,72	1,7	2,13	5,53
1067	60	1	0,88	1,2	2,70	4,80
1068	5	1	0,68	n/A	n/A	0,68
1069	5	1	0,53	n/A	n/A	0,53
1070	n/A	6	1,55	1,0	3,20	20,73*
1071	n/A	3	1,88	1,2	3,28	21,35*
1072	n/A	5	1,45	1,9	2,82	21,12*
1073	n/A	5	1,53	1,9	2,13	20,55*
1074	80	9	1,07	0,8	3,00	4,85
1075	5	4	0,78	n/A	n/A	0,78
1076	40	4	1,20	2,2	n/A	3,42
1077	5	4	0,71	n/A	n/A	0,71
1078	5	4	0,83	n/A	n/A	0,83
1079	5	4	0,55	n/A	n/A	0,55
1080	10	4	0,51	n/A	n/A	0,51
1081	5	4	0,77	n/A	n/A	0,77
1082	5	1	1,28	n/A	n/A	1,28
1083	30	1	1,13	1,4	n/A	2,52
1084	20	3	0,88	n/A	n/A	0,88
1085	n/A	5	1,25	1,2	3,25	20,73*
1086	n/A	7	1,10	2,2	2,13	20,43*
1087	50	7	1,70	1,9	n/A	3,63
1088	10	5	1,13	n/A	n/A	1,13
1090	30	5	1,39	1,2	n/A	2,57
1091	15	5	0,74	n/A	n/A	0,74
1092	n/A	5	0,68	2,1	2,95	20,77*
1093	15	5	0,48	n/A	n/A	0,48
1094	15	1	0,83	n/A	n/A	0,83
1095	20	3	0,52	n/A	n/A	0,52
1096	20	3	0,65	n/A	n/A	0,65
1097	n/A	3	1,27	2,2	3,43	21,92*
1099	n/A	3	0,97	1,8	3,35	21,07*

Summe	464,91
Referenz (80 Tupel à 15 Minuten)	1200,00
Zeitersparnis [Minuten / %]	735,09 / 61,3

Lebenslauf

Persönliche Angaben

Name	Viktor Konrad Slawik
Geburtsdatum und -ort	11.01.1994 in Recklinghausen
Eltern	Edda und Dr. Gert Slawik

Ausbildung

2012 – 2019	Studium der Produktionstechnik mit der Vertiefungsrichtung Maschinenkonstruktion und Automatisierung an der Rheinisch-Westfälischen Technischen Hochschule Aachen
2004 – 2012	Gymnasium Petrinum, Recklinghausen

Berufliche Erfahrung

2022 – 2024	Leiter der Gruppe Prototypenbau am Werkzeugmaschinenlabor WZL der RWTH Aachen
2019 – 2022	Wissenschaftlicher Mitarbeiter am Lehrstuhl für Produktionssystematik am Werkzeugmaschinenlabor der RWTH Aachen
2019 -2024	Consultant der WZL Aachen PS GmbH
2012 – 2019	Mitarbeit als studentische Hilfskraft an folgenden Lehrstühlen: Konstruktionstechnik (ikt), Produktion Elektromobilitätskomponenten (PEM), Produktionssystematik (WZL)
	Praktika bei Porsche AG, Mercedes Benz, Bohrwerkzeuge für Hartgestein (BfH)

Aachen, im Oktober 2025

In der Reihe **Ergebnisse aus der Produktionstechnik** zuletzt erschienen:

Blanke, Philipp:
Temporäre Automatisierung von Werkzeugmaschinen
ISBN: 978-3-98555-314-3
Erscheinungsdatum: 24.11.2025

Beckschulte, Sebastian:
Gestaltungsmodell zur Systematisierung der Fehlerdatenerfassung im manuellen Montageprozess
ISBN: 978-3-98555-311-2
Erscheinungsdatum: 17.11.2025

Zalfen, Moritz:
Einfluss der Dehnrate auf die Zahnfußtragfähigkeit schnelllaufender Zahnradgetriebe
ISBN: 978-3-98555-308-2
Erscheinungsdatum: 03.11.2025

Lossie, Karl:
Decision Model for Performance-Driven Prioritization of Operational Decisions on the Manufacturing Shop Floor
ISBN: 978-3-98555-305-1
Erscheinungsdatum: 29.09.2025

Klee, Lukas:
Auslegung des Druckprozesses beim Binder Jetting zur Herstellung von Verzahnungen mit hoher Zahnfußtragfähigkeit
ISBN: 978-3-98555-299-3
Erscheinungsdatum: 02.09.2025

Slawik, Viktor:
Datenbasierte Analyse vernetzter natürlich sprachlicher Anforderungen in der Produktentwicklung
ISBN: 978-3-98555-313-6
Erscheinungsdatum: 24.11.2025

de Oliveira Löhrer, Patrícia:
Influence of Material Removal Mechanisms on Thermo-Mechanical Loads in Continuous Generating Gear Grinding
ISBN: 978-3-98555-309-9
Erscheinungsdatum: 17.11.2025

Schäfer, Niklas:
Regelbasierte Planungsautomatisierung für die Digitale Fabrik
ISBN: 978-3-98555-304-4
Erscheinungsdatum: 29.09.2025

Trisjono, Julian Andreas:
Methodik zur Einführung datengetriebener Geschäftsmodelle im Werkzeugbau
ISBN: 978-3-98555-298-6
Erscheinungsdatum: 02.09.2025

Lee, Tae Hun:
Messung und Modellierung der thermo elastischen Abweichungen von fünfachsigen Werkzeugmaschinen
ISBN: 978-3-98555-294-8
Erscheinungsdatum: 12.08.2025

Edition Wissenschaft
Apprimus

Schollemann, Alexander:
Strategische Ausrichtung nachhaltiger Produktionsnetzwerke
ISBN: 978-3-98555-293-1
Erscheinungsdatum: 15.07.2025

Spindler, Sarah:
Multi-Source Energy Harvesting for Wireless IIoT Sensors
ISBN: 978-3-98555-285-6
Erscheinungsdatum: 02.06.2025

Mendl-Heinisch, Michael:
Bewertung technischer Produktänderungen mittels prädiktiver Datenanalyse
ISBN: 978-3-98555-267-2
Erscheinungsdatum: 24.03.2025

Lauf, Hendrik:
Identifizierung von Innovationspotenzialen durch die semantische Modellierung des Produktumfelds
ISBN: 978-3-98555-251-1
Erscheinungsdatum: 24.02.2025

Sohnius, Felix:
Integriertes Qualitäts- und Nachhaltigkeitsmanagement im Aachener Qualitätsmanagement Modell
ISBN: 978-3-98555-257-3
Erscheinungsdatum: 03.02.2025

Küpper, Ugur:
Data-driven Model for Process Evaluation in Wire EDM
ISBN: 978-3-98555-260-3
Erscheinungsdatum: 27.01.2025

Welschof, Lukas:
Ermüdungsfestigkeit drahtfunkenerodierter Nickelbasiswerkstoffe für Triebwerksanwendungen
ISBN: 978-3-98555-287-0
Erscheinungsdatum: 10.06.2025

Chhor, Jimmy:
Cyclic Procedure Model for the Continuous Optimization of Digital Business Processes
ISBN: 978-3-98555-271-9
Erscheinungsdatum: 24.03.2025

Pullen, Thomas Wilhelm:
Überwachung des Verschleißzustandes von Bohrwerkzeugen mithilfe von Körperschallsignalen
ISBN: 978-3-98555-268-9
Erscheinungsdatum: 04.03.2025

Adlon, Katharina:
Montageplanung für Verlagerungen unter Berücksichtigung kulturbedingter Unterschiede
ISBN: 978-3-98555-256-6
Erscheinungsdatum: 03.02.2025

Kunze, Rouwen Elia:
Low Coherence Interferometry for Depth Monitoring in Water Jet Guided Laser Micro Machining
ISBN: 978-3-98555-247-4
Erscheinungsdatum: 27.01.2025

Haase, Bernd:
Datenbasierte Werkzeuglebenszykluskostenanalyse
ISBN: 978-3-98555-255-9
Erscheinungsdatum: 20.01.2025

Edition Wissenschaft
Apprimus

FSC
www.fsc.org
MIX
Papier | Fördert gute Waldnutzung
FSC® C083411

Kolibri 360 GmbH
Ferdinand-Jühlke-Straße 7
99095 Erfurt, Deutschland
produktsicherheit@kolibri360.de